만화로 쉽게 이해하는

해부생리학

MANGA DE WAKARU KAIBOUSEIRIGAKU

Supervised by Tatsuo SAKAI
Cartoon by Tsunagi, Sideranch
Illustrations by Akiko AKIBA, Yuuya KANAI
Interior design by Mariko SHIMIZU(TYPEFACE)
First published in Japan in 2021 by IKEDA Publishing Co.,Ltd.
This Korean edition published by arrangement with PHP Institute, Inc., Tokyo in care of Tuttle-Mori Agency, Inc., Tokyo through A.F.C Literary Agency.

만화로 쉽게 이해하는

해부생리학

사카이 다쓰오 | 장하나 옮김

백형진·김성언 감수

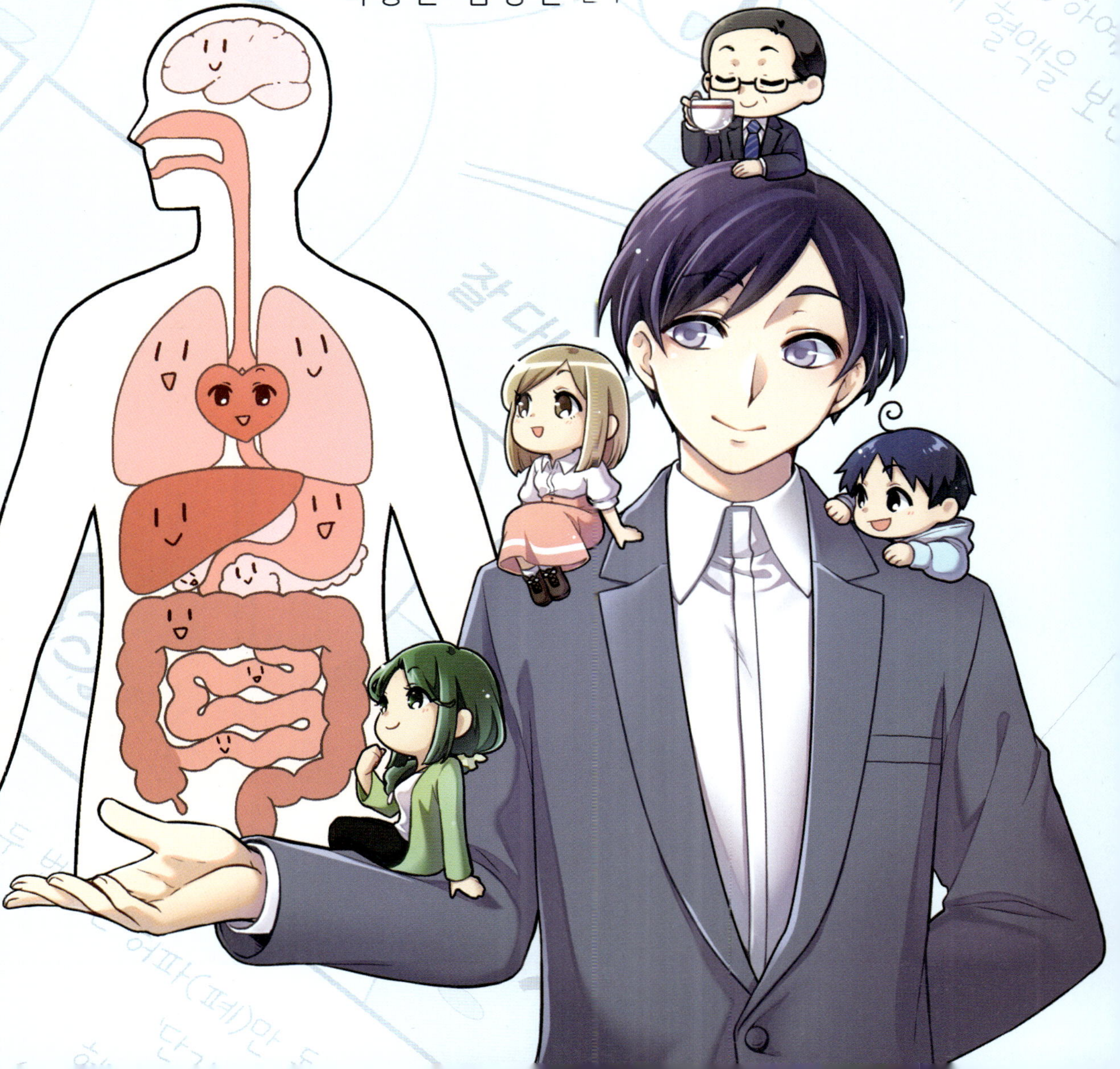

해부생리학에선 무엇을 배울까?

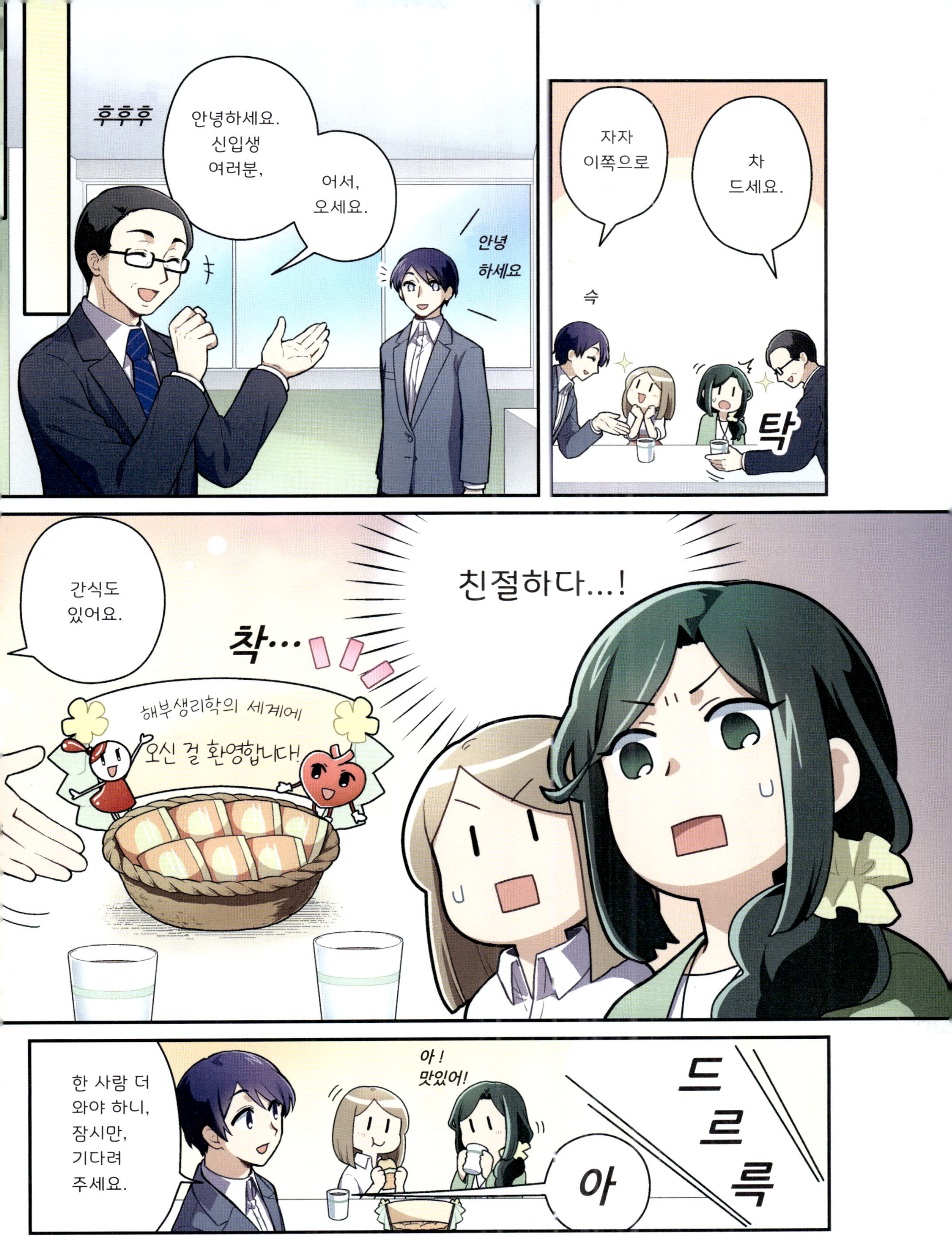
후후후
안녕하세요. 신입생 여러분,
어서, 오세요.
안녕 하세요
자자 이쪽으로
차 드세요.
슥
탁
간식도 있어요.
착…
해부생리학의 세계에 오신 걸 환영합니다!
친절하다…!
한 사람 더 와야 하니, 잠시만, 기다려 주세요.
아! 맛있어!
드르륵
아

늦었
습니다!
죄송
합니다!
물리치료과 1학년
강 태 양
괜찮아요.
뛰어오느라
힘들었죠?
여기 물!
간식도
있습니다
슥
앗,
친절하다!
자, 다들
모였으니
정식으로
인사드리죠.
전 해부생리학교실의
주임 교수인
서동준입니다.
이쪽은
조교 이강민
선생입니다.
반가워요.
서 동 준 교수님
조교
이 강 민 선생님
여기서는,
'해부생리학'을
공부합니다.
여러분은
해부생리학이
뭔지 알고 있나요?
아니요—
후후후
이강민
선생님
나오시죠.
네!

흠
'해부학'은 사람 몸의 구조를 연구하는 분야이고, '생리학'은 기능을 연구하는 분야입니다.
그리고, 인체의 구조와 기능을 아울러 연구하는 학문이 '해부생리학' 입니다.
해부학
생리학
해부생리학
이름을 그대로 따왔지요.
예를 들어, 방금 강태양 학생이 뛰어 들어왔을 때 몸의 어떤 구조와 기능이 사용되었을까요? 최하나 학생?
저요?
그게
그러니까, 뼈와 근육 아닌가요?
아! 그리고 뇌도요!
감사합니다.
분명, 그 세 가지가 가장 알기 쉽겠네요
그 밖에도 심장과 허파를 비롯한 장기
신경 · 혈관 · 눈 · 귀 등
전신의 다양한 기관이 작용합니다.
그런, 신체 모든 부위의 구조와 시스템을 탐구하는 학문이 해부생리학 입니다.
어... 어렵다.

자격시험에 과연 붙을 수 있을까…
흐음
걱정하지 마세요.
여러분한테는 우리가 있으니까요.
싱긋
두근
푹
아침에도, 낮에도, 밤에도, 우리 몸은 많은 기관이 서로 협력하여, 놀라울 정도로 치밀하게 작동하고 있습니다.
기관마다 특성이 있어서, 하나의 거리를 이루고 있다고, 생각하면 흥미롭지 않나요?
!
우리 몸이
순환왕국
소화기 길
하나의 거리…!
위 광장
신경도시

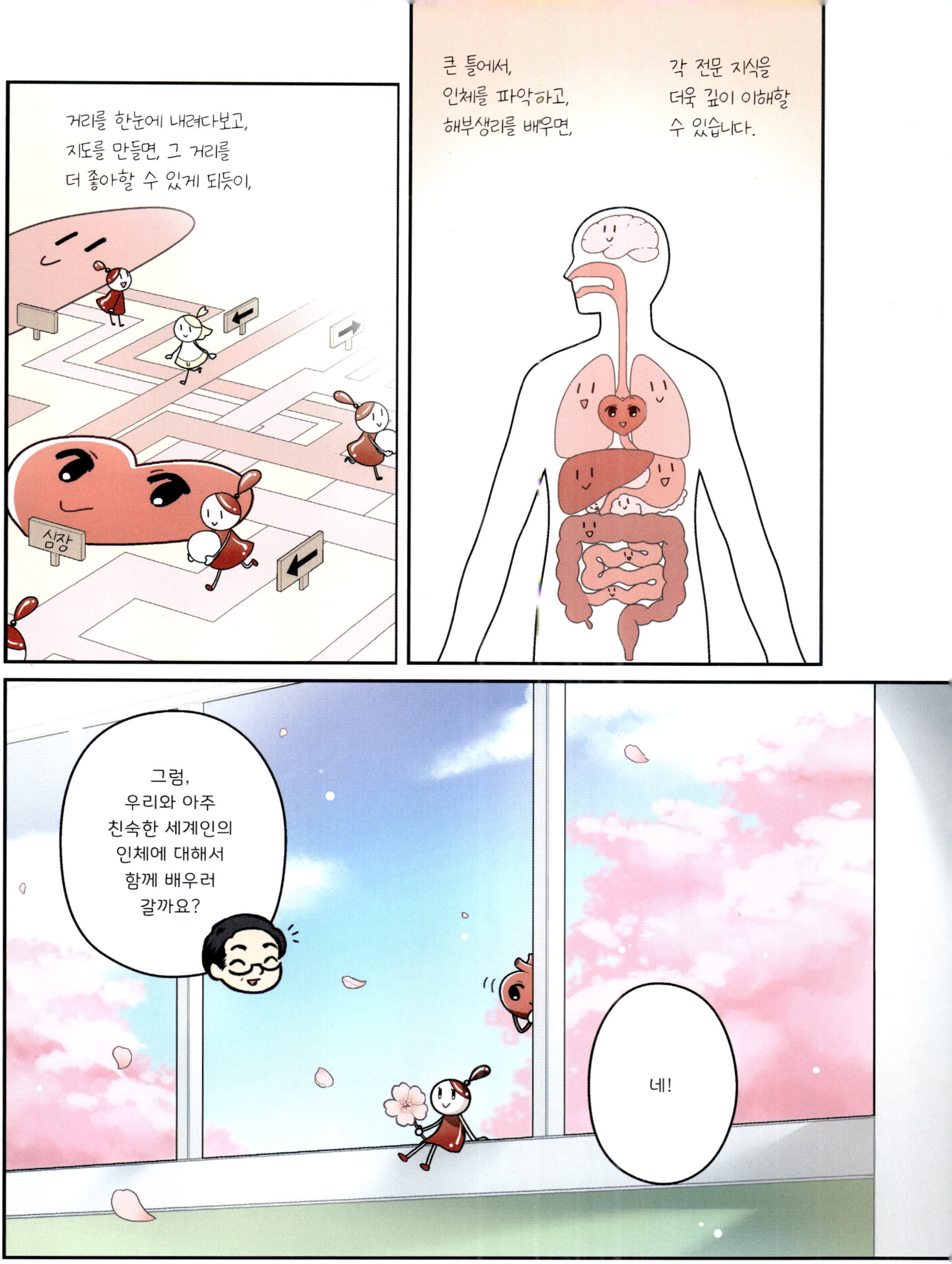
거리를 한눈에 내려다보고,
지도를 만들면, 그 거리를
더 좋아할 수 있게 되듯이,
심장
큰 틀에서,
인체를 파악하고,
해부생리를 배우면,
각 전문 지식을
더욱 깊이 이해할
수 있습니다.
그럼, 우리와 아주 친숙한 세계인의 인체에 대해서 함께 배우러 갈까요?
네!

INTROD

들어가며

'해부생리학'이란 대체 뭘까요? 의료 · 보건관련 업무에 종사하고자 하는 사람이 인체의 구조와 기능에 대해 배우는 학문입니다. 전문적으로 배우는 의학의 일부이기 때문에 조금은 생소한 용어와 내용을 다루고 있습니다. 아주 일반인들을 대상으로 쓰여진 〈인체의 구조〉와 비슷한 내용을 다루고 있지만, 인체의 중요한 부분을 모두 포괄적으로 그리고 체계적으로 다루고 있다는 점에서 다릅니다.

최근, 의료관련 업무에 종사하기 위해 해부생리학을 공부하는 사람이 급증하고 있습니다. 일본에서는 고등학교를 졸업한 18세 인구가 매년 110만 명 정도인데, 그중 약 10%가 의료관련 학과에서 공부하고 있습니다. 그리고 이 의료 · 보견계열 학생들이 고민하는 것이 바로 의학의 첫 관문인 해부생리학입니다.

의료계에는 의사나 치과의사 외에도 다양한 직종이 있습니다. 약사, 간호사, 물리치료사, 작업치료사, 방사선기사, 임상병리기사, 응급구조사, 임상공학기사, 치위생사 등 국가 자격이 필요한 직종이 있지만 그 밖에 카이로프랙틱, 스포츠 트레이너, 요가 강사, 미용 등 관련 분야도 다양합니다. 해부생리학은 이런 의료 자격과 관련 분야의 학생들뿐만 아니라 자신의 미용, 건강, 스포츠에 관심이 있는 다양한 사람들에게도 도움이 될 수 있습니다.

이런 다양한 직종을 목표로 하거나 건강에 관심 있는 사람들 중에는 본격적인 공부를 위해 해부생리학 교재를 펼쳐도 눈앞의 수 많은 전문용어와 어려운 내용에 의욕이 꺾이는 경우가 적지 않습니다. 그런 경우라도 인체의 구조나 기능을 흥미롭게 배우고, 어려운 용어에 친숙해질 수 있다는 이야기를 전하고 싶어서 이 책의 감수를 맡게 되었습니다.

UCTION

저는 지금까지 44년에 걸쳐 의학부와 보건계 학생들에게 해부생리학을 가르쳐 왔습니다. 그리고 학생용 교재와 참고서의 집필 · 번역 · 편집에 종사해 왔습니다. 의학부와 보건계 학생의 대다수는 제가 주축이 되어 만든 해부학이나 해부생리학 교재 중 하나를 사용하고 있습니다. 그런 의미에서 저를 해부학 혹은 해부생리학의 대가라 칭해도 과언이 아니리라 생각합니다.

이번에 만화 형식으로 해부생리학을 가르치는 것은 의료 · 보건계열 학교에서 성실하게 의학을 배운다는 이미지와는 조금 동떨어진 것처럼 보일 수 있습니다. 하지만 한 걸음씩 내디디며 인체 구조와 기능을 이해한다면 해부생리학도 전혀 어렵지 않을 것입니다.

이 책이 도움이 되었으면 좋겠습니다.

사카이 다쓰오
(坂井建雄)

CONTENTS

'각 장의 구성에 대하여'

인체를 구성하는 기관계의 기능은 생명의 유지에 꼭 필요한 '식물성 기능'과 생각하거나 운동하는 '동물성 기능'으로 나뉜다. 이 책은 이러한 기관계의 기능에 착안하여 장을 분류했다. 1장 · 2장은 '식물성 기능', 3장이 '동물성 기능'이다.

제2장 · 생명을 조정하는 '정보 관리 기능'

제3장 • 생명을 활용하는 '동물성 기능'

신경계

감각기 계통

뼈대 계통과 근육

등장인물 소개

박보미

스포츠재활과 1학년생

다른 사람을 잘 챙기고 믿음직한 성격. 한 번 마음 먹은 건 끝까지 밀어붙인다. 사랑에 진심인 열아홉 살 소녀이다.

최하나

간호학과 1학년생

공부와 아르바이트까지 근면 성실하게 해내는 노력형 타입. 소꿉친구인 박보미와 해부생리학을 함께 공부하게 되어 내심 기뻐하고 있다.

이강민

해부생리학교실 조교

젊고 풍부한 지식으로 교수님과 학생들의 신뢰를 한 몸에 받고 있다. 박물관 견학 등 수업 외 활동 지도도 열심히 한다.

서동준

해부생리학교실 교수

해부생리학의 권위자. 온화하고 젠틀한 신사지만, 불쑥 모습을 드러내 사람을 놀라게 하는 장난꾸러기 같은 면도 있다.

강태양

물리치료과 1학년생

수더분한 성격으로 어떤 환경에도 잘 적응하는 성격이 장점. 덜렁대는 게 유일한 단점이다.

PROLOGUE 해부생리학의 기초
1 인체의 구조 알기

✔ 몸통과 팔다리

인체의 중심축을 이루고 있는 것이 '몸통(체간)'이며,
몸통에서 좌우로 돌출되어 있는 것이
'팔다리'이다.

지금부터 '해부생리학'을 배우기 위해 인체 부위를 나타내는 해부생리학 용어와 기초 지식을 알아보겠습니다. 먼저, 인체의 구조부터 시작할게요!

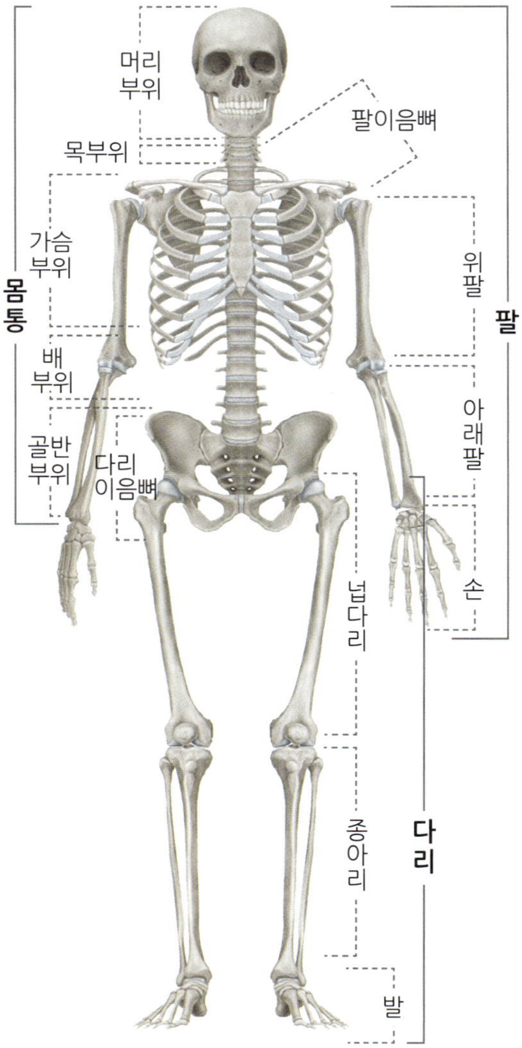

인체를 구성하는 '몸통'과 '팔다리'

몸통은 머리 부위 · 목부위 · 가슴 부위 · 배부위 · 골반 부위로 나뉘고, 각 부위의 내부에는 각각의 중요한 기관이 들어 있다.

팔다리는 위쪽을 **팔(상지)**, 아래쪽을 **다리(하지)**라고 부른다. 팔은 위팔, 아래팔, 손으로 나뉘며, 관절 부분인 어깨 주위는 팔이음뼈(상지대, shoulder girdle)라고 한다. 다리는 넙다리(대퇴), 종아리, 발로 나뉘며, 관절 부위인 엉덩관절 주위는 다리이음뼈(하지대, pelvic girdle)라고 한다.

'몸통=체간'이라는 이미지가 있지만 해부학에서는 머리도 몸통에 포함돼요.

인체 각 부위의 주요 명칭

여기에서 표시된 부위는 표면에서 만질 수 있다.

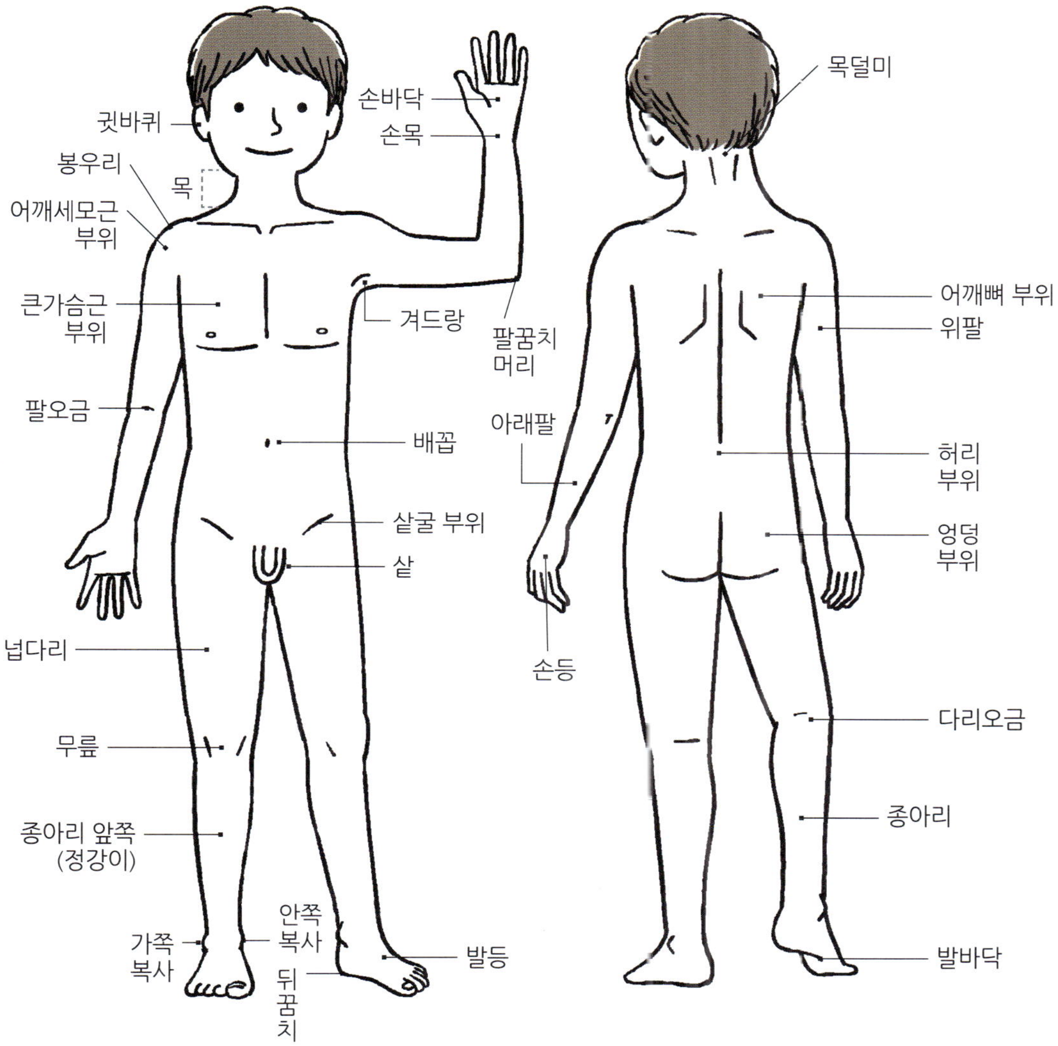

인체의 각 부위를 나타내는 명칭에는 어려운 용어가 많기 때문에 꼼꼼히 확인해야 해요.

PROLOGUE 해부생리학의 기초

1 인체의 구조 알기

인체에는 다양한 '기관'이 있으며, 그 성질상 '장기'라고 표현되는 것도 있습니다.

인체의 공간과 기관

배안(복강)과 가슴안(흉강) 사이는 가로막(횡경막)으로 구분되어 있다.

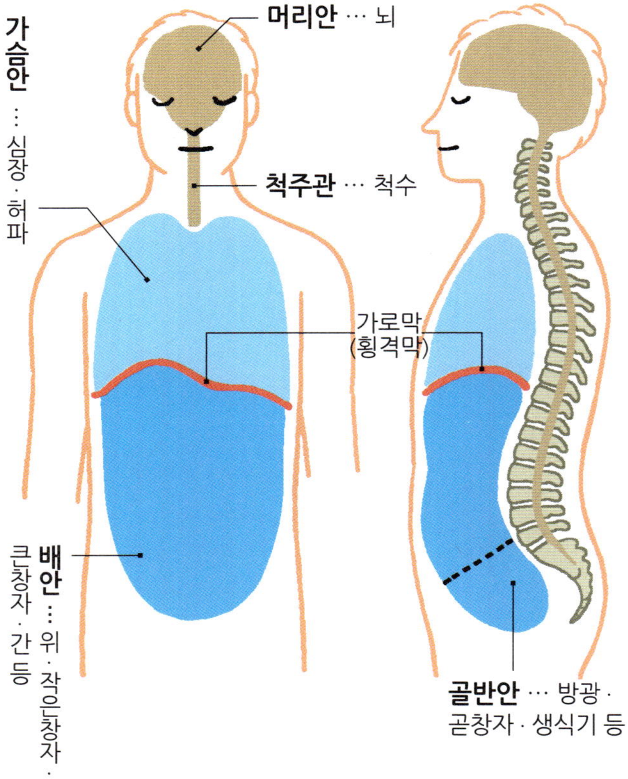

중요한 기관은 '몸 안의 공간(cavity)'에 들어 있다.

대부분의 중요한 **기관**은 인체 내부의 '체강(body cavity)'이라고 불리는 공간에 들어 있다.

머리 부위에 있는 **머리안(두개강, cranial cavity)**과 척추에 있는 **척주관(vertebral canal)**은 서로 연결되어 있으며, 뇌와 척수가 들어 있다. 또한, 머리뼈(두개골)에는 얼굴도 있고 눈, 귀, 코, 입 등의 **기관**도 붙어 있다.

가슴우리(흉곽)에 둘러싸인 **가슴안(흉강, thoracic cavity)**에는 심장과 허파가 있고, 근육성 조직의 벽에 둘러싸인 **배안(복강, abdominal cavity)**에는 위, 작은창자(소장), 큰창자(대장), 간 등의 소화기계통의 내장기관이 모여 있다.

배안에서 이어지는 골반 내 작은 공간인 **골반안(골반강, pelvic cavity)**에는 방광, 곧창자(직장), 생식기 등이 있다.

여기도 주목!

기관 … **체내 · 체외 불문하고 육안으로 볼 수 있는 형태를 가진 구조를 총칭한다.**
주의) 피부는 기관이지 내장이라고는 할 수 없다.

장기 … **체내에 있는 내장기관만을 가리킨다.**

인체 부위를 나타내는 용어를 보면 몸속 어디에 있는지 알 수 있습니다. 해부학에서는 신체 단면을 보면서 배우는 경우가 많기 때문에 확실히 기억해 두세요.

✔ 세 방향의 기준면과 방향을 나타내는 용어

양손을 몸쪽을 따라 내리고 손바닥을 앞으로 향하게 한다.
해부학에서는 이 '해부학적 자세'에 따라 아래 ①~③의 세 방향의 기준면이 정의되어 있다.

① 관상면

지면에 수직인 절단면으로 인체를 앞뒤로 나누는 면을 말한다. 전두부=이마와 평행하다는 의미에서 관상면 또는 이마면으로 부른다.

② 수평면

지면에 평행한 절단면으로, 인체를 위아래로 나누는 면을 말한다. 횡단면이라고도 한다.

③ 시상면

지면에 수직인 절단면으로 인체를 좌우로 나누는 면을 말한다. 이 중 인체의 중심을 지나 좌우 대칭으로 나누는 면을 정중면이라고 한다.

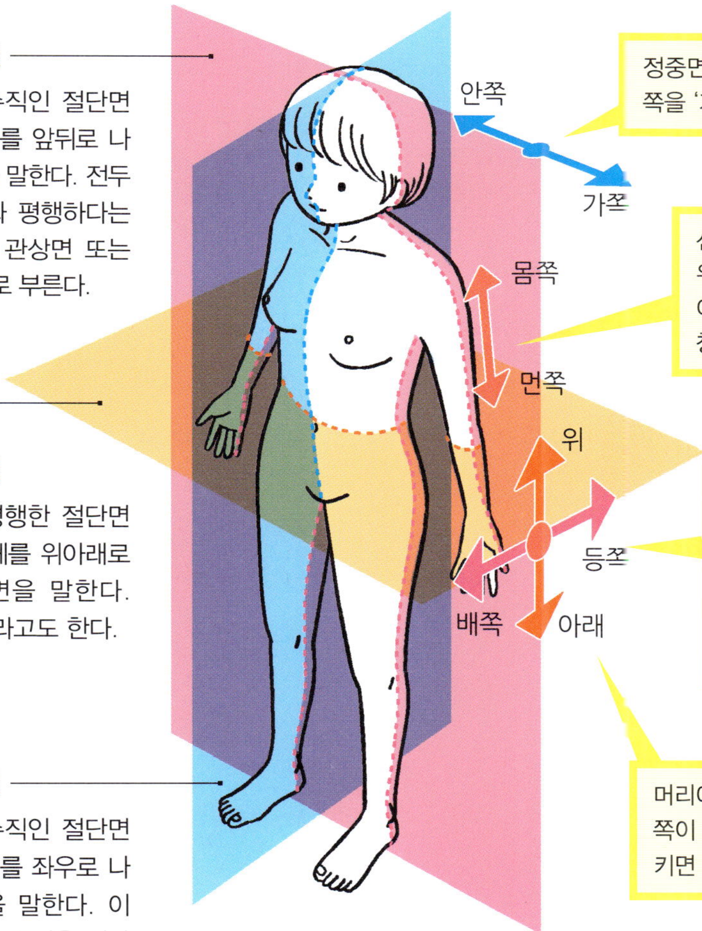

안쪽과 가쪽

정중면에 가까운 쪽을 '안쪽(내측)' 먼 쪽을 '가쪽(외측)'이라고 한다.

몸쪽과 먼쪽

신체 중심에 가까운 쪽을 '몸쪽(근위)', 멀어지는 쪽을 '먼쪽(원위)'이라고 한다. 혈관이나 신경의 명칭 등에서 자주 사용된다.

앞과 뒤

배쪽이 '앞', 등쪽이 '뒤'가 되지만, 사족보행 동물에 대응시키면 배쪽은 '아래', 등쪽은 '위'라고 할 수 있기 때문에 앞을 '배쪽'으로, 뒤를 '등쪽'이라고 표현하는 경우가 많다.

위와 아래

머리에 가까운 쪽이 '위', 발에 가까운 쪽이 '아래'가 되지만, 동물에 대응시키면 '머리 쪽'과 '꼬리 쪽'이 된다.

'안쪽과 가쪽'의 규칙으로 보면, 손은 엄지손가락이 '가쪽', 새끼손가락이 '안쪽', 발은 엄지발가락이 '안쪽', 새끼발가락이 '가쪽'이 되겠죠!

다음은 운동의 방향을 나타내는 용어에 대해서 설명할게요.

운동의 방향을 나타내는 용어

인간은 관절의 형태 등에 따라 운동의 방향이 정해져 있고,
움직이는 부위에 따라서도 규칙이 있다.

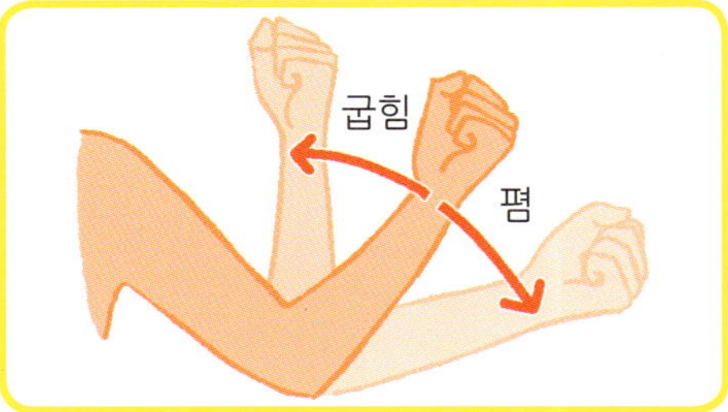

굽힘(flexion)과 폄(extension)

관절로 연결되는 두 개의 뼈의 각도를 바꾸는 운동. '굽힘(굴곡)'은 각도를 180도 보다 작게 하는 움직임, '폄(신전)'은 각도를 크게(180도에 가깝게) 하는 움직임.

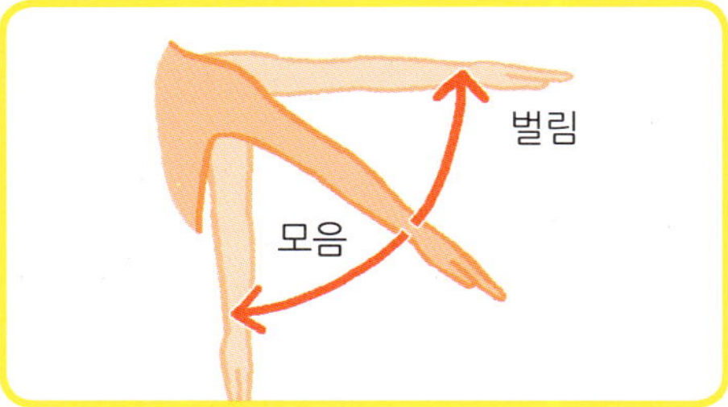

모음(adduction)과 벌림(abduction)

'모음(내전)'은 신체 중심축에 가까워지는 움직임, '벌림(외전)'은 신체 중심축에서 멀어지는 움직임.

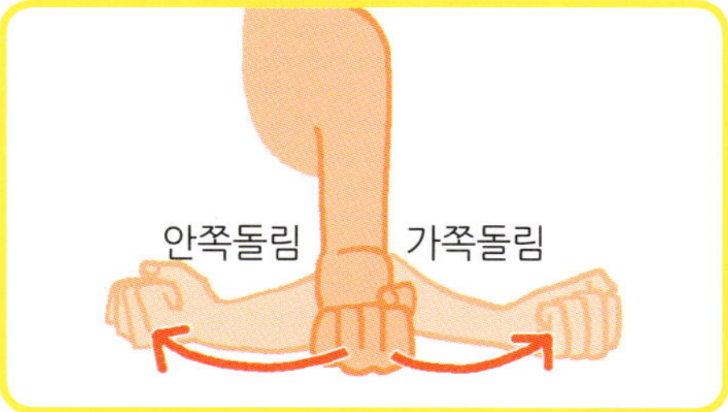

안쪽돌림(internal rotation)과 가쪽돌림(external rotation)

축을 중심으로 한 회전 운동을 '돌림'이라고 한다. 예를 들어 위팔을 축으로 가쪽으로 향하는 운동을 '가쪽돌림(외회전)', 안쪽으로 향하는 운동을 '안쪽돌림(내회전)'이라고 한다.

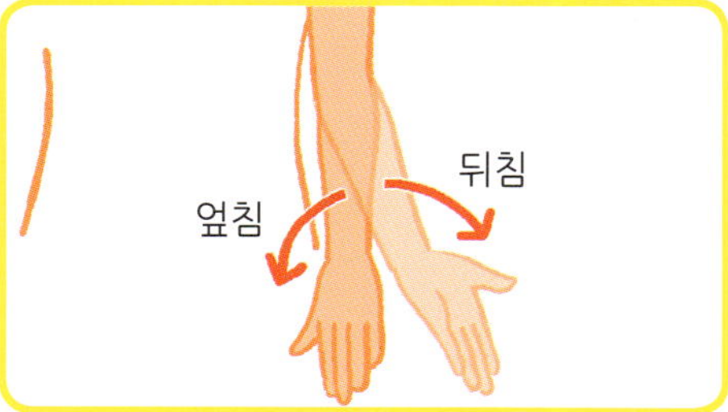

엎침(pronation)과 뒤침(supination)

회전 운동 중에서도 아래팔의 운동에 대해서만은 '엎침(회내)', '뒤침(회외)'이라는 특별한 표현을 사용한다.

PROLOGUE 해부생리학의 기초
2 인체의 구성 성분 알기

인체는 다양한 구조가 여러 계층을 만들어 구성되어 있습니다. 여기서는 그 '계층성'에 대하여 설명할게요.

인체 구조의 계층성

계층이 작은 순서부터 [세포] ➡ [조직] ➡ [기관] ➡ [기관계] ➡ [인체]로 구성된다.

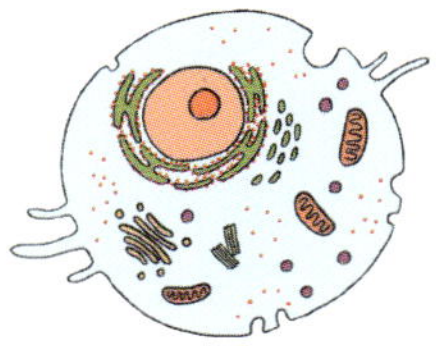

세포

복수의 분자로 이루어진 생명의 단위. 약 200종류, 37조 개나 있다고 한다.

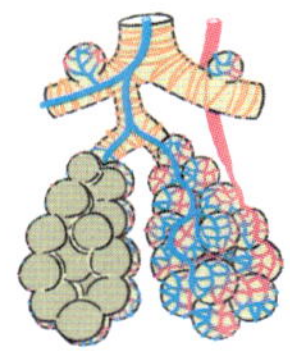

조직

공통의 기능을 가진 세포들이 모여 '조직'을 만들고 있다.

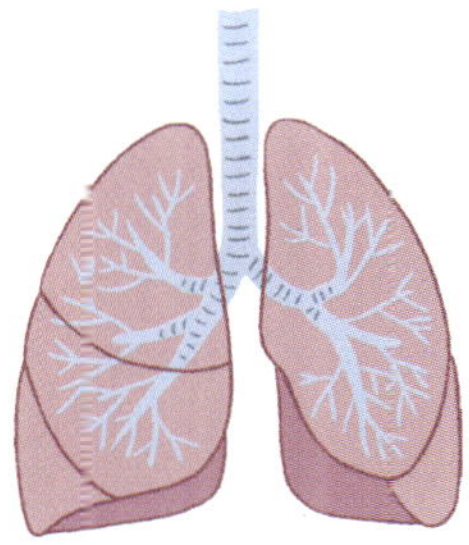

기관

조직이 모여 특정 기능을 가진 '기관'이 된다.

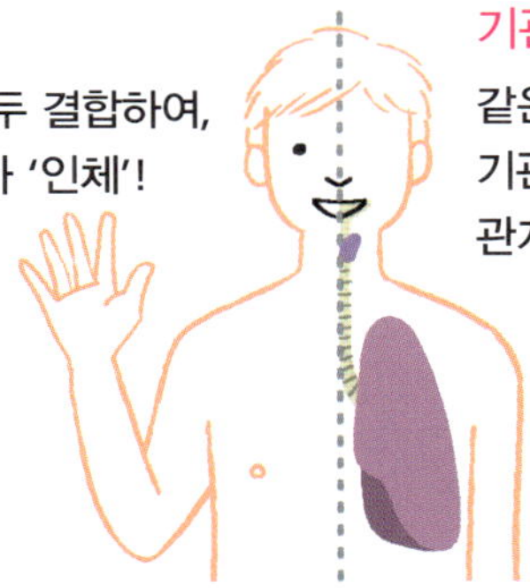

기관계

같은 기능을 가진 기관이 모여서 '기관계'가 된다.

인체

여러 기관계가 모두 결합하여, 이루어진 협동체가 '인체'!

세포의 크기

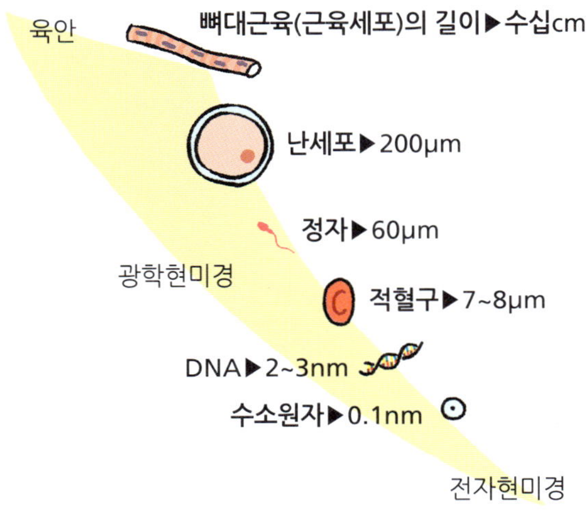

세포의 종류와 크기

세포에는 **신경세포**, **근육세포** 등 여러 가지가 있는데, **적혈구**, **백혈구**, **난자**, **정자** 등도 세포의 일종이다. 그 크기는 근육세포처럼 수십cm 길이의 큰 것부터 육안으로 겨우 볼 수 있을 정도의 난세포(약 200μm)나 현미경을 통해서만 관찰되는 적혈구(7~8μm) 등까지 종류에 따라 다양하다.

2 인체의 구성 성분 알기

생명의 기본 단위인 세포는 다양한 형태와 크기를 지니고 있지만 기본적인 내부 구조는 같습니다.

✔ 세포의 구조

세포는 세포막에 둘러싸여 있으며, 내부에는 세포질과 핵이 존재한다.

소포체(endoplasmic reticulum)
주머니 모양의 소기관. 표면에 리보소체가 부착된 조면 소포체와 부착되지 않은 활면 소포체가 있다.

핵(nucleus)
이중 핵막으로 싸여 있으며, 그 안에는 핵소체가 있고, 유전 정보를 가진 DNA(데옥시리보핵산)가 들어 있다.

리보소체(리보솜, ribosome)
핵에서 운반되어 온 RNA(리보핵산)의 유전 정보를 받아, 소포체 내에서 단백질을 합성한다.

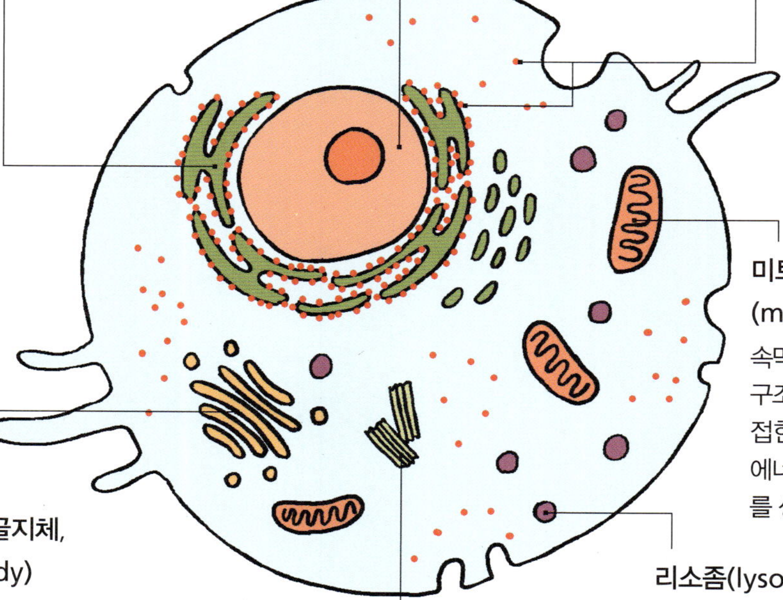

미토콘드리아(mitochondria)
속막 · 바깥막의 이중 구조. 주름 모양으로 접힌 속막 안쪽에서 에너지원이 되는 ATP를 생산한다.

골지장치(골지체, Golgi body)
소포체에서 합성한 단백질을 운반하여 세포 밖으로 내보낸다(분비 작용).

중심소체(centriole)
2개 한 쌍을 이루는 소체로 세포 분열 시 양극으로 이동해 염색체를 끌어당긴다.

리소좀(lysosome)
가수분해효소를 많이 함유해 세포 내에 흡수된 물질을 분해한다.

핵은 대부분의 세포에 1개씩 존재하고 있군요.

예외적으로 적혈구처럼 핵이 없는 세포나 근육세포처럼 2개 이상의 핵을 가진 것도 있어요.

세포는 세포막에 의해 세포의 안과 밖을 구분하고, 여러 가지 물질 및 정보의 유입을 조절합니다.

세포막의 구조

세포막(cell membrane)은 두께 10nm 이하의 얇은 막으로, 단백질과 지질(주로 인지질)로 구성된다.

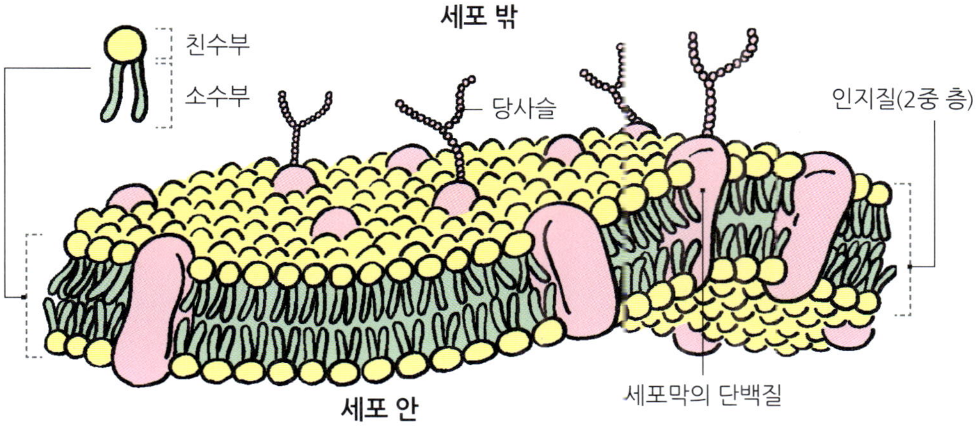

세포막에서의 물질 운반 구조

세포 간 물질 수송에는 수동 수송과 능동 수송이 있으며, 수동 수송은 농도가 높은 쪽에서 낮은 쪽으로 이동하는 확산 구조에 따라 수송되고, 능동 수송은 에너지를 사용하여 농도가 낮은 쪽에서 높은 쪽으로 수송된다.

확산

산소나 이산화탄소, 물 등의 작은 분자는 수동 수송된다.

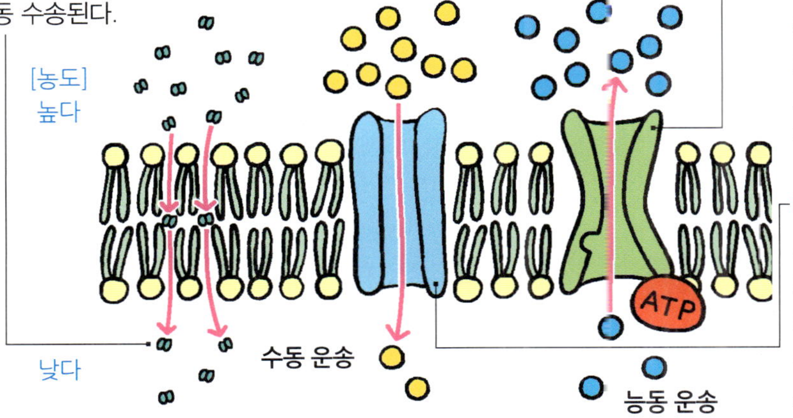

펌프

세포막에 있는 능동 수송 시스템으로 ATP(에너지)를 이용하여 농도를 거스르며 필요한 것은 흡수하고, 불필요한 것은 배출한다.

채널

세포막을 관통하는 터널과 같은 것으로, 필요에 따라 열고 닫으며, 특정 이온(Na^+, K^+ 등)을 통과시킨다.

PROLOGUE 해부생리학의 기초

3 인체의 기능 알기

'해부생리학'은 세밀한 계층으로 나누어 공부함으로써, 인체 전체의 구조와 기능을 보다 깊이 이해하려는 학문입니다.

식물성 기능 · 동물성 기능에 따른 분류

인체는 같은 기능을 가진 '기관'이 모여 기관계라는 시스템을 형성하여 다양한 기능을 담당한다. 기관계의 분류 방법은 여러 가지가 있지만, 이 책에서 사용하는 분류 방법은 이하의 표와 같다.

식물성 기능을 담당하는 기관계 : 생명 유지에 꼭 필요한 기능	
순환기계	전신에 혈액이나 림프를 순환시키는 기관. 심장, 혈관, 림프관 등
호흡기계	산소를 흡수하고 이산화탄소를 배출하는 기관. 허파 등
소화기계	음식물로부터 영양을 흡수하는 기관. 위, 장, 간 등
비뇨기계	소변을 만들어 배출하는 기관. 콩팥, 배뇨기관 등
내분비계	호르몬을 혈액으로 방출하는 기관
신경계(자율신경)	내장이나 혈관 조절에 관련된 기관
면역계	백혈구 등의 세포를 중심으로 한 면역기관
생식기계	정자와 난자를 생성하여 자손을 남기기 위해 기능하는 기관

동물성 기능을 담당하는 기관계 : 사고하여 행동하거나 운동하는 기능	
신경계 (중추신경 · 말초신경)	중추신경의 뇌와 척수, 말초신경의 뇌신경과 척수신경
감각기관계	눈, 귀, 코 등으로부터 받은 감각 정보를 전달하는 기관
외피계	인체의 내부를 외부로부터 보호하고 감각기관으로도 작용한다.
골격계	몸을 지탱하는 뼈, 연골 등
근육계	몸을 움직여 운동을 일으키는 뼈대근육이나 심장근육 · 민무늬근육 등

식물성 기능을 담당하는 기관계는 몸의 내부에 있으며, 동물성 기능을 담당하는 기관계는 몸의 바깥쪽을 둘러싸듯이 존재하고 있다는 것도 특징이에요.

이 책은 식물성 기능을 1 · 2장에서, 동물성 기능을 3장에서 정리하고 있어요.

인체의 다양한 기능은 세포의 작용이 대전제입니다.
세포가 사는 곳을 '내부 환경', 이와 반대로 인체를 둘러싼 주위 환경을 '외부 환경'이라고 합니다.

✔ 외부 환경 · 내부 환경의 변화

외부 환경은 온도와 습도, 빛 등에 따라 변화하지만,
내부 환경은 어떤 상황에서도 거의 일정하게 유지된다.
이것이 '호메오스타시스(생체 항상성)'라는 구조이다.

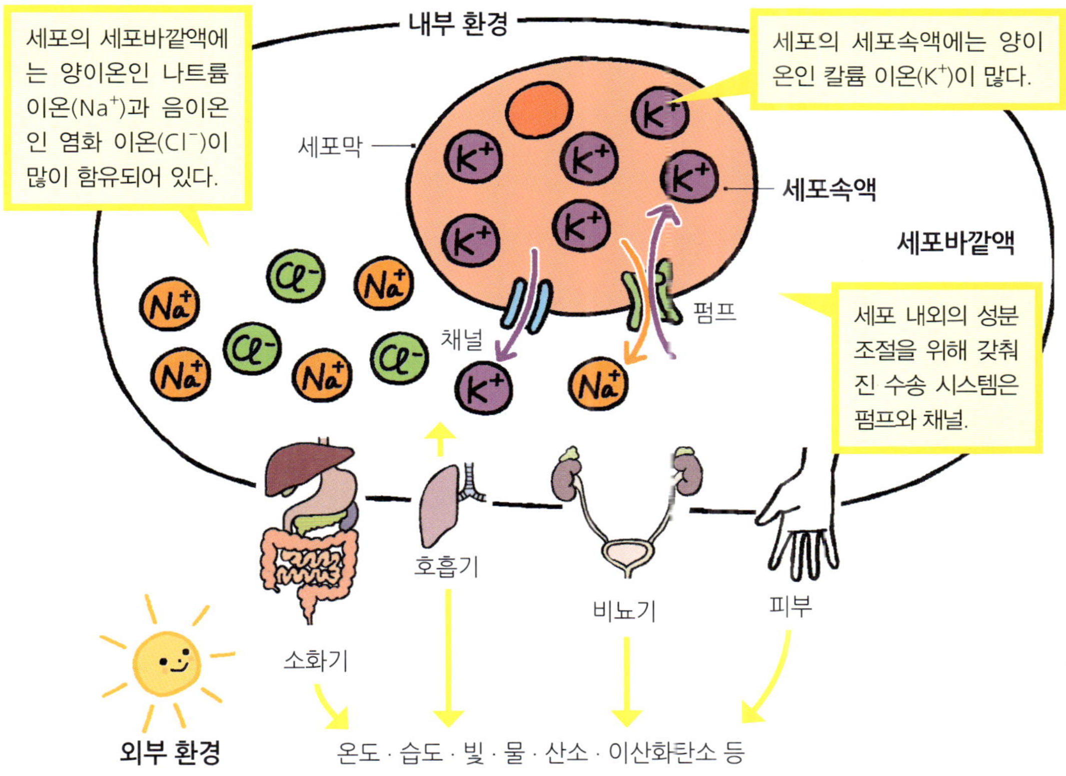

내부 환경을 일정하게 유지하는 '호메오스타시스(homeostasis)'

인체는 체중의 약 60%가 수분으로 이루어져 있다. 이 수분이란 세포 내외에 함유된 모든 액체를 가리키며 **'체액(body fluid)'**이라고 부른다. 세포의 안과 밖은 액체의 성분이 다르고 일정한 **전위차**가 있어 세포 안이 음인 상태를 유지하며 살아간다.

이 상태가 어떤 영향으로 무너지게 되는 경우는 세포의 죽음을 의미한다. 따라서 우리 몸은 세포막의 **수송 시스템**을 통해 세포 안과 밖에서 물질을 주고받으면서 조절하는 것이다.

제 1 장

순환기계 1 심장의 구조와 순환

혈액은 약 1분이면, 몸 전체를 한 바퀴 돈다.

START!

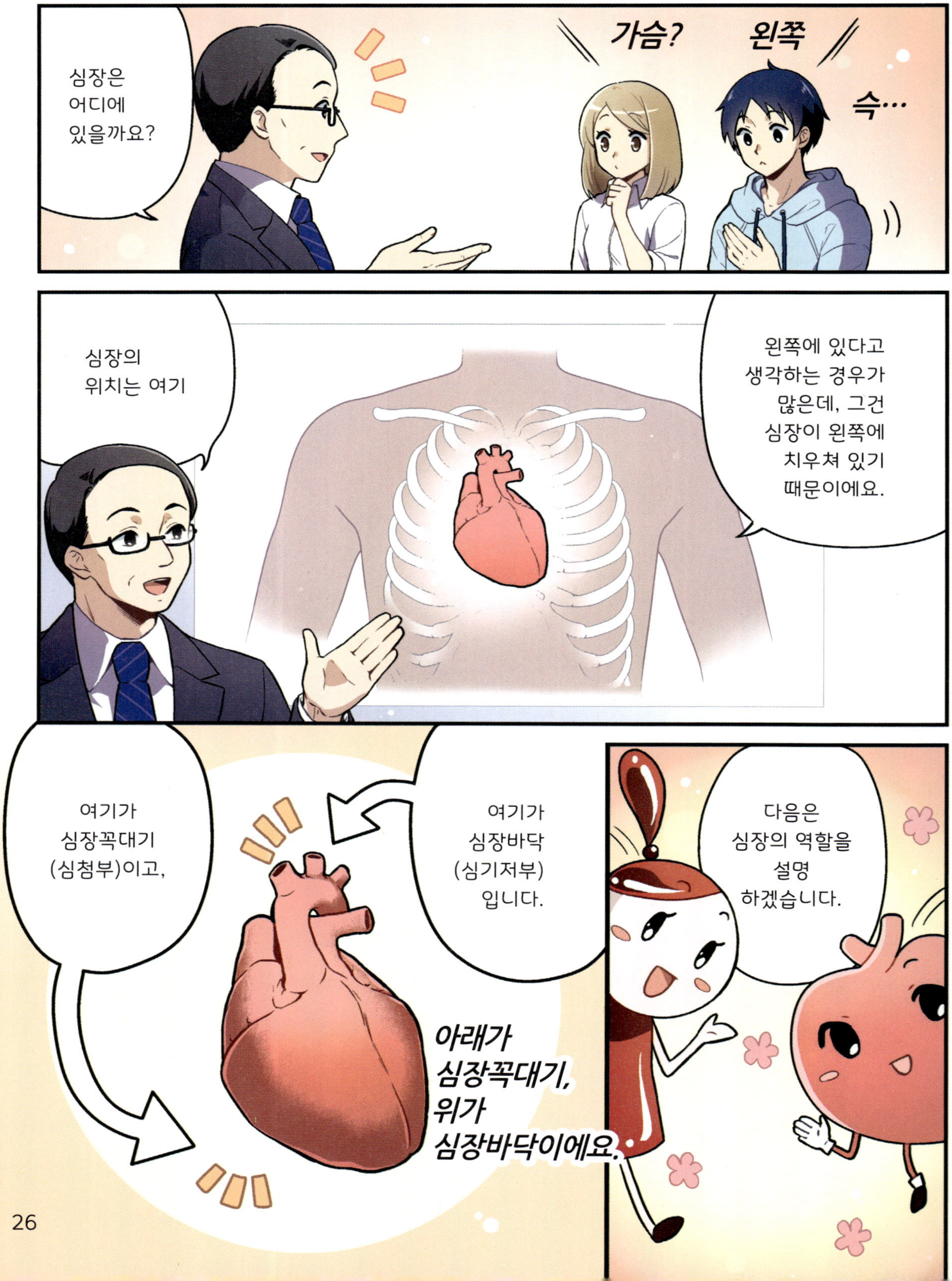

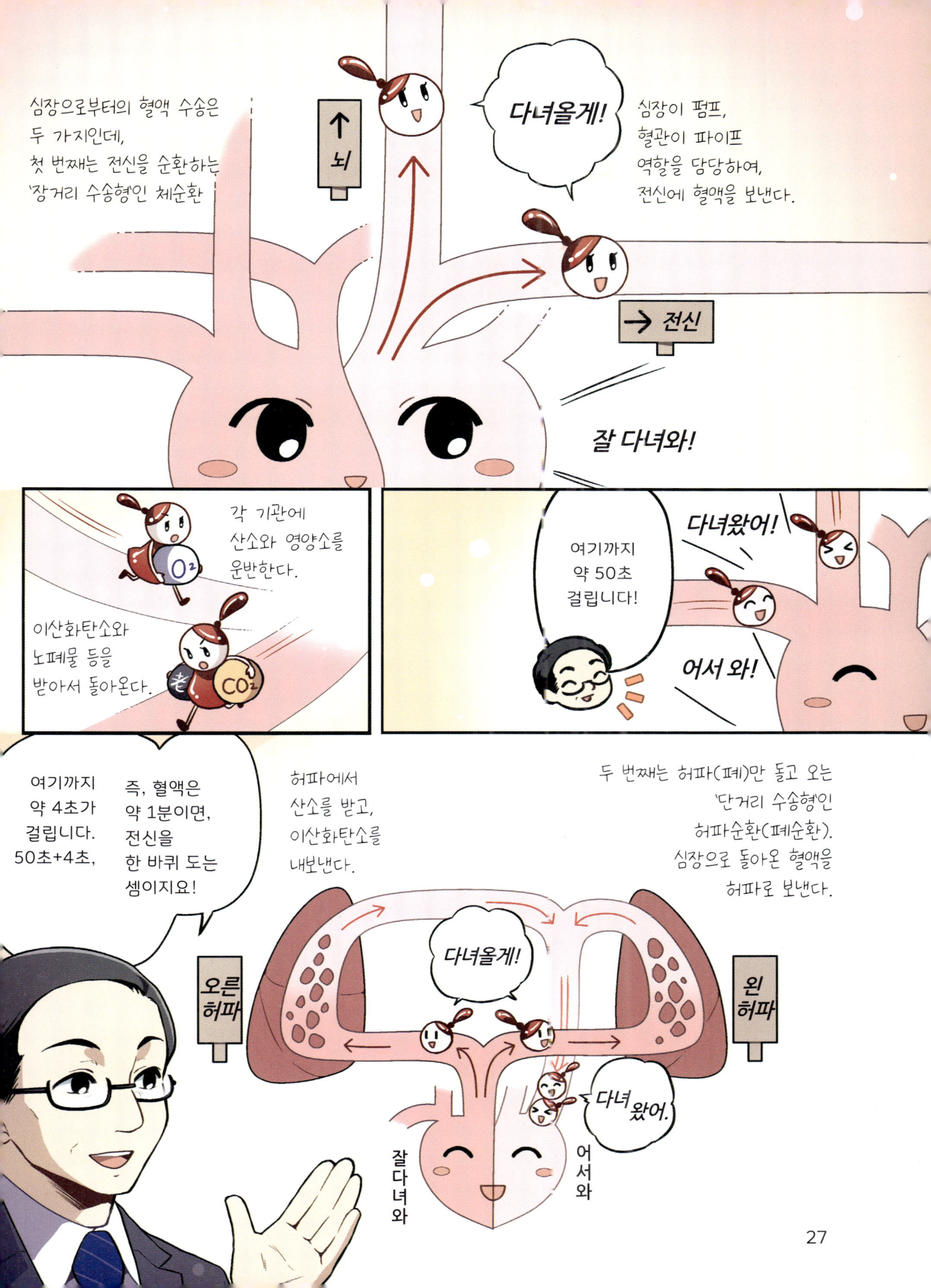

심장으로부터의 혈액 수송은 두 가지인데, 첫 번째는 전신을 순환하는 '장거리 수송형'인 체순환
↑ 뇌
다녀올게!
심장이 펌프, 혈관이 파이프 역할을 담당하여, 전신에 혈액을 보낸다.
→ 전신
잘 다녀와!
각 기관에 산소와 영양소를 운반한다.
이산화탄소와 노폐물 등을 받아서 돌아온다.
다녀왔어!
여기까지 약 50초 걸립니다!
어서 와!
여기까지 약 4초가 걸립니다. 50초+4초,
즉, 혈액은 약 1분이면, 전신을 한 바퀴 도는 셈이지요!
허파에서 산소를 받고, 이산화탄소를 내보낸다.
두 번째는 허파(폐)만 돌고 오는 '단거리 수송형'인 허파순환(폐순환). 심장으로 돌아온 혈액을 허파로 보낸다.
다녀올게!
오른 허파
왼 허파
다녀왔어.
잘 다녀와
어서 와

1

심장의 구조와 순환

심장은 혈액을 전신에 내보내는 펌프 역할을 한다.

주먹보다 약간 크고 둥근 원뿔형의 심장은 전체가 ※**심장막**으로 덮여 있다. 심장은 심장근육의 힘으로 혈액을 전신에 내보내는 펌프 역할을 한다.

심장은 좌우 허파 사이에 존재하며 뒤쪽으로 넘어지듯 기울어져 있기 때문에 원뿔형의 정점에 해당하는 심장꼭대기 부위가 왼쪽 가슴 아래에 위치한다. 거의 중앙에 위치한 심장의 쿵쾅거리는 박동을 왼쪽 가슴에서 느끼는 이유는 심장꼭대기가 가슴벽(흉벽)에 부딪히기 때문이다.

구조적으로는 위쪽의 **심방(atrium)**과 아래쪽의 **심실(ventricle)**로 나뉜다. 심방은 **심방사이막(atrial septum)**으로, 심실은 **심실사이막(interventricular septum)**으로 좌우가 구분되며, 4개의 방은 각각 **왼심방(좌심방), 오른심방(우심방), 왼심실(좌심실), 오른심실(우심실)**이라고 한다.

오른심방에는 대정맥, 왼심방에는 허파정맥이 연결되어 있어서 각각 몸속과 허파를 돌고 온 혈액이 돌아온다. 한편 오른심실에는 허파동맥, 왼심실에는 대동맥이 연결되어 있다. 혈액을 몸 전체에 내보내는 심실의 벽은 '압력'이 필요하므로 심방보다 두껍다.

심장을 기점으로 한 혈액순환 경로는 두 가지이다. 하나는 왼심실에서 대동맥을 지나 전신을 돈 다음 대정맥을 타고 오른심방으로 돌아오는 **체순환(대순환)**, 다른 하나는 오른심실에서 대동맥을 지나 허파를 돈 다음 허파정맥을 타고 왼심방으로 돌아오는 **허파순환(소순환)**이다.

혈액의 흐름을 한 방향으로 유지하고 역류를 막기 위해 심실 입구와 출구에는 **판막(valve)**이 있다. 심방과 심실 사이에 있는 판막은 **방실판막(atrioventricular valve)**이라고 하고, 왼심실 입구에 있는 것은 승모판막, 오른심실 입구에 있는 것은 삼첨판막이라고 한다. 또 왼심실 출구에 있는 판막을 대동맥판막, 오른심실 출구에 있는 판막을 허파동맥판막이라고 한다.

심장막(pericardium)

안쪽 층(내장 쪽 심장막)과 바깥 층(벽쪽 심장막) 2겹의 층 구조로 되어 있다. 두 심장막 사이에는 소량의 '심장막액=끈적임이 거의 없고 투명한 분비액'이 있어 심장과 주변 조직과의 마찰을 줄여 움직이기 쉽게 한다.

☑ 심장의 4개 방실과 판막, 각 방실과 연결되는 혈관

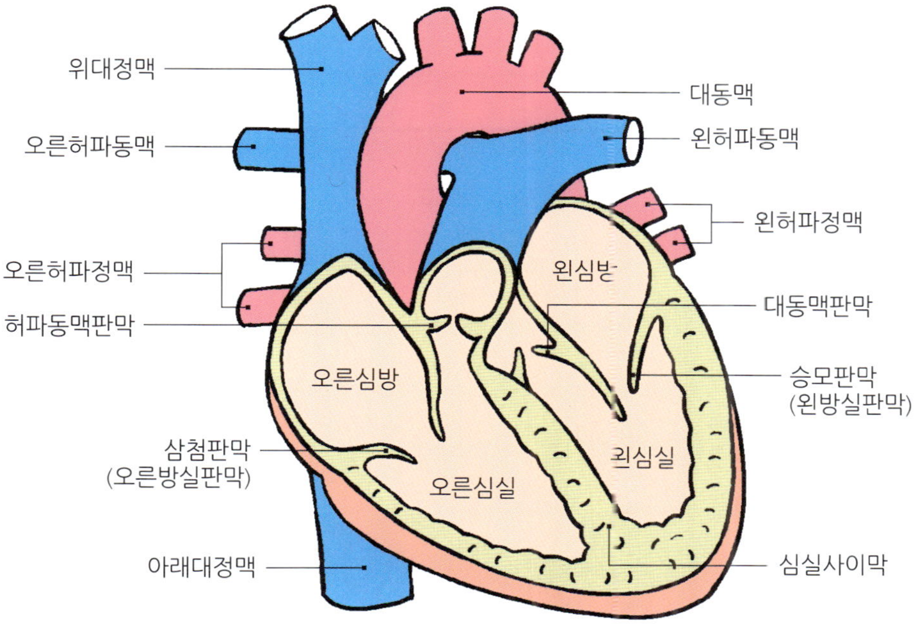

허파로 혈액을 내보내는 오른심실과 전신으로 혈액을 내보내는 왼심실은 동시에 수축하므로, 수축 횟수와 1회 배출량이 모두 같다.

☑ 심장에도 골격이 있다?

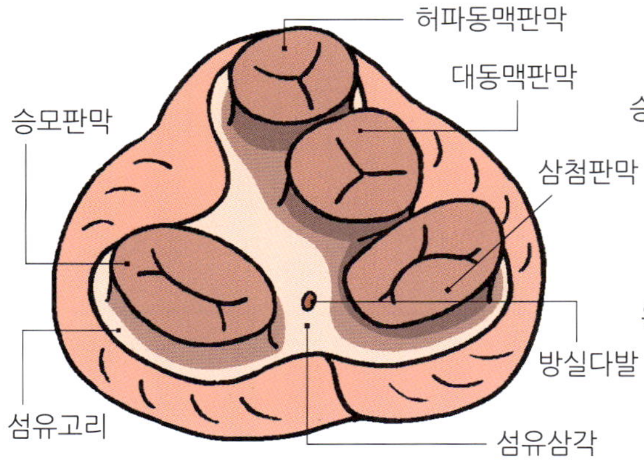

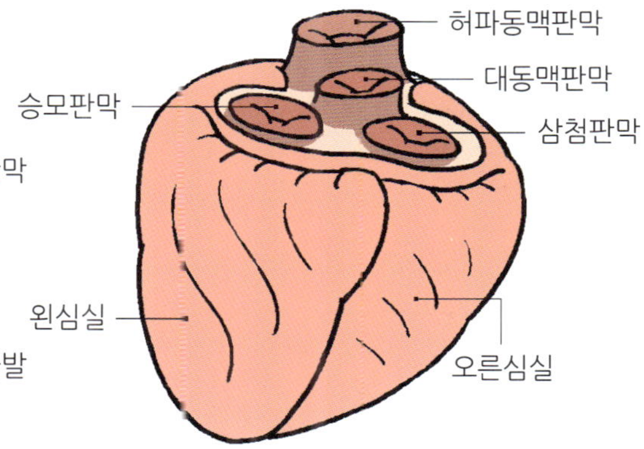

심장에서 심방과 허파정맥, 대동맥을 제거한 심실 그림. 심실 윗면에는 콜라겐 섬유가 모여 만들어진 섬유성 결합조직으로 굳어진 곳이 있으며(섬유고리나 섬유삼각), 이 조직 덕분에 판막의 형태가 무너지지 않고 유지된다. 이러한 조직들은 골격처럼 단단한 구조로 이루어져 있으며 '심장의 섬유성 골격'이라고 부른다.

순환기계 2 심장의 박동

심장 소리는 '쿵', '쾅' 두 가지로 이루어져 있다.

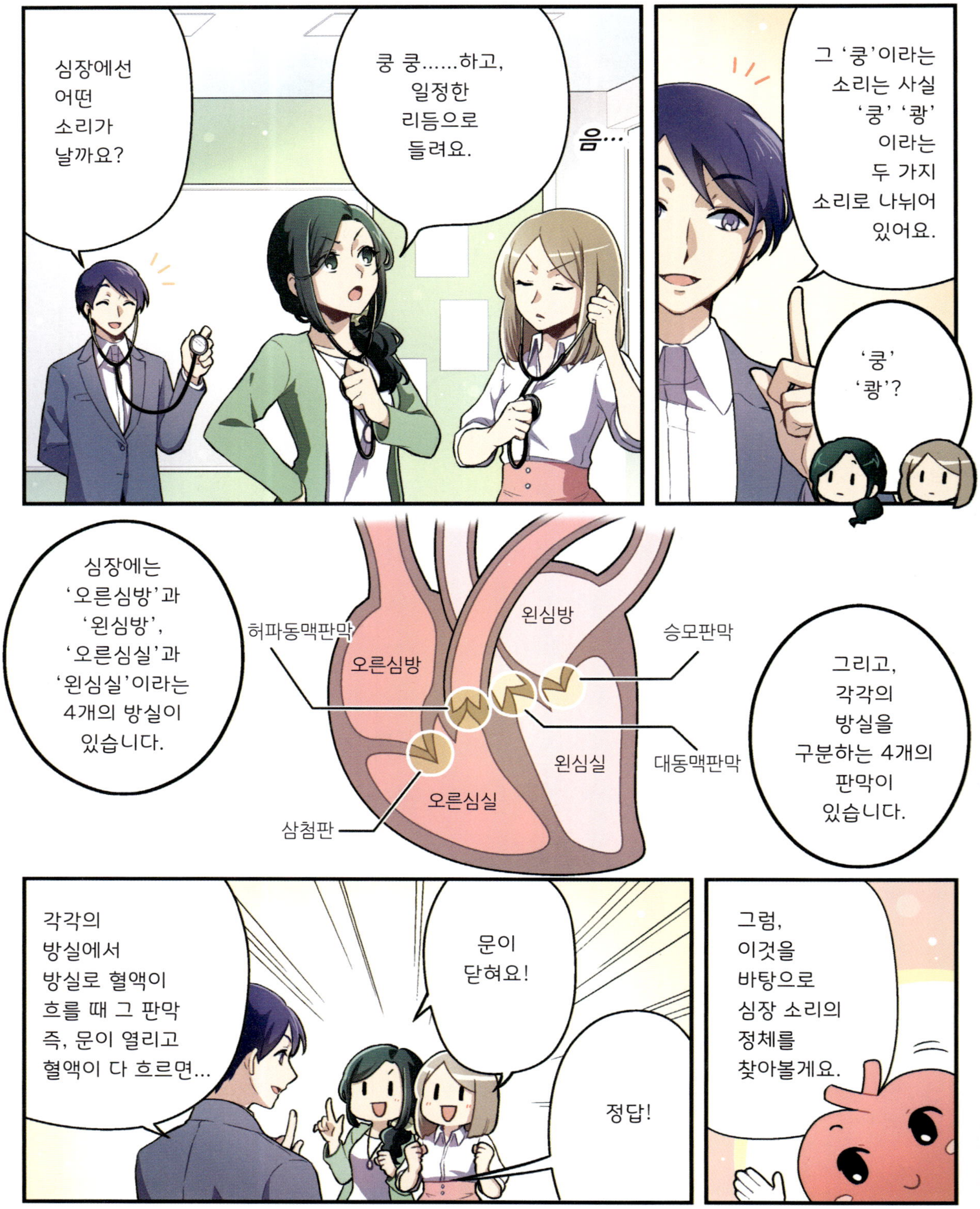

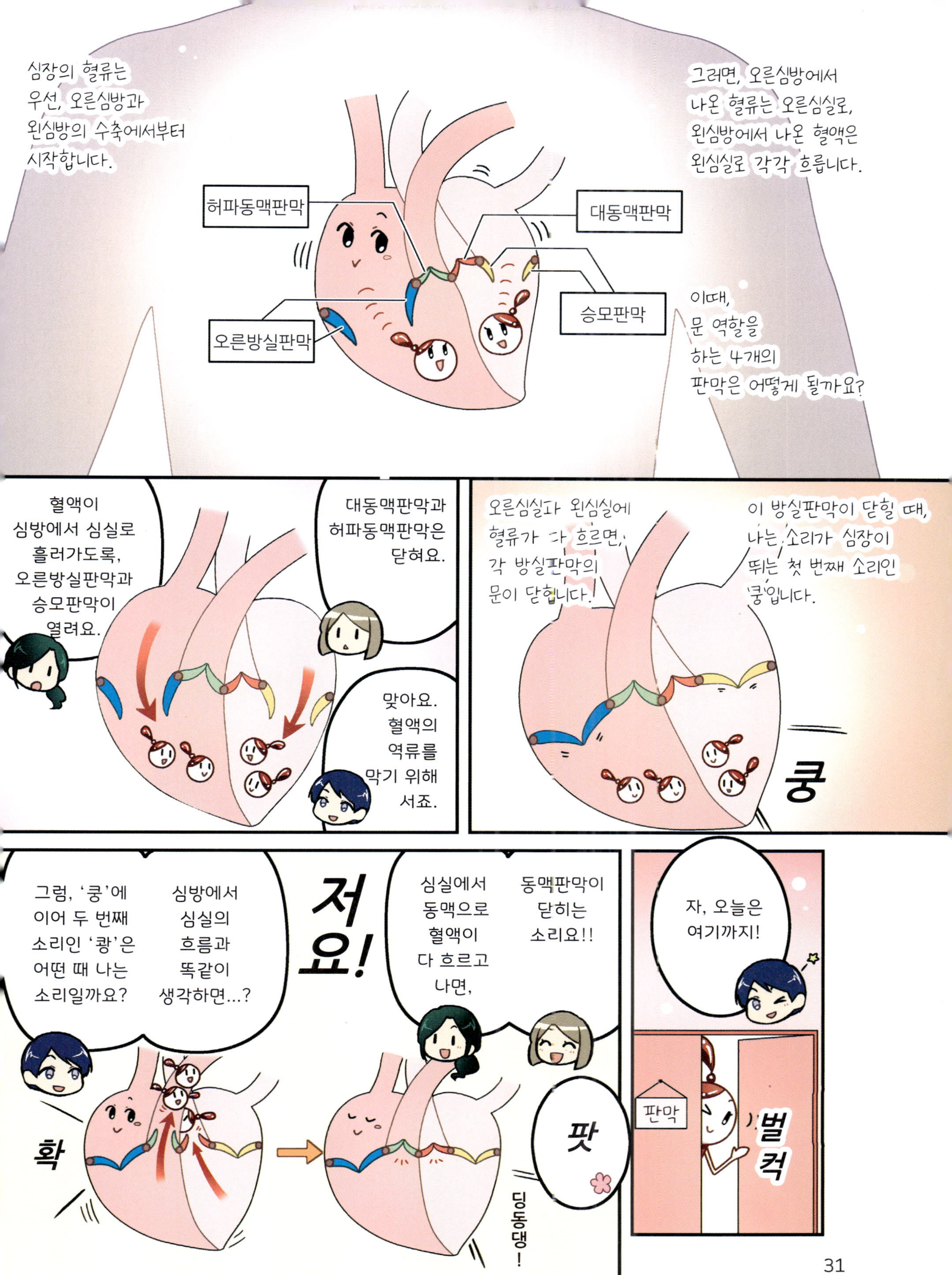
심장의 혈류는 우선, 오른심방과 왼심방의 수축에서부터 시작합니다.
그러면, 오른심방에서 나온 혈류는 오른심실로, 왼심방에서 나온 혈액은 왼심실로 각각 흐릅니다.
허파동맥판막
대동맥판막
승모판막
오른방실판막
이때, 문 역할을 하는 4개의 판막은 어떻게 될까요?
혈액이 심방에서 심실로 흘러가도록, 오른방실판막과 승모판막이 열려요.
대동맥판막과 허파동맥판막은 닫혀요.
맞아요. 혈액의 역류를 막기 위해서죠.
오른심실과 왼심실에 혈류가 다 흐르면, 각 방실판막의 문이 닫힙니다.
이 방실판막이 닫힐 때, 나는 소리가 심장이 뛰는 첫 번째 소리인 '쿵'입니다.
쿵
그럼, '쿵'에 이어 두 번째 소리인 '쾅'은 어떤 때 나는 소리일까요?
심방에서 심실의 흐름과 똑같이 생각하면...?
저요!
심실에서 동맥으로 혈액이 다 흐르고 나면,
동맥판막이 닫히는 소리요!!
확
팟
딩동댕!
자, 오늘은 여기까지!
판막
벌컥

2

심장의 박동

심장의 박동은 전기적 흥분의 근원

'쿵쾅'이라는 심장음은 심장의 **박동**과 연관되어 있다. 그럼 심장 안에서 어떻게 박동이 일어나는지 그 구조를 살펴보자.

박동은 오른심방과 위대정맥의 경계 부근에 있는 **동굴심방결절(동방결절, sinoatrial node)**이라고 하는 특수한 심장근육세포에서 전기적 흥분이 일어나는 것으로 시작된다. 동굴심방결절에서 생긴 흥분은 심방의 심장근육으로 전달되어 흥분과 수축을 일으킨다.

또한, 오른심방 아래에 있는 **방실결절**, **방실다발(히스다발)**, 거기서 **오른갈래**, **왼갈래**로 나뉘어 **푸르킨예섬유(Purkinje fiber)**를 통해서 심실의 심장근육으로 전달된다. 흥분과 수축이 시간차를 두고 전달됨으로써 혈액은 심방에서 심실, 심실에서 허파 혹은 전신으로 보내지는 것이다.

심장 전체에 100~200억 개에 달하는 심장근육세포는 각각 고유의 수축 리듬을 가지고 있지만, 세포끼리는 ※**간극연접**이라는 자체 구조로 연결되어 있어, 동일한 리듬에 따라 움직인다. 동굴심방결절의 흥분이 기점이 되어 리듬이 만들어지므로 동굴심방결절은 **페이스메이커(보조장치)**라고도 한다. 그리고 이 리듬은 의사와 상관없이 심장이 가진 자동성에 의해 조절된다.

박동의 리듬은 긴장으로 교감신경이 우세해지면 흥분 빈도가 증가하고 속도가 빨라지는 등 자율신경이나 호르몬의 작용에 따라 변화하는데, 심장의 펌프 기능에 이상을 초래하는 혼란이 일어나면 주의가 필요하다. 이처럼 불규칙한 박동을 **부정맥(arrhythmia)**이라고 하며, ※**심전도**를 이용해 발견할 수 있다. 불규칙한 박동은 빨라지거나 느려지는 것뿐만 아니라 리듬이 불규칙해지는 패턴으로 나타날 수도 있다.

간극연접(gap junction)

세포와 세포를 연결하는 장치(세포간 결합)로 장치 내 터널을 이온 분자가 왕래함으로써 정보가 공유된다.

심전도(ECG)

손목, 발목, 가슴에 전극을 붙여 심장의 전기적 활동을 체표에서 측정하여 파형으로 기록한 것

심장에 전기 자극이 전달되는 구조

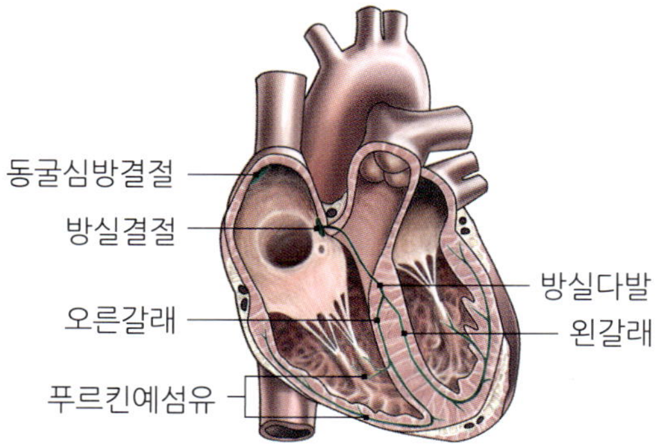

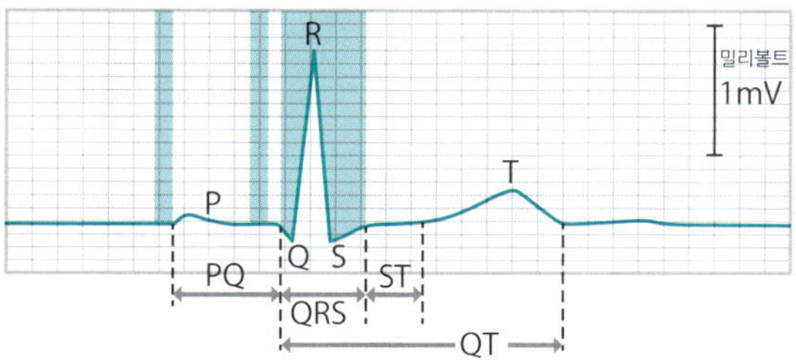

심방과 심실에 시간차로 흥분(전기신호)이 전달되면, 박동이 발생한다.

❶ 오른심방의 동굴심방결절로 흥분이 시작되어 심방에 전달된다.

심전도 최초의 작은 파〈P파〉

↓

❷ 방실결절, 방실다발(히스다발)을 지나 좌우(왼갈래 · 오른갈래) 푸르킨예섬유를 통해 심실 전체에 전달된다.

심전도 위아래로 날카롭게 흔들리는 파〈QRS파〉(극파라고도 한다.)

↓

❸ 흥분이 끝난 후의 회복

심전도 QRS파 다음에 오는 작은 파〈T파〉

불규칙한 파형에서 알 수 있는 것[심전도]

방실차단(AV block)

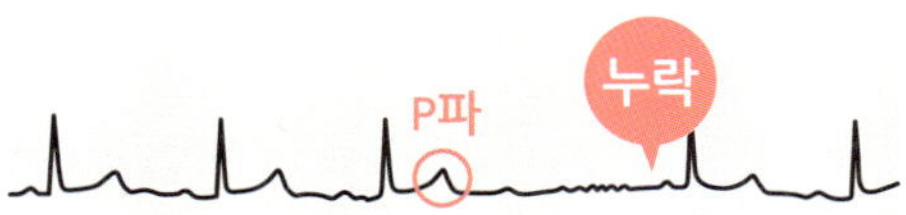

파형에 누락이 있다. 누락된 곳에서 P파가 보이는 것으로 보아 심방에서 심실로 흥분이 전달되지 않고 있음을 알 수 있다. 서맥성 부정맥의 일종

심실기외수축(PVC)

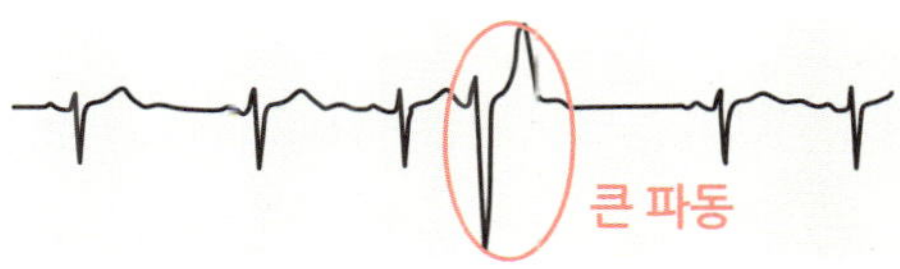

정상적인 파형 속에 큰 파동. 심실 내에서 발생한 흥분이 제멋대로 퍼져나가면서, 혈액이 심장에서 거의 박출되지 않는다. 치료가 필요 없는 부정맥

심실세동(VF)

파형이 크게 불규칙하다. 심실근육의 흥분과 수축의 동기성이 상실된 상태. 심정지 상태로 간주되어, 심장마사지 등이 필요하다.

심방세동(AF)

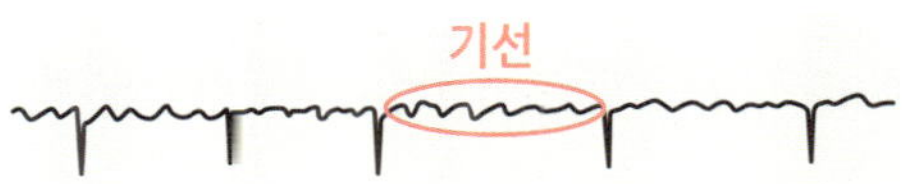

기선이 불규칙하다. 심방근육의 동기성이 상실된 상태. 심실로의 혈액 유입은 심실이 확장되면서 수동적으로 이루어지기 때문에, 서둘러 치료할 필요가 없다.

순환기계 3 혈관의 구조

혈압은 전신에 혈액을 내보내는 원동력

그때, 혈액이 혈관 내벽을 누르는 압력을 수치로 나타낸 것이
혈압 위의 값 입니다.
수축기 혈압이라고도 해요!
그럼 혈압 아래 값은…
다음으로 내보낼 혈액을 모으기 위해, 심장이 확장할 때의 값이지요.
불룩
불룩
참고로 혈압은 너무 낮아도 몸에 좋지 않습니다.
네?! 왜요?
동맥은 여러 갈래로 갈라져, 몸 곳곳에 퍼져 있습니다.
그 갈라진 구석구석까지, 혈액을 내보내야 하지요.
그러려면, 어느 정도의 압력이 필요합니다.
O2 영양
노폐물
으음
혈류의 역할이란, 굉장하네요!
그걸 지지해주는 혈압도 대단해요!

3

혈관의 구조

3종류의 혈관 : 동맥 · 정맥 · 모세혈관

혈액이 흐르는 혈관은 **동맥**, **정맥**, **모세혈관**의 크게 3가지로 나뉜다. 이 가운데 심장에서 힘차게 박출되는 혈액을 받아들이는 혈관이 동맥이다. ※**1회 심박출량**은 안정 시에 40~100mL, 심장은 1분간 약 60~90회 박동하기 때문에 매분 5~7L의 혈액이 동맥으로 밀려 나가게 되는 것이다. 동맥은 이 큰 충격에 견딜 수 있도록 강하고 튼튼한 구조로 이루어져 있다.

동맥의 혈관벽은 **속막**, **중간막**, **바깥막**의 3층으로 이루어져 있으며, 가장 두꺼운 중간막에는 ※**민무늬근육 세포**와 탄성섬유를 볼 수 있다. 같은 동맥이라도 두께에 따라 중간막의 구조가 다르다. **대동맥** 등 두꺼운 동맥은 **탄성섬유**가 시트 모양으로 겹겹이 쌓여 있기 때문에 **탄성동맥**이라고도 하며 심장에서 내보내는 혈류의 충격을 흡수한다.

대동맥에서 갈라진 기관의 동맥은 가늘어지면서 탄성섬유가 줄어들고 민무늬근육의 비율이 늘기 때문에 **근성동맥**이라고 한다. 근성동맥은 혈관을 수축시켜 혈류에 대한 저항을 발생시킴으로써 혈압을 조절하는 작용도 있으므로 **저항혈관**이라고도 한다. 말초로 갈수록 세동맥은 가늘어져서 저항혈관으로서의 기능은 더욱 커진다.

한편 정맥의 혈관벽은 동맥과 같은 3층 구조를 가지면서 혈관이 비칠 정도로 얇은 것이 특징이다. 정맥에는 역류를 방지하는 **판막**이 갖춰져 있으며, 그 속을 흐르는 혈액은 주위 근육의 수축에 따라 심장으로 보내진다.

기관 내의 동맥과 정맥은 가지가 갈라진 끝으로 연결된 그물망 모양으로 되어 있으며, 이 부분의 매우 가는 혈관을 **모세혈관**이라고 한다. 혈액과 조직 사이의 물질 교환은 모세혈관의 벽을 통해 이루어진다.

1회 심박출량(cardiac output)

심장(심실)이 1회 수축 시 박출되는 혈액량을 말한다. 1분간 박출량을 심박출량이라고 한다. 1회 심박출량×심박수(1분 동안 심실이 수축하는 횟수)로 구한다.

민무늬근육

소화관과 기도 등의 내장벽이나 혈관벽을 구성하는 근육. 의지대로 움직일 수 없는 불수의근육으로 자율신경의 지배를 받는다.

☑ 혈관의 종류와 구조

혈관에는 동맥 · 정맥과 이들을 연결하는 모세혈관이 있다. 그중 동맥은 탄성동맥과 근성동맥으로 나뉜다.

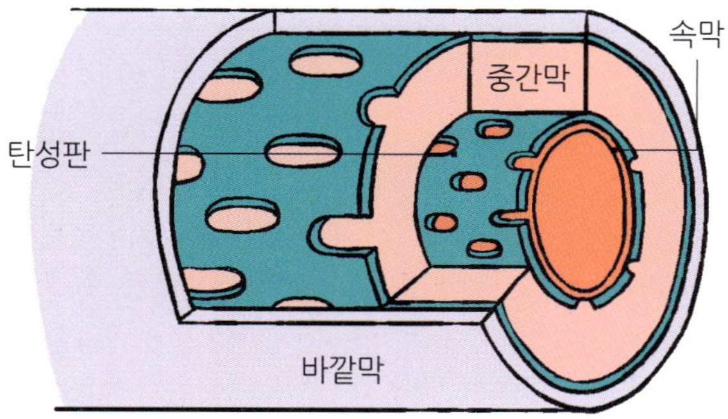

☑ 동맥(artery)

속막, 중간막, 바깥막의 3층 구조. 가장 두꺼운 중막에 민무늬근육세포, 탄성판이 있다.

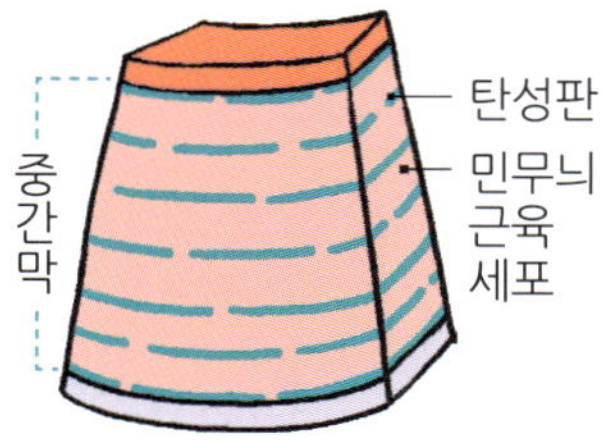

탄성동맥

탄성판과 민무늬근육이 겹겹이 쌓여 있다.

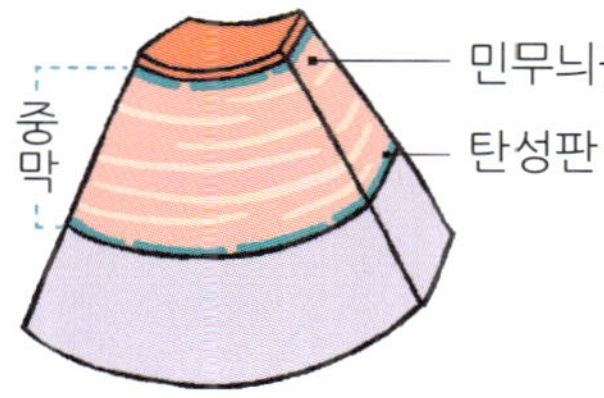

근성동맥

탄성섬유가 부족하고, 민무늬근육세포가 많다.

☑ 정맥(vein)

동맥과 마찬가지로 3층 구조지만, 벽이 얇고 표피 근처를 흐르고 있어 투명하고, 파랗게 보인다. 팔다리에 있는 직경 1mm 이상의 정맥에는 혈액 역류를 막기 위한 판막이 있어, 심장을 향하는 방향으로만 흐른다.

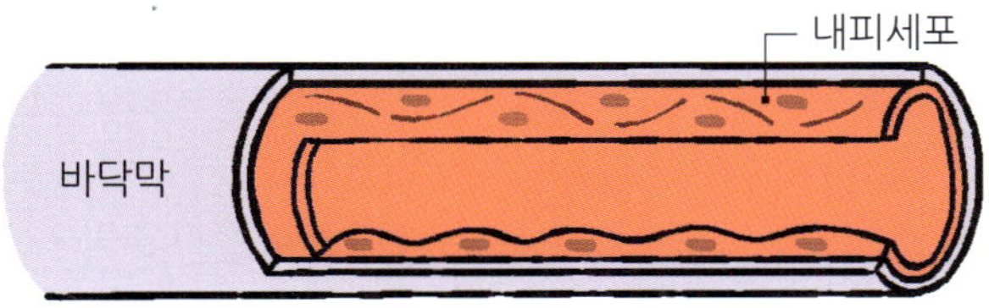

☑ 모세혈관(capillary)

민무늬근육은 없고, 편평한 내피세포와 그 바닥막으로 이루어진 굵기 5~10μm의 혈관이다.

PICK UP!

동맥, 정맥, 모세혈관을 모두 연결하면 그 길이는 약 6000km이고, 일본 열도를 1.5번을 왕복하는 셈이 된다. 그리고, 그중 99%가 모세혈관이다.

순환기계 4 혈액의 경로 ① 동맥

동맥도 심장과 마찬가지로 일정한 리듬으로 박동한다.

쫄
쫄
확장은 넓어지고, 복원은 원상태로 돌아가는 이미지예요.
확장과 복원이 파동이 되어, 심장에서 말초 부위까지 맥이 닿지요.
맥박은 그런 구조군요.
오오
그런데, 맥박은 1분 동안에 몇 회 정도 뛰는 게 정상인가요?
개인차는 있지만 건강한 성인의 경우 50회에서 100회 정도 입니다.
이건 안정 시의 수치라서 운동 중이거나, 긴장 상태일 때는 빨라지고,
취침 시나 휴식 중일 때는 느려져요.
심장 등에 질환이 있으면, 속도와 리듬이 불규칙하지요.
윽
부정맥이군요.

4 혈액의 경로 ① 동맥

동맥혈은 대동맥에서 갈라져 전신으로

심장에서 전신으로 보내지는 혈액은 산소를 많이 함유한 **동맥혈**로, 왼심실에서 위로 향하는 약 5cm 길이의 **오름대동맥(ascending aorta)**을 향해 박출된다.

이어지는 **대동맥활(aortic arch)**은 심장의 왼뒤쪽에서 급커브를 그리듯이 방향을 바꿔 척주 앞쪽을 따라 **가슴대동맥(thoracic aorta)**, **배대동맥(abdominal aorta)**으로 하행한다. 이것이 대동맥의 줄기이다.

대동맥활에서 뇌로 향하는 **온목동맥(common carotid artery)**과 팔로 향하는 **빗장밑동맥(subclavian artery)**이 갈라진 것과 마찬가지로 본 줄기의 대동맥은 여러 곳을 기점으로 가지를 뻗고 있다.

가슴대동맥과 배대동맥에서 갈라진 동맥은 가슴 부위 기관(기관, 허파, 식도 등)이나 배부위 기관(소화기, 비뇨생식기, 배몸통벽 등)에 배대동맥이 골반 입구에서 좌우로 나뉘어 뻗은 **온엉덩동맥(common iliac artery)**에서는 다리와 골반내장으로 향한다.

기관 속에 있는 동맥은 서서히 가늘어져 최종으로는 **모세혈관**이 되어 말단에서 정맥으로 이어진다. 모세혈관에서는 혈액을 통해 산소와 이산화탄소의 가스 교환과 영양소 흡수, 노폐물 회수 등이 이루어진다. 노폐물과 이산화탄소를 포함한 **정맥혈**은 정맥을 지나 심장까지 되돌아간다.

또한, 관절 주위 등 움직임이 많은 부분을 주행하는 가는 동맥끼리는 서로 ※**문합**하고 있는 경우가 많아, 어느 한 곳이 막혀도 다른 동맥을 우회할 수 있어서 혈류가 정체되지 않는다. 이러한 구조를 **곁순환**이라고 한다.

이와 반대로 문합하지 않는 동맥은 **종말동맥**이라고 하며, 한 곳이 막히면 그 영역 일대가 ※**경색**을 일으키게 된다. 종말동맥은 심장이나 뇌, 허파, 간 등에서 많이 보이며 뇌에서 경색이 일어나면 뇌경색, 심장에서 경색이 일어나면 심근경색이 된다.

문합(anastomosis)

하나의 굵은 줄기에서 갈라진 가는 가지가 인접한 다른 줄기의 갈라져 나온 가지와 연결되어 있는 것

경색

종말동맥이 막혀 조직으로 가는 혈류가 부족해 조직이 변성 혹은 괴사에 빠진 상태

전신을 순환하는 동맥계

※빨간 글씨는 본 줄기

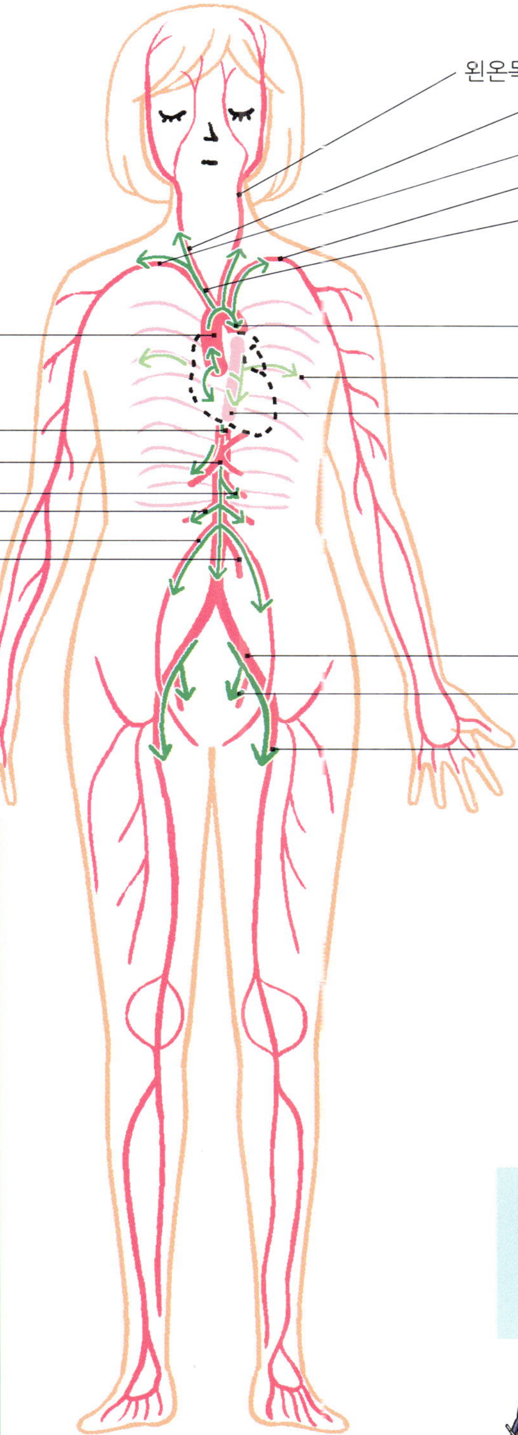

여기도 주목!

신체 각 부위에 보내지는 혈액량의 비율(안정 시)

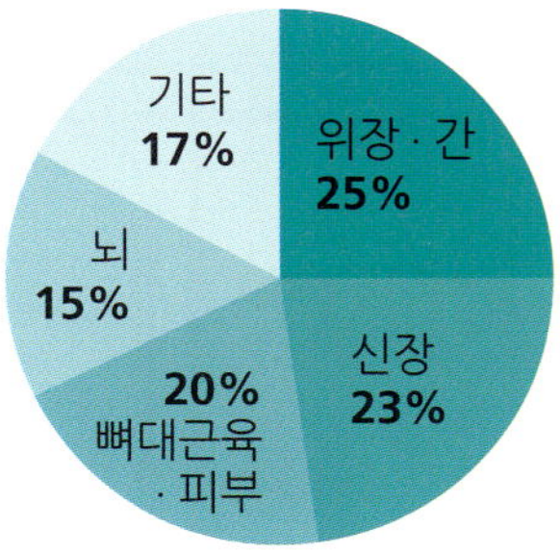

운동 중에는 보다 많은 산소를 필요로 하기 때문에, 심장 박출량이 5배가량 늘어나고, 뼈대근육 배분이 80%까지 증가한다. 그 결과 뇌 이외의 장기로 가는 혈류량은 대폭 줄어든다.

순환기계 5 혈액의 경로 ② 정맥

정맥은 근육의 도움을 받아 혈액을 흐르게 한다.

사람의 팔다리 특히 다리 부분의 혈관에는 판막이 있는데, 왜 그럴까요?
모르겠어요~
판막
그 이유는 중력을 거슬러 혈액을 보내야 해서, 정맥에 판막이 없으면 역류가 발생하기 때문이지요.
정상
중력
역류
앗 중력이—
오호…
그래서, 예를 들어 같은 자세로 오랫동안 앉아 있으면,
으으
혈관 속
근육이 움직이지 않기 때문에, 정맥 속에 혈전이 생겨 '이코노미클래스 증후군'이 발생하게 됩니다.
이코노미클래스 증후군이란?
장시간 다리 근육을 움직이지 않으면, 정맥의 흐름이 정체되어 다리에 혈전이 생기기 쉽다.
이 혈전이 혈류를 타고, 이동해 허파의 혈관을 막으면, 쇼크나 심정지 등 위중한 증상을 일으킨다.
혈전 (혈액 덩어리)
억
허파
왼허파 야—!
오늘은 강의가 길어서 너무 앉아 있었더니, 다리가 좀 아파요.~
조심 해야겠어.
움직이자

5

혈액의 경로 ② 정맥

상반신과 하반신의 혈액이 돌아가는 길

심장(왼심실)에서 박출된 혈액은 동맥을 타고 전신에 걸쳐 **정맥**을 따라 심장(오른심방)으로 돌아온다. 이를 **정맥순환**이라고 하며 심장에는 말단의 모세혈관에서 회수한 이산화탄소와 노폐물을 함유한 **정맥혈**이 돌아온다.

거의 모든 정맥은 동맥과 나란히 뻗어 있어서 대부분은 같은 이름이 붙어 있다. 다만, 팔과 다리의 정맥에는 동맥과 나란히 깊은 부위로 뻗어 있는 정맥**(깊은정맥)** 외에 체표 가까이 뻗어 있는 정맥**(얕은정맥)**이 있으며, 이 정맥들은 정맥 경로를 형성하기 위해 서로 연락한다.

정맥 환류는 상반신에서 위대정맥을 경유하여 오른심방으로 돌아오는 경로와 하반신에서 **아래대정맥(inferior vena cava)**을 경유하는 경로로 크게 두 가지로 나눌 수 있다.

우선 상반신 중에서도 머리 부위와 팔부위로부터 나오는 혈액은 팔머리정맥을 거쳐 위대정맥으로 흘러 들어가고 그곳에서 갈비사이정맥과 ※**홀정맥(azygos vein)** 등이 합류한다. 한편 다리에서 나오는 혈액은 넙다리정맥을 거쳐 양쪽의 온엉덩동맥으로 들어간 다음 마지막으로 아래대정맥으로 들어간다. 중간에 허리정맥 등도 합류한다. 양쪽의 콩팥으로부터 나오는 혈액을 운반하는 **콩팥정맥**도 있다.

또한, 복부 소화관(위, 작은창자, 큰창자 등)과 지라(비장)를 순환하여 여러 영양소를 섭취한 모든 혈액은 **문맥(portal vein)**을 통해 모여져 간으로 들어간다. 그리고 간 내에서 대사와 해독이라는 물질 교환이 이루어진 뒤 정맥혈이 **간정맥**을 지나 아래대정맥으로 들어간다.

대부분의 정맥은 신체의 깊은 곳을 지나지만 정맥은 피부에 비쳐 보이는 부분도 있다. 또한, 정맥혈은 동맥혈에 비해 비교적 원만하게 흐르기 때문에 채혈에는 일반적으로 정맥이 이용된다.

홀정맥

식도의 정맥이 모여 등뼈 오른쪽을 따라 상행하는 대정맥

☑ 전신을 순환하는 정맥계

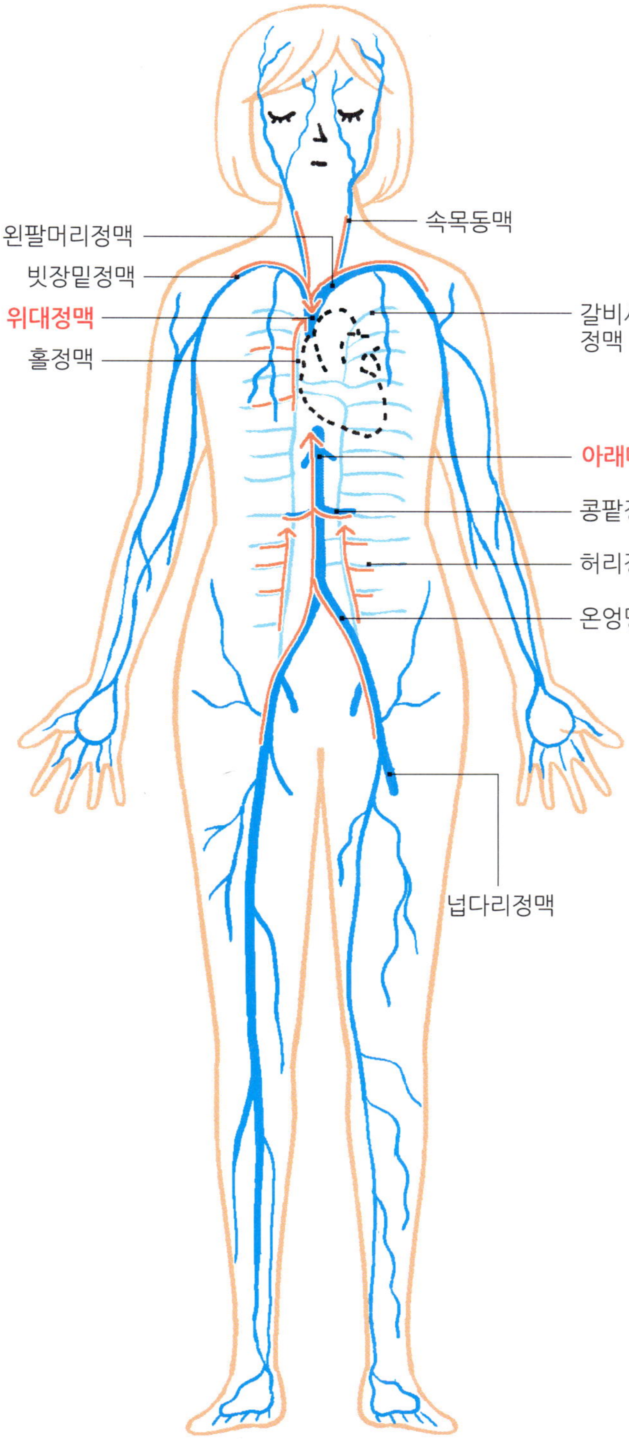

위대정맥
▲
상반신
(뇌와 팔에서)

하대정맥
▲
하반신
(복부와 다리에서)

☑ 문맥계

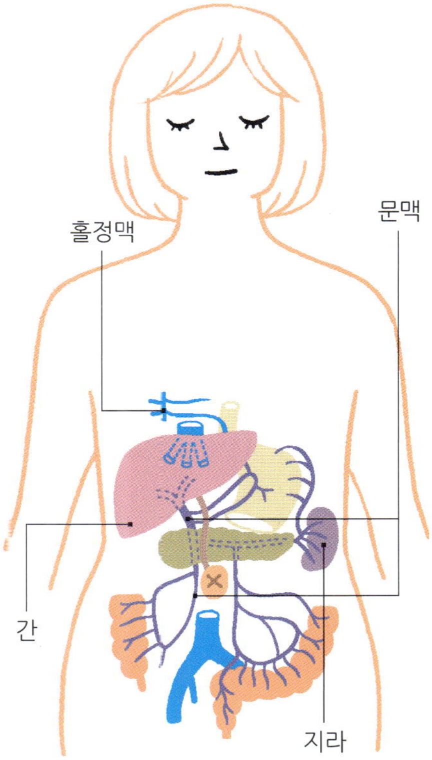

간에는 문맥을 경유하여, 복부 소화관과 부속기관, 지라에서 나오는 혈액이 고인다.

순환기계 6 혈액의 성분

혈액은 전신에 여러 가지를 전달하는 배달부

혈액에는 그 밖에도 이런 기능이 있습니다.
• 물질의 운반
• 면역 효과
• 생체 방어
물질의 운반이란
산소 등을 운반한다는 말이겠죠?
영양
O_2
맞아요.
산소를 운반하는 역할은 적혈구가 담당하며, 산소와 결합하는 헤모글로빈을 많이 함유하고 있습니다.
헤모글로빈은 빨간색이에요.
적혈구 안
헤모글로빈
이 헤모글로빈이 부족하면 뇌로 산소가 잘 운반되지 않아. 빈혈이 생겨 어지럼증을 일으킵니다.
산소가 부족해…
그래서, 빈혈이 생기는 거구나!
난, 선생님께 어질어질
피는 이제 멈췄어…
면역 효과와 생체 방어란 뭘까요?
여기에는 백혈구가 활약합니다.
밖에서 침입한 바이러스나 세균 등으로부터 몸을 보호하거나, 같은 질환에 걸리지 않도록 중요한 역할을 하지요.
백혈구

6 혈액의 성분

혈액 = 세포 성분 + 액체 성분

혈액은 전신을 순환하면서 여러 가지 물질을 운반하거나 외부의 침입으로부터 몸을 보호하는 기능을 한다.

혈액의 성분은 **세포 성분(혈구)**과 **액체 성분(혈장)**으로 나뉜다. 혈구(hemocyte)에는 **적혈구**, **백혈구**, 혈소판 등이 있으며, 대부분을 적혈구가 차지하고 있다. 적혈구는 중앙이 오목한 원반 모양으로 헤모글로빈(hemoglobin)이라는 색소를 많이 함유한다. 헤모글로빈은 혈액 속에서 산소와 결합하여 전신으로 운반하는 역할을 한다. 철결핍성 **빈혈**은 이러한 헤모글로빈이 부족한 상태에서 전신의 조직에 산소가 부족하여 피부나 점막이 창백해지거나 부족한 산소를 보충하기 위해 호흡수와 심박수가 증가해 숨이 가빠진다. 철분 섭취가 부족하거나 월경, 임신 및 출산으로 출혈을 동반하는 젊은 여성에게 많이 나타나는 증상으로 알려져 있다.

백혈구는 **핵**을 가지는 세포로 **과립구**(호중구, 호산구 등) 외에 림프구, 단핵구 등의 **무과립구**도 있다. 각각 체내에 들어온 세균이나 이물질을 ※**탐식**하거나 암세포 같은 기형 세포를 발견하면 신속히 파괴하여 신체를 외부로부터 보호하는 역할(면역)을 담당한다.

혈소판은 핵이 없는 세포 조각과 같은 것으로 혈장에 포함된 ※**피브리노겐**과 함께 혈관의 손상된 부위에 달라붙어 지혈 작용을 한다.

한편 체액 성분의 혈장은 90% 이상이 물로 그 안에 전해질이나 포도당, 단백질이나 당 등의 영양소, 노폐물 등 여러 가지 성분이 녹아 있다.

혈액은 인공적으로 만들어 낼 수 없는 액체이다. 그 때문에 의료에서 헌혈이 중요한 것이다.

탐식

식작용(phagocytosis)으로 세균이나 이물질을 세포 내로 흡수해 소화하는 작용을 말한다.
백혈구 중 호중구는 탐식 작용의 50~70%를 담당하고 있다.
또한, 단핵구는 대식세포(macrophage)라고도 하며 아주 큰 것을 삼킨다.

피브리노겐(fibrinogen)

지혈 과정에서 2차적 지혈에 작용하는 응고인자 중 하나, 간세포에서 생산되며 약 80%가 혈장 속에 있다.

혈액의 조성과 기능

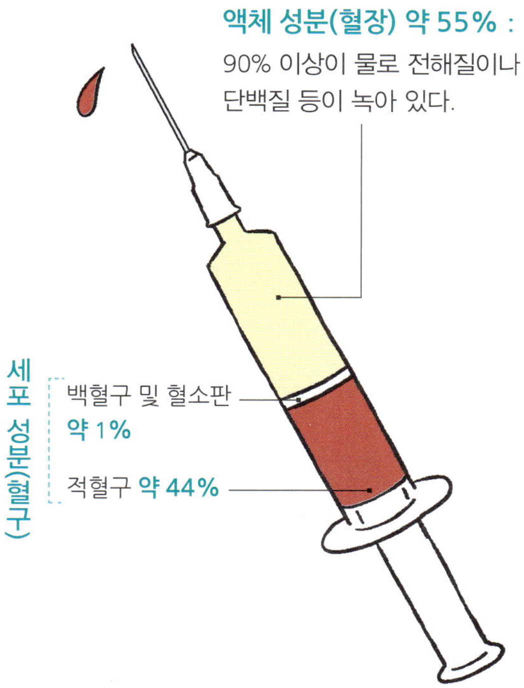

혈액 성분의 조성

혈액에 항응고제(헤파린이나 구연산 등)를 첨가하여 원심 분리시키면 혈장, 백혈구와 혈소판, 적혈구로 나눌 수 있다.

여기도 주목!

혈액에서 혈구가 차지하는 비율을 헤마토크리트(Ht) 값이라고 한다(용적비).
혈구는 대부분 적혈구이므로, 헤마토크리트 수치의 이상은 그대로 적혈구 수의 이상으로 볼 수 있다.

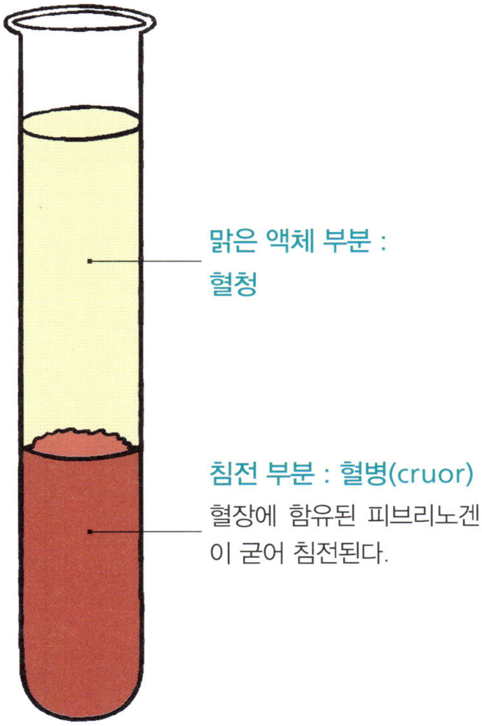

혈액을 방치해두면…

혈액은 항응고제를 가하지 않고, 그대로 두면 혈장 일부가 굳어 침전된다. 이 경우 액체 부분을 혈청, 침전된 부분을 혈병(피떡)이라고 한다.

피의 빨간색은 적혈구에 함유된, 헤모글로빈의 색입니다.

순환기계 7 림프순환

림프는 여분의 수분이나 노폐물을 흡수하는 하수관

그리고, 림프에는
'면역'이라는
한 가지 더 중요한
기능이 있습니다.
림프관 중간에 있는
림프절에서 면역 기능을 가진
림프구가 세균이나
바이러스 등 외부에서
들어온 이물질과
맞서 그것들을
제거합니다.
림프액과 림프구
림프절은 이물질(병균 등)
과 싸우는 장소
예를 들어...
감기에 걸리면,
목에 염증이
생깁니다.
콜록
목에 있는
림프절에서
싸움이
벌어집니다.
공격해라!
우아아아아
목에 있는
림프절이
붓는 느낌
림프는 심장과 같은
동력이 없기 때문에
동맥의 박동이나,
호흡근육에 의해
떠내려갑니다.
느리다!
혈액은
약 1분 동안
전신을
순환하지만
먼저갈게요.
림프액은
12시간에서
24시간 정도
걸린다고 합니다.
혈액은
빠르네
혈관
림프관

7

림프의 순환

림프는 체내 노폐물을 흡수한다.

체내를 순환하는 순환기계에는 심장과 혈관뿐만 아니라 **림프관**도 포함된다.

혈액과 조직 사이에서의 물질 교환은 동맥과 정맥의 말단에 있는 모세혈관에서 이루어진다. 이때 혈액 속의 액체 성분인 혈장의 일부가 누출된다. 누출된 혈장의 대부분은 곧바로 재흡수되지만 천분의 일에서 이천 분의 일에 해당하는 수분은 지질이나 소량의 단백질 등 외에도 노폐물을 포함한 여분의 액체**(사이질액)**로서 조직간극(tissue space)에 남게 된다.

림프관은 그 사이질액(간질액, interstitial fluid) 노폐물을 회수하여 혈관으로 되돌려보내는 파이프 역할을 하는데 그곳을 흐르는 액체를 **림프액(림프, lymph)**이라고 한다.

림프관은 기관 내의 매우 가는 **모세림프관**에서 시작되고, 점점 더 모여 굵어지면서 동맥 혹은 정맥을 따라 심장 쪽으로 향한다.

최종적으로 하반신과 왼쪽 상반신에서 나오는 림프관은 **가슴림프관팽대**를 지나 **가슴림프관**으로 모이고, 오른쪽 상반신에서 나오는 림프관은 **오른쪽 림프절**에 모여서 각각 목덜미 부위에 있는 좌우 ※**정맥각**으로 흘러가 정맥에 합류한다.

림프관에는 곳곳에 **림프절**이라는 여과장치가 있어 면역 기능을 가진 **림프구**(백혈구의 일종) 등이 풍부하게 존재한다. 그곳을 지나는 림프액에 포함된 노폐물과 세균 등을 잡아 처리한다.

림프절 중 중요한 것은 굵은 혈관이나 내장을 드나드는 혈관 주위에 모여 있다. 림프절은 림프계의 필터 역할을 할 뿐만 아니라 외부 이물질에 대한 방어 거점이 되기도 한다.

정맥각(venous angle)

빗장밑동맥과 속목동맥의 합류 부위. 가슴림프관과 오른림프절에 모여든 림프가 이곳에서 정맥으로 흘러든다.

☑ 전신을 순환하는 림프계

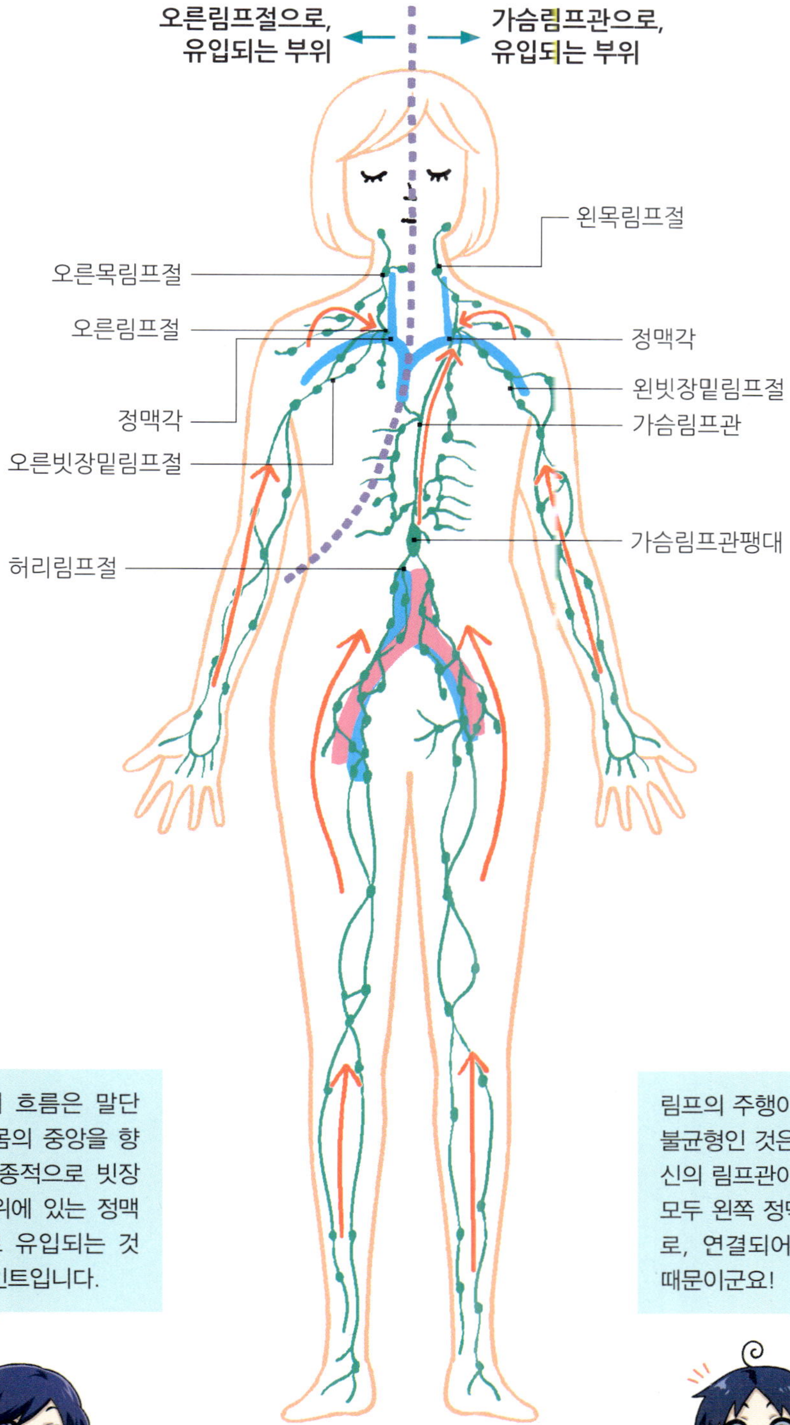

림프의 흐름은 말단에서 몸의 중앙을 향해, 최종적으로 빗장뼈 주위에 있는 정맥각으로 유입되는 것이 포인트입니다.

림프의 주행이 좌우 불균형인 것은 하반신의 림프관이 좌우 모두 왼쪽 정맥각으로, 연결되어 있기 때문이군요!

호흡기계 1 상기도의 구조

코안(비강)은 공기를 따뜻하게 해주는 장소

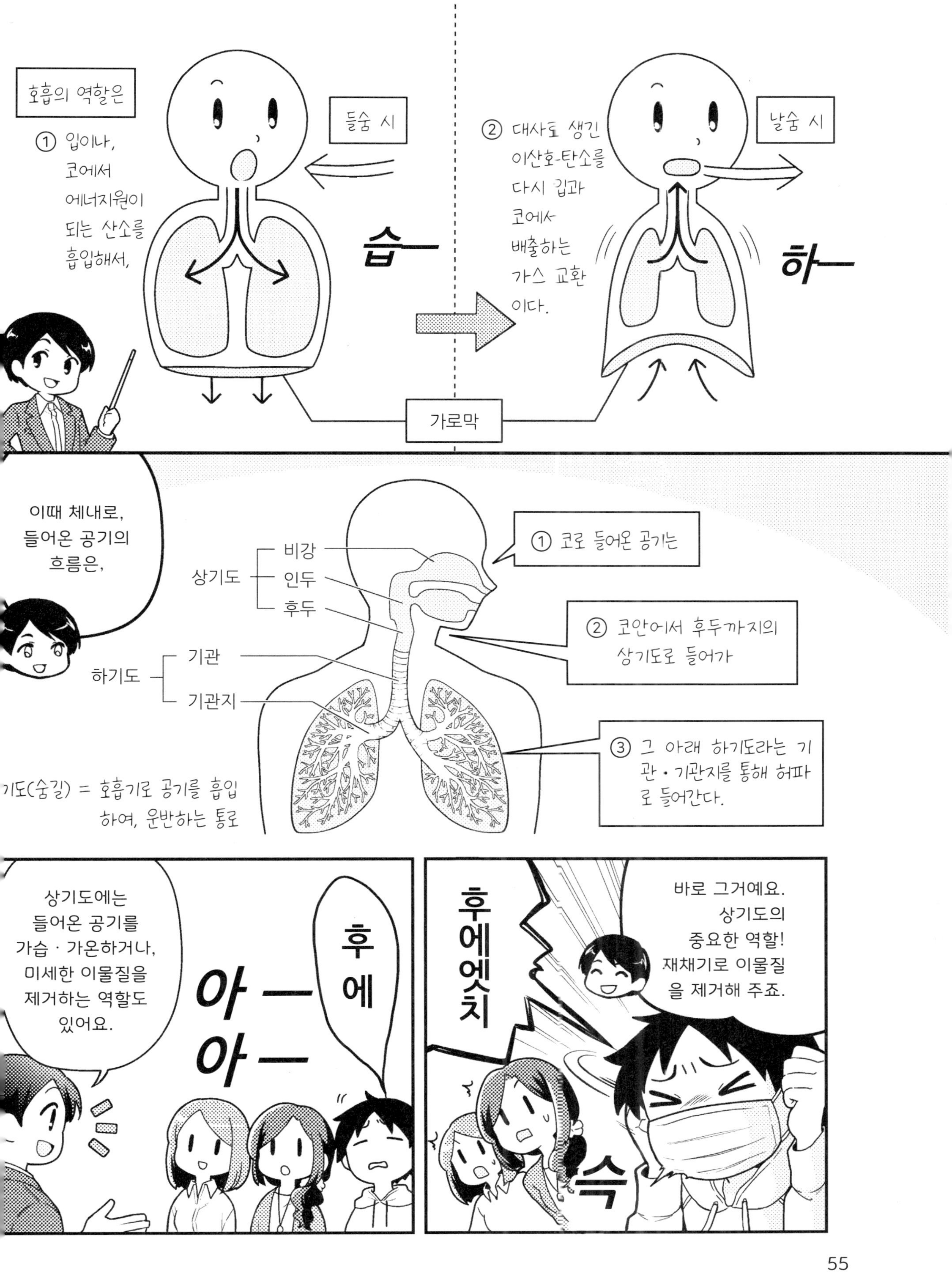

호흡의 역할은
① 입이나, 코에서 에너지원이 되는 산소를 흡입해서,
들숨 시
습—
② 대사로 생긴 이산화-탄소를 다시 입과 코에서 배출하는 가스 교환이다.
날숨 시
하—
가로막
이때 체내로, 들어온 공기의 흐름은,
상기도
비강
인두
후두
하기도
기관
기관지
① 코로 들어온 공기는
② 코안에서 후두까지의 상기도로 들어가
③ 그 아래 하기도라는 기관・기관지를 통해 허파로 들어간다.
기도(숨길) = 호흡기로 공기를 흡입하여, 운반하는 통로
상기도에는 들어온 공기를 가습・가온하거나, 미세한 이물질을 제거하는 역할도 있어요.
아— 아—
후에
후에엣치
바로 그거예요. 상기도의 중요한 역할! 재채기로 이물질을 제거해 주죠.
슥

1

상기도의 구조

입과 코는 공기의 출입구

호흡이란 살아가는 데 필요한 산소를 체내에 흡수하여 대사에 의해 생긴 이산화탄소를 배출하는 가스 교환을 말한다.

공기는 **기도(상기도 · 하기도)**를 지나 가스 교환이 이루어지는 기관인 **허파(폐)**에 도달한다. 여기서는 공기의 통로인 상기도의 구조를 살펴보도록 한다.

콧구멍(외비공, nares)으로 들어온 공기는 **코안(비강, nasal cavity)**을 통해 인두로 들어간다. 코안은 코안을 좌우로 나누는 **코중격(비중격, nasal septum)**과 가쪽벽에서 나온 **코선반(비갑개, nasal concha)**에 의해 복잡하게 구분되어 있다. 코사이막과 코선반 사이를 코길이라고 하며, 그 뒤쪽은 한 쌍의 뒤콧구멍으로 이어진다.

코안의 안쪽벽을 덮고 있는 점막은 대부분 ※**섬모**가 난 ※**다열상피**로 덮여 있고 많은 모세혈관이 뻗어 있다. 차갑고 건조한 공기는 허파의 상피세포를 손상시키기 때문에, 공기를 코안에서 따듯하게 하고 습기를 더해 허파로 보낸다.

코안은 눈으로 이어지는 코눈물뼈관(비루관), 귀로 이어지는 귀관, 그리고 코 안쪽에 있는 ※**코곁동굴(부비강)**이라는 공간으로 이어진다. 코곁동굴의 크기는 사람마다 다르지만, 발성 시에는 공명강으로 작용한다.

인두(pharynx)는 코와 입의 양쪽 방향으로 연결되어 있기 때문에 공기와 음식물 모두 들어온다. 인두의 출구에서 두 방향으로 나뉘며 한쪽은 **기관**, 다른 한쪽은 **식도**로 연결되어 있다.

기관의 입구는 **후두(larynx)**라고 하며, 4종류의 작은 연골과 목소리를 발생시키는 **성대(vocal cord)**가 있다. 연골 중 하나는 **울대뼈**로 알려져 있으며 밖에서 만질 수 있다. 또한, 후두에는 **후두덮개**가 있어서 음식물이 기관에 들어오지 못하도록 막는 역할을 한다.

섬모(pilus)

세포 표면에 난 일정한 방향으로 물결치듯 움직이는 미세한 털을 말한다.

다열상피(pseudostratified epithelium)

세포가 층층이 이어져 있는 것처럼 보이는 상피 구조

코곁동굴(paranasal sinus)

머리뼈안의 위턱뼈, 이마뼈, 나비뼈, 벌집뼈로 둘러싸인 공간. 코안의 염증이 코곁동굴까지 번져 고름이 있는 상태를 축농증(empyema)이라고 한다.

상기도 구조와 공기 흐름

상기도(upper airway)

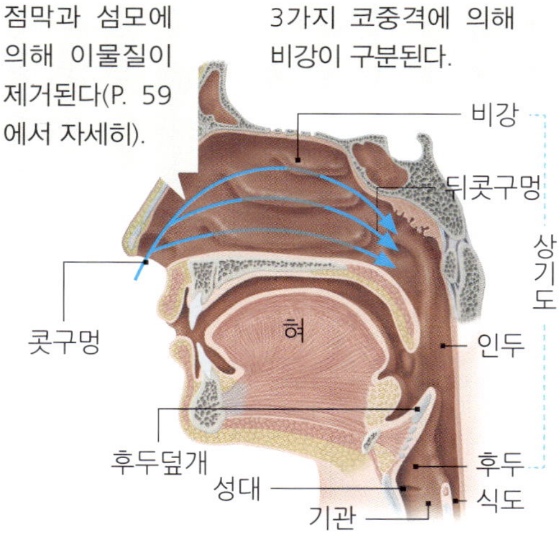

콧구멍으로 들어온 공기는 코안 → 인두 → 후두로 흐른다. 코안의 천장에는 후각상피라는 점막이 있고, 냄새를 감지하는 후각세포가 있다.

코곁동굴(부비강)

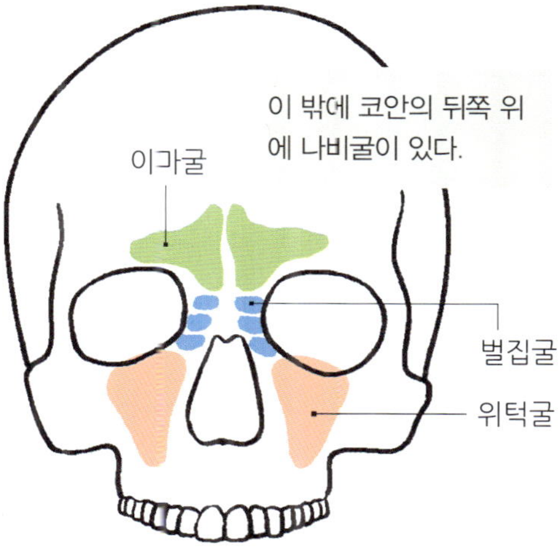

코곁동굴은 각각 코안과 교통하여, 목소리의 공명강을 이룬다.

위턱굴 코곁동굴 중 가장 큰 공간.

이마굴 거의 눈썹 높이에 있다.

벌집굴 얇은 뼈로 나눠진 다수의 작은 구멍으로 이루어진다.

후두의 구조와 목소리가 나오는 구조

후두 중간쯤에 성대 주름과 그 내부의 인대와 근육으로 이루어진 **성대**가 있어서, 음파를 만드는 발성 역할을 담당한다. 성대 주름의 틈새를 성대문이라 하며, 성대 뒤쪽 모뿔연골을 움직여, 성대문 폭을 변화시킴으로써 목소리를 낸다.

발성 시

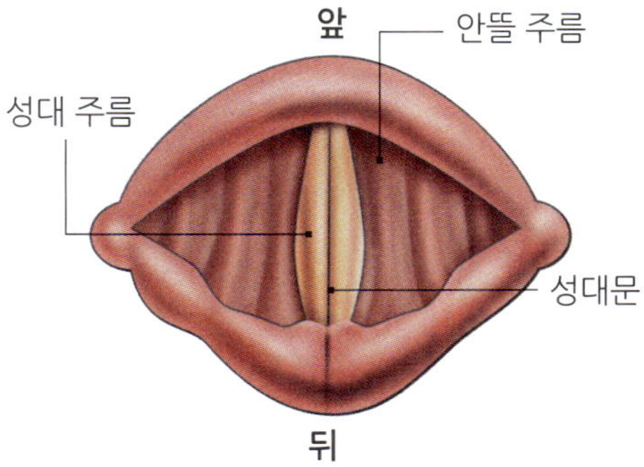

성대 주름이 꼭 닫혀 있다. 날숨(호기)의 압력으로 주름이 진동함으로써, 음파가 생기고 소리가 난다.

안정 호흡 시

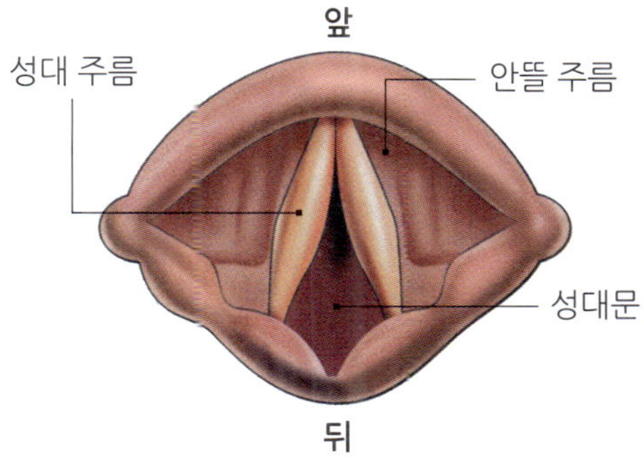

호흡 시 성대 주름은 열려 있다. 감기 등의 증상으로 성대 주름이 닫히지 않는 경우에도, 목소리가 나오지 않을 수 있다.

호흡기계 2 하기도와 허파(폐)의 구조

하기도는 미세한 이물질까지 제거해 깨끗이 청소한다.

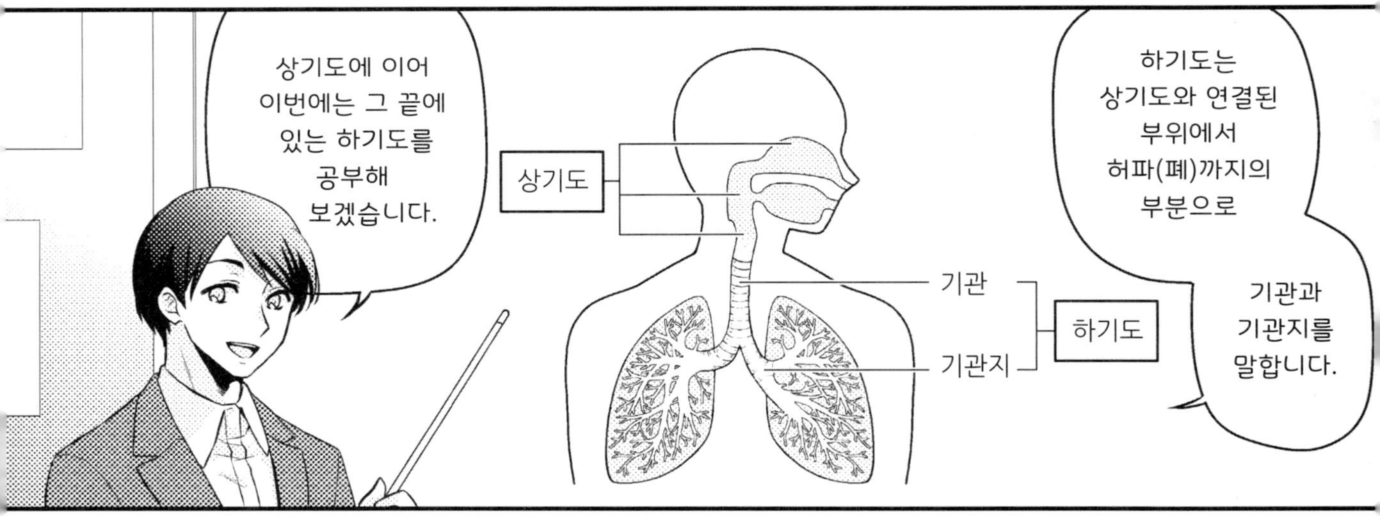

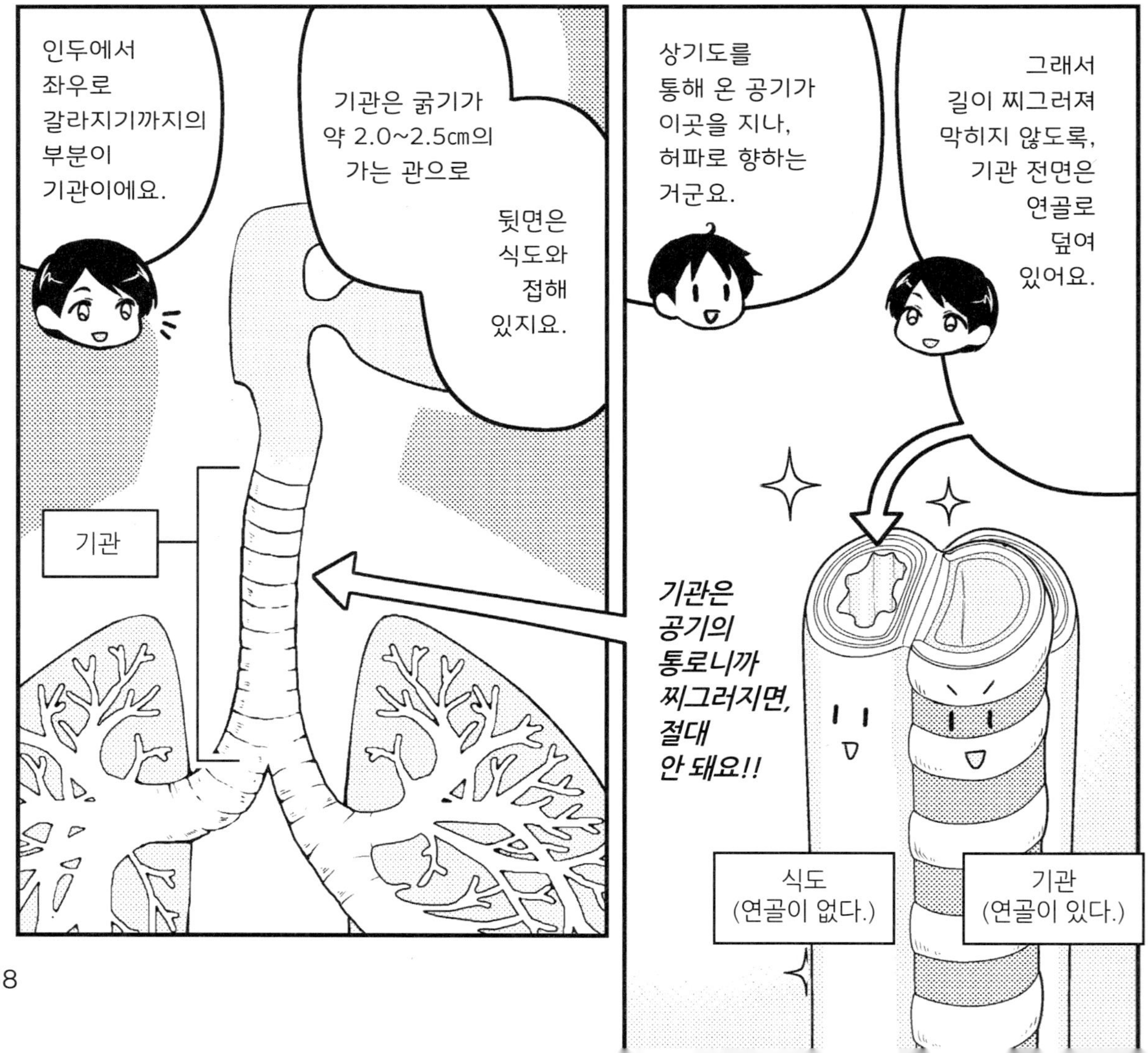

그리고, 기관이 좌우로 갈라져 허파로 들어가고, 다시 갈라져서
끝에 있는 허파꽈리(폐포)에 도달할 때까지의 부분을 기관지라고 합니다.
우리는 허파꽈리
꽈리주머니
상기드는 공기를 가온·가습 시키는데,
하기도는 무슨 일을 하나요?
하기도의 중요한 역할은 쓰레기 청소예요.
상기도에서 처리하지 못한 눈에 보이지 않는 먼지나 세균 등을 철저하게 제거합니다.
④ '콧물'이나 '가래'로 배출 한다!
퉷
섬모 운동에 따른 제거의 구조
↑ 인두
③ 코와 입(인두) 쪽으로 밀어낸다.
② '섬모'가 모두 함께 밀려간다(섬모 운동)!
으악
① 세포에서 분비되는 '점막'이 이물질을 포착한다!
↓ 허파꽈리
분비된 점막
이렇게 해서 깨끗한 상태가 유지되는 거군요!
나가~!

2

하기도와 허파(폐)의 구조

기관지는 갈래로 나뉘면서 가늘어진다.

인두를 통과한 공기는 **기관(trachea)**으로 들어간다. 기관의 길이는 성인이 약 10cm이며 그곳에서 좌우 **기관지(bronchus)**로 갈라져 허파 안으로 들어간다. 기관지는 좌우 비대칭으로, 심장이 있는 왼기관지 쪽이 가늘고 가파른 각도로 굽어 있다. 따라서 잘못 삼킨 음식은 굵고 곧은 오른기관지 쪽으로 들어가기 쉬운 경향이 있다.

허파 안에서 기관지는 갈래로 나뉘면서 뻗어나가고 말단에서는 허파꽈리(폐포)가 포도송이처럼 이어진 상태로 존재한다.

각각의 허파꽈리는 직경 200μm 정도의 작은 주머니 모양이며, 얇은 벽에는 모세혈관이 그물코처럼 둘러져 있다. 산소와 이산화탄소의 교환은 이 모세혈관을 통해 이루어진다.

허파는 ※**가슴안** 내에 있고 **위엽**, **아래엽**으로 이루어진 왼허파와 **위엽**, **중간엽**, **아래엽**으로 이루어진 오른허파로 나누어져 있으며 오른허파 쪽이 조금 더 크다. 각각의 허파는 반원뿔 모양으로 위쪽의 뾰쪽한 부분을 허파꼭대기(**폐첨**), 아래쪽의 넓은 부분을 허파바닥이라고 하며, 허파바닥에서 **가로막**과 접해 있다.

허파는 **내장가슴막(visceral pleura)**과 **벽가슴막(parietal pleura)**에 싸여 있으며, 이 두 개의 막 사이에 있는 **가슴막안**에는 소량의 액체가 들어 있다. 좌우 허파 사이의 공간은 **가슴세로칸(종격, mediastinum)**이라고 하며, 여기에는 심장 · 식도 등의 장기와 혈관 · 신경 등이 자리 잡고 있다.

기관지와 혈관은 양쪽 허파 안쪽면 중앙부에 있는 **허파문**을 통해 출입하고, 허파가 부풀어 오르거나 수축함으로써 기관지 말단에 있는 허파꽈리까지 공기가 전달된다.

허파가 움직이는 구조에 대해서는 뒤에 자세히 다루려고 한다(호흡 운동 → P. 68).

가슴안(흉강, thoracic cavity)

갈비뼈 · 등뼈 · 복장뼈로 이루어진 가슴우리(흉곽, 바구니 모양의 골격)와 가로막(횡격막)으로 둘러싸인 공간. 내부에 심장, 허파, 식도 등이 있다.

기관 · 기관지 및 허파의 구조

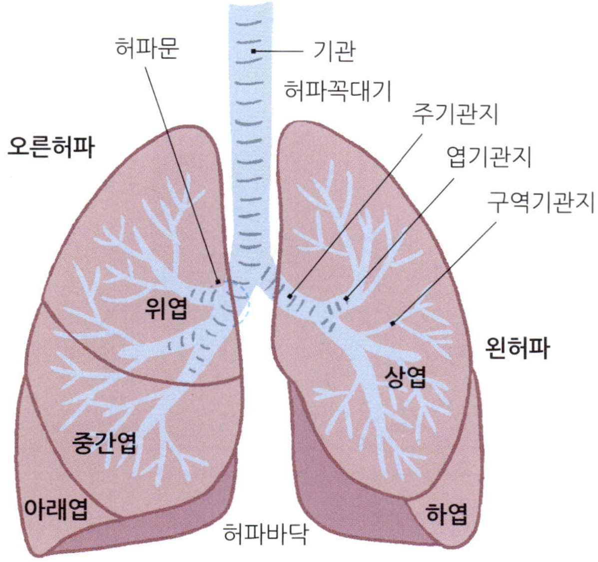

기관은 좌우의 주기관지로 나뉘며, **엽기관지**, **구역기관지**, 세기관지로 점차 가늘어진다. 오른주기관지가 왼주기관지보다 굵고 짧으며 경사도 곧게 되어 있다.

허파 표면을 덮는 가슴막

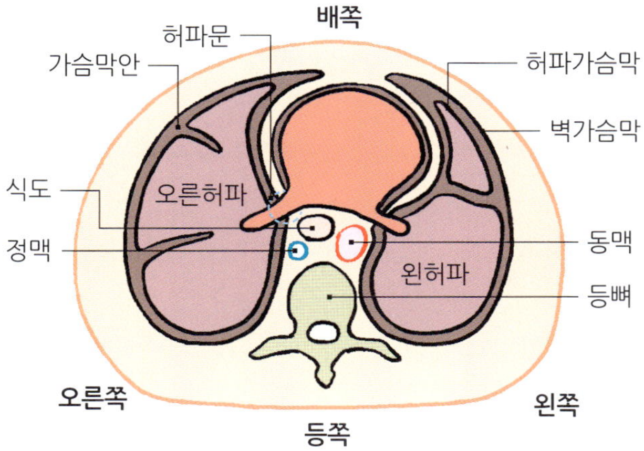

허파의 표면은 **허파가슴막**으로 덮여 있으며, 가슴벽의 안쪽면은 **벽가슴막**으로 덮여 있다(기관지의 출입구인 허파문 제외). 이 두 막은 허파문에서 접히듯 연결되어 있으므로 엄밀하게는 한 장의 막이라고 할 수 있다. 이러한 막과 막 사이의 틈이 **가슴막안**으로, 그 안에 **장액**이라는 액체가 있기 때문에 허파는 매끄럽게 움직일 수 있다.

여기도 주목!

흉수(pleural effusion) · 기흉(pneumothorax)

- 폐렴 등으로 인해 여분의 물이 흉강 내에 대량으로 고인다. ➡ 흉수
- 어떤 원인으로 허파에 구멍이 생겨 가슴안에 공기가 찬다. ➡ 기흉

흉수와 기흉 모두 허파의 기능이 나빠져 호흡이 곤란해지므로 물과 공기를 빼는 등의 처치가 필요하다.

호흡기계 3 외호흡과 내호흡

가스 교환의 구조는 농도가 높은 쪽에서 낮은 쪽으로 이동

가스 교환은 이것과 같은 원리로 일어나지요.
커피에 우유를?
?
그런데, 산소와 이산화탄소는 어떻게 교환 되는 걸까?
물질에는 농도가 높은 쪽에서 낮은 쪽으로, 이동하는 성질이 있어서,
산소와 이산화탄소 등의 가스도
농도가 높은 쪽에서 낮은 쪽으로 이동합니다.
이것을 '확산'이라고 해요.
모락모락
허파꽈리 안의 공기와 정맥의 혈액 속에서는 가스의 농도가 다르다는 거네요!
그렇군요! 그럼, 허파 가스 교환의 경우도,
맞아요.
이 차이에 의해 산소는 허파꽈리 안에서 혈액 안으로 이동하는 것입니다.
산소가 적다.
산소가 많다.
산소의 농도를 비교해 보면, 이렇습니다.
허파꽈리 안 공기의 산소분압 ※1
100mmHg ※2
농도가 높은 쪽에서 낮은 쪽으로
정맥혈의 산소분압
40mmHg
산소 농도가 조절되어...
전신에 퍼지는 동맥혈의 산소분압은 96mmHg까지 UP!
※1 산소분압이란 산소 농도와 같은 것
※2 mmHg=수은주 밀리미터

3 외호흡과 내호흡
허파꽈리와 말초에서의 가스 교환

호흡은 산소와 이산화탄소의 가스 교환을 말하며, 가스 교환이 이루어지는 장소에 따라 **외호흡(external respiration)**과 **내호흡(internal respiration)**으로 나뉜다.

외호흡은 허파에서 이루어지는 산소와 이산화탄소의 가스 교환으로 일반적인 호흡이라고 할 때는 외호흡을 가리킨다. 허파꽈리 내에서의 가스 이동은 허파꽈리 내의 공기와 혈액 사이에 일어나는 ※**가스분압**차에 의해 이루어진다.

가스분압이란 산소와 이산화탄소 등 특정 기체가 대기나 혈액 속에 어느 정도의 비율로 함유되어 있는가를 나타내는 지표로 **산소분압**, **이산화탄소분압**이라고도 한다. 농도를 나타낸다고 하면 이해하기 쉬울 것이다.

허파꽈리 내의 동맥(모세혈관)에는 이산화탄소를 많이 함유하는 정맥혈이 흐르고 있으며 그 산소분압은 40mmHg이다. 허파꽈리 내 공기의 산소분압 100mmHg에 비해 압도적으로 산소가 적다는 것을 알 수 있다. 농도가 높은 쪽에서 낮은 쪽으로 물질이 이동하는 ※**확산**이라는 물리현상의 원칙에 따라 산소는 허파꽈리 내 공기로부터 혈액으로 이동한다.

이 가스 이동의 결과, 혈중 산소분압은 96mmHg까지 상승하고, 산소를 많이 함유한 혈액(동맥혈)이 되어 전신 구석구석의 세포까지 운반된다. 그리고 그 전신의 세포와 모세혈관의 혈액 사이에서 이루어지는 가스 교환이 **내호흡**이다. 내호흡은 허파꽈리 내와는 가스의 흐름이 반대로 된다.

혈액 속의 적혈구에 의해 운반된 산소는 혈액에서 세포로, 세포에서는 이산화탄소가 이동한다. 이렇게 이산화탄소를 많이 함유한 혈액은 **정맥혈**이 되어 심장으로 돌아간다.

가스분압(gas partial pressure)

기체와 액체 속에 함유된 기체량을 나타내는 지표. 대기는 질소 '약 78%', 산소 '약 21%', 이산화탄소 '약 0.04%' 등의 기체로 구성된다. 대기의 압력은 전체 76mmHg(1기압)이므로 각 기체의 압력(분압)은 구성비에 비례한다.

확산(diffusion)

두 가지 다른 성분 농도의 액체나 기체가 농도가 높은 쪽에서 낮은 쪽으로 물질이 이동하여 일정한 성분 농도를 이루는 물리적 현상

허파꽈리의 구조

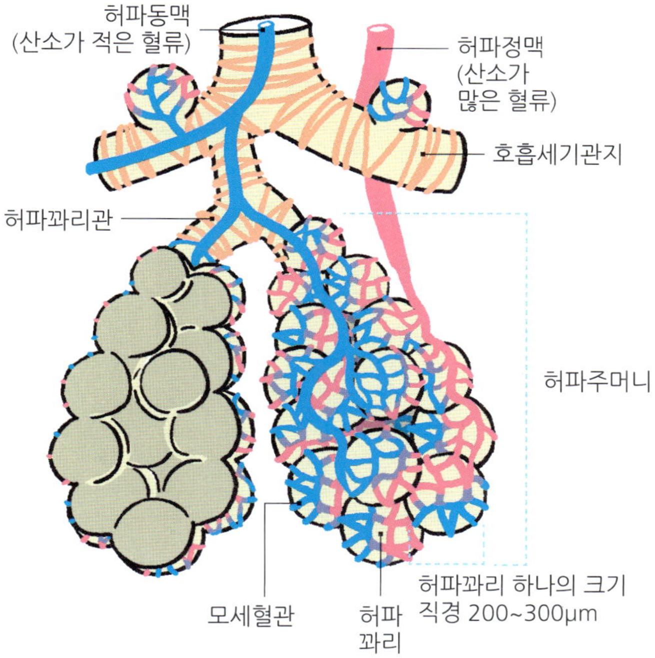

허파꽈리(pulmonary alveolus)의 표면에는 모세혈관이 촘촘히 분포되어 있어서, 한 번에 100~200ml의 혈액이 가스 교환을 할 수 있다.

산소해리곡선

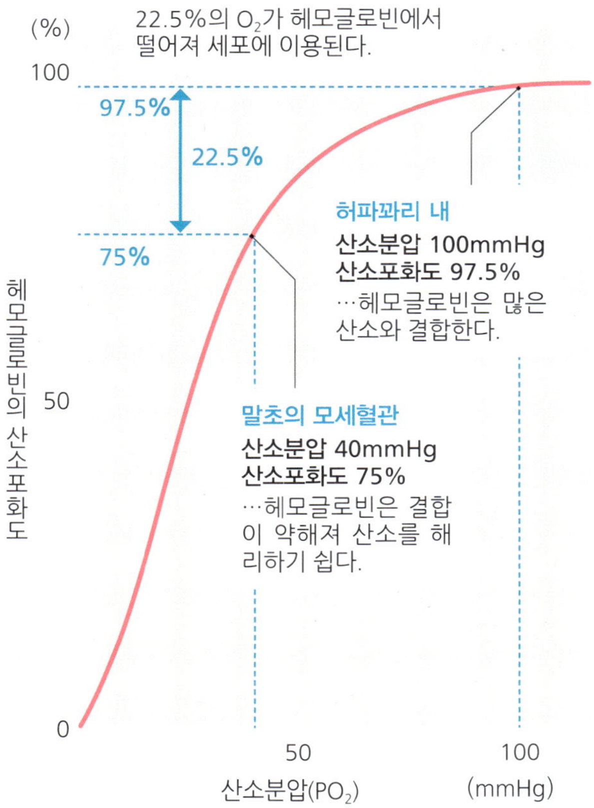

헤모글로빈의 양은 혈액 중 산소분압에 따라, S자 모양의 곡선을 나타낸다. 이것을 **산소해리곡선**이라고 한다.

여기도 주목!

헤모글로빈의 결합도는 다양한 조건에 의해 변화한다.

- **혈액의 온도 저하, 혈액 중 pH(수소이온농도) 상승**

  … 헤모글로빈의 결합도는 상승

- **혈액의 온도 상승, 혈액 중 pH 저하**

  … 헤모글로빈의 결합도는 저하

  ➡ 산소 방출이 촉진된다.

호흡기계 4 호흡 운동

허파는 스스로 팽창하거나 수축할 수 없다.

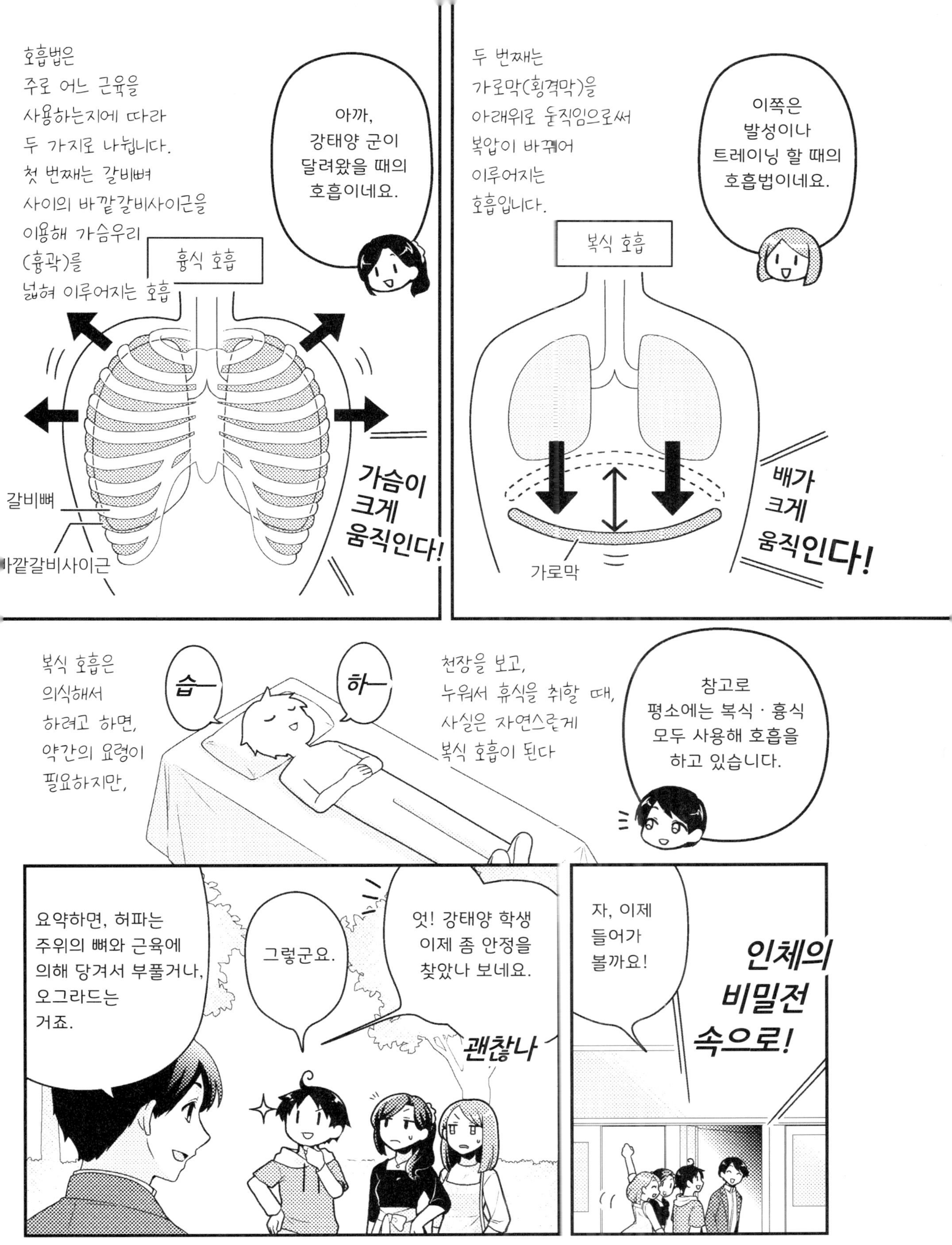

호흡법은
주로 어느 근육을
사용하는지에 따라
두 가지로 나뉩니다.
첫 번째는 갈비뼈
사이의 바깥갈비사이근을
이용해 가슴우리
(흉곽)를
넓혀 이루어지는 호흡
흉식 호흡
아까,
강태양 군이
달려왔을 때의
호흡이네요.
갈비뼈
바깥갈비사이근
가슴이 크게 움직인다!
두 번째는
가로막(횡격막)을
아래위로 움직임으로써
복압이 바뀌어
이루어지는
호흡입니다.
복식 호흡
이쪽은
발성이나
트레이닝 할 때의
호흡법이네요.
가로막
배가 크게 움직인다!
복식 호흡은
의식해서
하려고 하면,
약간의 요령이
필요하지만,
습—
하—
천장을 보고,
누워서 휴식을 취할 때,
사실은 자연스럽게
복식 호흡이 된다
참고로
평소에는 복식 · 흉식
모두 사용해 호흡을
하고 있습니다.
요약하면, 허파는
주위의 뼈와 근육에
의해 당겨서 부풀거나,
오그라드는
거죠.
그렇군요.
엇! 강태양 학생
이제 좀 안정을
찾았나 보네요.
괜찮나
자, 이제
들어가
볼까요!
인체의
비밀전
속으로!

4

호흡 운동

허파의 움직임을 돕는 근육의 힘

호흡을 위해서는 허파 속 공기를 넣고 빼는 일, 즉 **환기**가 필요하다. 그런데 허파에는 근육이 없어서 혼자 힘으로 팽창하거나 수축할 수 없다.

그래서 사용되는 것이 갈비뼈와 갈비뼈 사이에 붙어 있는 **바깥갈비사이근(external intercostal muscle)**과 가슴우리 바닥면에 있는 ※가로막 등 호흡근(respiratory muscle)의 힘이다.

숨을 들이마시는 **들숨(흡기, inspiration)** 시에는 때는 바깥갈비사이근이 수축하고 갈비뼈가 위로 올라가 허파를 감싸고 있는 ※**가슴우리**가 크게 넓어지면서 허파가 팽창한다. 숨을 내쉬는 **날숨(호기, expiration)** 시에는 이와 반대로 바깥갈비사이근이 이완되고 가슴우리가 좁아지면서 허파가 작아져 숨을 내쉬게 된다.

또한, 갈비사이근과 가로막 이외의 근육도 호흡 운동에 관여한다. 예를 들어 격한 운동 뒤에 '어깨를 들썩이며' 호흡하는 경우, 어깨뼈와 빗장뼈를 위아래로 움직이는 **등세모근**과 **어깨올림근**도 작용해 ※가슴우리의 확장을 돕는다.

허파의 공기 출입에는 허파와 가슴우리 사이에 있는 **가슴막안(흉막강)**의 공기압도 관계한다.

가슴막안의 공기압은 일반적으로 바깥보다 낮아 **음압(negative pressure)**이라고 불리는 상태로 유지된다. 호흡 시 가로막이 수축하면 가슴막안의 공기압이 낮아지기 때문에 허파가 부풀어 오르고 허파 안으로 공기가 흡입된다.

반대로 가로막이 이완하면 횡격막의 공기압이 상승해서 허파를 압박하게 되어 허파 안의 공기가 밀려나게 된다.

바깥갈비사이근을 주로 사용하는 호흡법을 **흉식 호흡(costal respiration)**, 가로막을 주로 사용하는 호흡법을 **복식 호흡(abdominal respiration)**이라고 한다. 평소 무의식중에 일어나는 호흡은 이 양쪽을 사용하고 있어 복흉식 호흡이라고 한다. 일반적으로 운동할 때는 흉식 호흡, 안정 시에는 복식 호흡이 주를 이룬다.

가로막(횡격막, diaphragm)

가슴과 배를 나누는 경계에 있는 돔 모양의 뼈대근육

가슴우리(thoracic cage)

가슴 부위에 있는 갈비뼈 · 등뼈 · 복장뼈 등으로 구성된 바구니 모양의 뼈대

☑ 복식 호흡의 구조

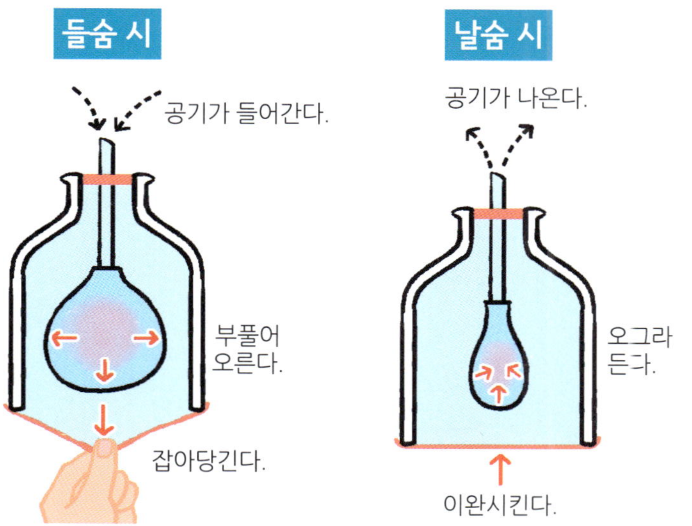

고무막을 잡아당기면(=가로막을 팽창시키면), 병 속(=가슴막안)의 압력이 내려가 고무풍선(=허파)에 공기가 들어간다.

고무막을 이완시키면(=가로막을 이완시키면), 병 속(=가슴막안)의 압력이 올라가 고무풍선(=허파)에서 공기가 밀려 나온다.

호흡의 메커니즘은 왼쪽 그림처럼 허파를 고무풍선, 가슴우리를 병, 가로막을 병 바닥에 붙어 있는 고무막으로 바꿔 생각하면, 이해하기 쉽다. 고무풍선은 병 속에 들어 있다. 병과 고무풍선 사이에 생긴 공간을 가슴막안으로 생각해보자.

☑ 표면활성물질의 작용으로 허파꽈리가 보호된다.

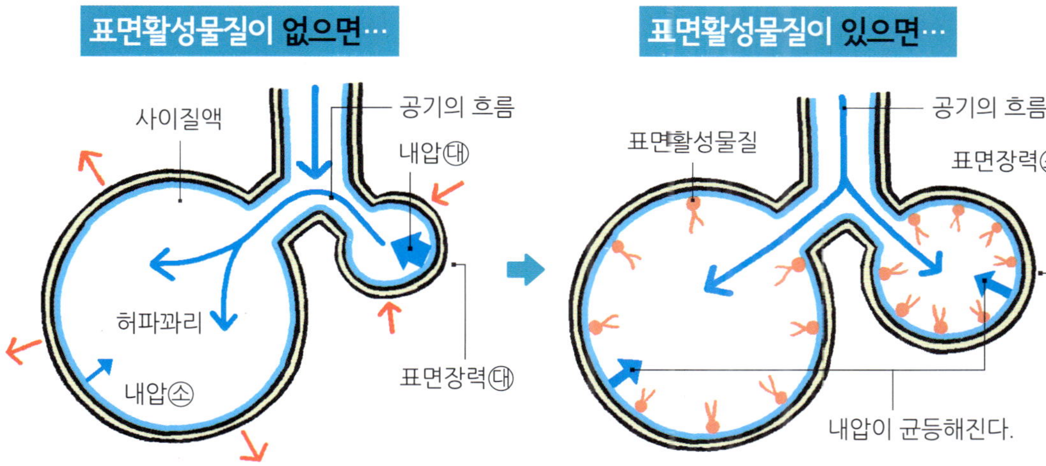

크기가 다른 두 개의 허파꽈리가 있으면, 작은 쪽의 내압이 높아져, 공기가 큰 허파꽈리로 넘어가기 때문에 작은 허파꽈리는 찌그러져 버린다.

계면활성제(surfactant)라고 하는 표면활성물질에 의해 표면장력이 낮아지면, 작은 허파꽈리와 큰 허파꽈리 사이의 내압차가 없어진다. 어느 쪽으로도 공기가 균등하게 흘러 들어가기 때문에 허파꽈리가 부서지 지 않는 구조로 되어 있다.

호흡기계 5 호흡 조절(호흡중추)

호흡의 속도나 깊이는 스스로 조절된다.

하지만, 선생님…
습―
하―
이런 식으로 의식해서 호흡의 깊이나, 리듬을 바꿀 수도 있지요?
그럼, 됐다고 할 때까지 숨을 멈춰 보세요.
시-작
읍
맞아요. 대뇌에서 생각한 것이 호흡중추로 보내져, 그 정보를 바탕으로 명령을 하는 것도 가능합니다.
―수십 초 후
……푸핫
더는 못하겠어요!
저도요.
아이고, 저런 아무리 노력해도 괴로워지면, 마음대로 호흡이 시작되지요?
숨 멈춰
무리예요!!
생명이 위급하다고, 판단하면, 숨뇌는 대뇌를 무시하고, 명령을 내립니다.
긴급 명령 발동!!
숨 쉬어!!
대뇌
숨뇌(연수)
흐음
숨뇌가 대뇌보다, 훌륭하네요!
헉
띠리리리
헛
발표할 시간이다!
곧, 시작이다…!
두근 두근
두근 두근
습하
습하
습하
진정해!
심호흡 하면서, 힘내요!

5

호흡 조절(호흡중추)

호흡은 뇌의 명령으로 조절

1회 호흡으로 들어오는 공기의 양**(1회 환기량)**은 성인 500ml 정도지만, 모두가 허파로 보내지는 것은 아니고 일부는 기도와 기관에 남아 사용되지 않는다. 이것을 **사강량(dead space volume)**이라고 하며 그 양은 약 150ml이다. 즉 허파꽈리까지 도달해 가스 교환이 이루어지는 공기의 양**(허파꽈리 환기량)**은 1회 환기량(약 500ml)-사강량(약 150ml)=약 350ml가 된다.

호흡 방식에 따라1회 환기량이 달라지더라도 사강량은 거의 변하지 않기 때문에 호흡이 얕아진 1회 환기량이 줄어들면 호흡수를 늘려 산소를 보충하려고 한다. 호흡의 '얕다'와 '빠르다'가 세트인 것은 이러한 이유 때문이다.

허파의 호흡 운동은 바깥갈비사이근과 가로막 등의 호흡근이 주로 움직이기 때문에 뇌로부터 받는 명령은 이들 호흡근으로 보내진다. 호흡중추(respiratory center)는 뇌줄기의 가장 아래쪽에 위치하는 ※**숨뇌**와 다리뇌에 있지만, 호흡과 관련된 센서(화학수용기)는 큰 혈관벽에 존재한다. 예를 들어 혈액 속 이산화탄소의 농도를 감지하는 센서는 동맥 내의 **목동맥 소체(carotid body)**와 **대동맥 소체(aortic body)**에 있으며 뇌는 이곳에서 받은 정보를 바탕으로 호흡 리듬 등을 조절한다.

또한, 허파와 기관지의 벽에는 신전(extension)을 감지하는 센서**(신전수용기)**가 있어 자극을 감지해 흥분하면 들숨에서 날숨으로의 전환이 일어나 호흡 패턴을 조절한다. 이 센서의 작용은 **헤링-브로이어반사(Hering-Breuer reflex)**라고 하며, 숨을 너무 많이 들이마셨을 때 허파가 파열되지 않는 것은 이 반사에 의한 조절 덕분이다.

한편 호흡근은 의식적으로 움직임을 바꾸는 수의근이다. 그래서 호흡의 속도나 깊이는 물론, 자신의 의지로 멈추는 것도 가능하다.

숨뇌(연수, medulla oblongata)

뇌줄기에 있으며 호흡기계와 순환기계 등 생명 유지에 관계된 기관의 중추로서의 역할 외에 삼킴이나 타액 분비 등에도 관여한다.

호흡기량

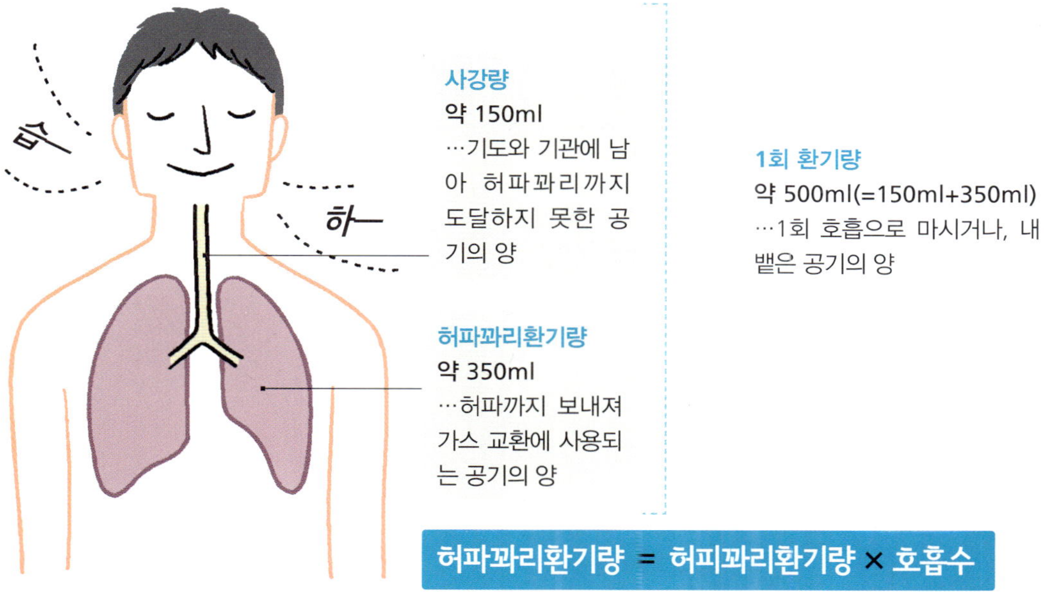

폐활량

1회 환기량 = 500ml에 비해, 허파에는 아직 '여력'이 있다.

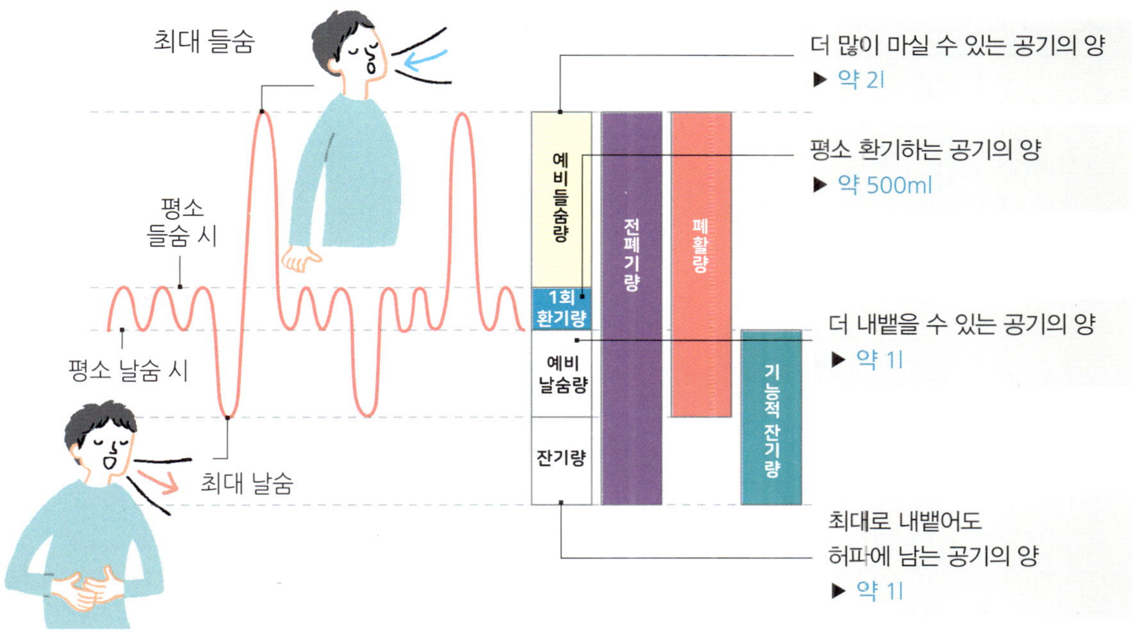

환기량이나 폐활량에는 개인차가 있는데, 천식, 폐쇄성 환기장애 등으로 기도에 협착이 발생하면, 날숨이 어려워져 잔기량(RV)이 증가한다.

소화기계 1 입과 식도

인간의 몸은 하나의 터널과 같다.

그 구멍 안으로 들어왔다고 해서 체내에 흡수되었다고는 할 수 없습니다.
음식은 소화관을 지나는 과정에서 소화(분해)되고 흡수되어,
살아가는 데, 필요한 에너지원으로 변환되거나,
몸을 구성하는 물질이 됩니다.
오물 오물
입은 그런 소화관의 입구라고 할 수 있어요.
혀
기관
식도
① 음식이 입으로 들어와 씹는다.
조류나 파충류는 씹을 수 없기 때문에 음식을 통째로 삼킵니다.
입을 닫고, 씹을 수 있는 생물은 포유류뿐입니다.
아 아—
꿀꺽
씹기는 턱・치아・침・혀를 복잡하게 사용해, '음식물'을 삼키기 쉬운 형태로 만드는 동작입니다.
② ※연하된다.
※ 삼키는 동작
기관이 아니라 식도로!
거의 다 먹었어!
우걱 우걱
악어 같아…
꼭꼭
꼭꼭 씹으면 음식의 감촉이나, 맛을 느끼고 뇌에 자극이 된다.
③ 식도를 통과해 위로
포유류뿐… 이랬지.

1

입과 식도

입은 소화기 입구의 씹기(저작) 장치

입술과 **뺨**으로 둘러싸인 안쪽 공간을 **입안(구강, oral cavity)**이라고 하며, 코와 입안 사이에는 판 모양의 **입천장(구개, palate)**이 가로막고 있다. 또한, 위턱과 아래턱에는 **치열(dentition)**이 있고 입안은 치열보다 안쪽의 **고유입안(고유구강)**과 앞쪽의 **입안뜰(구강전정)**으로 나뉜다.

입안바닥에 있는 뼈대근육 덩어리가 혀이며, **혀**는 자유자재로 움직일 수 있으며 표면은 단단한 결합조직과 점막으로 덮여 있다. 점막에는 **유두**라는 작은 돌기가 다수 존재해 까칠까칠하지만 이곳에는 **맛봉오리(taste bud)**라는 맛을 느끼는 조직도 존재한다.

입안에는 ※**침(타액)**을 분비하는 **침샘(타액샘)**이 다수 있으며, 그 분비량은 자율신경에 의해 조절된다.

입으로 들어온 음식물은 치아로 잘게 으깨진 후 침과 섞인다. 이것을 **씹기(저작, mastication)**라고 하며 이때 ※**씹기근육(저작근)** 등의 입 주위 근육이 활약한다. 충분히 저작된 음식물이 인두를 통해 **식도(esophagus)**로 넘어가는 것을 **삼킴(연하)**이라고 한다. 식도는 길이 25cm 정도의 편평한 관으로 그 내벽은 근육층으로 이루어져 있으며, 그 근육들의 수축과 이완을 반복하는 **연동운동(peristalsis)**으로 음식물을 위까지 보낸다.

또한, 음식물을 삼킬 때 식도가 아닌 실수로 기관에 들어가는 것을 **흡인**이라고 하며, 이때 세균 등이 허파에 들어가 염증이 생기면 **흡인성 폐렴(aspiration pneumonia)**을 일으킨다.

식도의 상부와 하부는 원래 좁은 데다 음식물이 지나갈 때 외에는 조임근이 수축함으로써 역류를 방지한다.

하지만 노화나 과식 등으로 조임근의 기능이 약해지면 역류가 일어나 가슴쓰림을 느낀다. 이러한 증상이 **역류성 식도염(reflux oesophagitis)**이다.

침(타액, saliva)

침샘에서 입안 내에 분비되는 분비액. 교감신경이 우위일 때는 점성이 강하고, 부교감신경이 우위일 때는 점성이 묽어진다. 살균 작용이 있는 라이소자임이라는 효소와 면역글로불린 등이 포함되어 있다.

씹기근육(저작근)

아래턱을 들어올려 위턱을 누르는 근육군으로 깨물근, 관자근, 안쪽 · 가쪽날개근의 4가지 근육으로 구성되며 삼차신경에 의해 지배된다.

입의 구조

입안(구강)의 구조

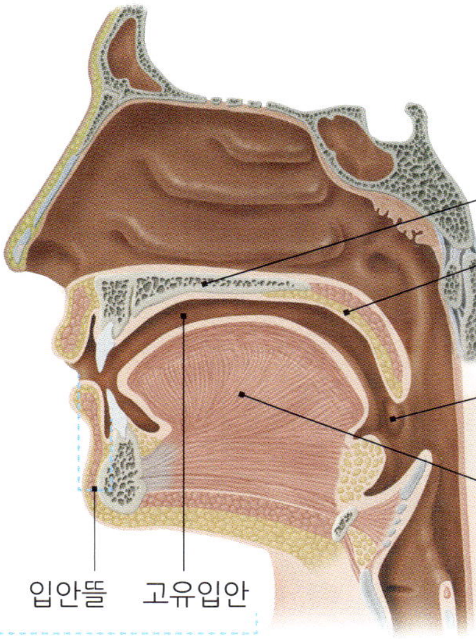

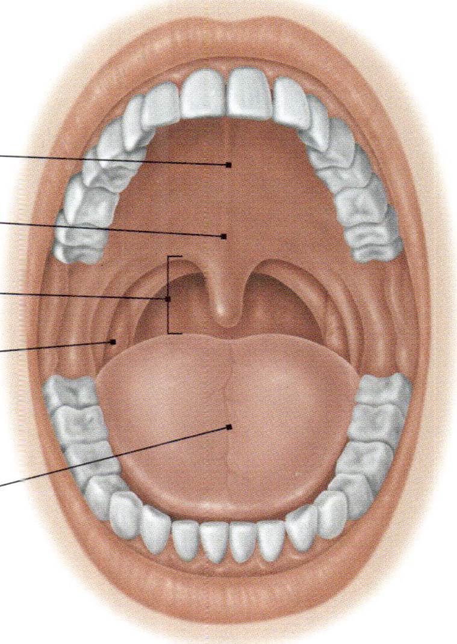

3가지 침샘

귀밑샘, 혀밑샘, 턱밑샘의 3가지를 **큰 침샘**이라고 한다.

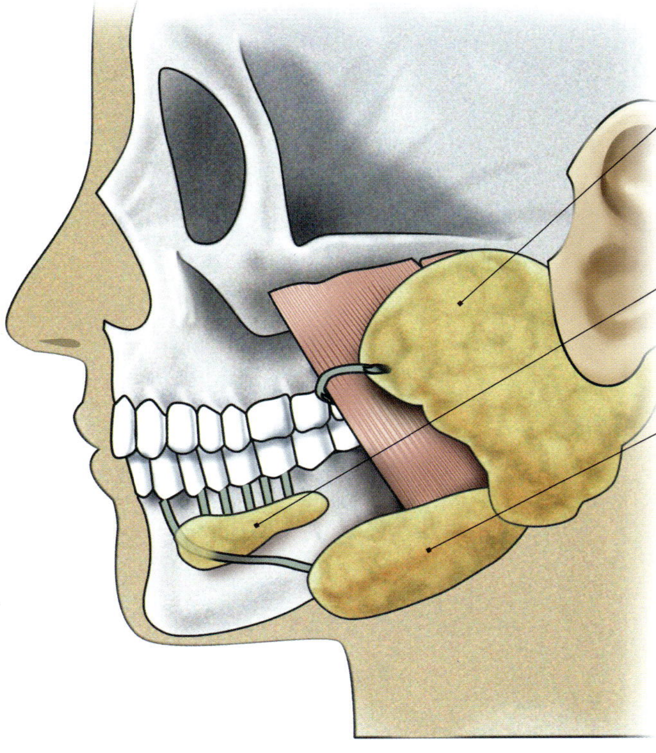

귀밑샘
점성이 적은 장액성 침(소화액)을 분비한다. 유행성 귀밑샘염일 때는 여기가 붓는다.

혀밑샘
점성이 많은 침을 분비한다. 도관이 여러 개 있다.

턱밑샘
점액과 장액이 섞인 끈적끈적한 침을 분비한다.

큰 침샘 외 다수의 작은 침샘이 점막 밑에 산재한다.

소화기계 2 위의 구조

위는 일시적인 저장 창고로서 없어도 살 수 있다.

위의 역할?
● 음식물을 일시적으로 저장한다.
● 위액에 함유된 위산이 위 속 음식물을 살균・소독한다.
● 음식물의 단백질을 소화시킨다.
즉, 위는 단백질의 소화를 돕지만, 본격적인 소화 흡수는 이루어지지 않습니다.
그럼, 본격적인 소화 흡수가 이뤄지는 곳은…?
그렇다면!
작은 창자!
맞아요!
단, 작은창자는 소화 흡수를 조금씩 밖에 할 수 없으니까…
위
OK!
조금씩 부탁해
작은창자
단시간에 식사로 섭취한 음식물을 위 속에 쌓아놓고, 조금씩 작은창자로 내보내고, 있는 거예요.
이것이, 위의 주요 역할 입니다.
흠
위가 없어도, 소화 흡수는 할 수 있는 거네요.
음
그래요.
위는 없어도, 살아갈 수 있지만, 오래 저장해둘 수 없으니
조금씩, 밖에 먹을 수 없지요!
그건, 그거대로 곤란 하네요.
꼬르르륵

2

위의 구조

위는 위액의 절묘한 균형으로 구성된다.

위(stomach)는 식도의 끝 왼쪽 상복부에 위치하며 소화기 중에서 가장 넓은 부분이다.

위의 입구를 **들문(분문)**, 샘창자로 연결되는 출구를 **날문(유문)**이라고 한다. 오른쪽에 오목하게 들어간 짧은 부분을 **작은굽이(소만곡)**, 왼쪽에 볼록한 부분을 **큰굽이(대만곡)**, 가로막 아래에 있는 위의 윗부분을 **위바닥**이라고 한다.

위벽은 **점막**, **민무늬근육**, ※**장막**의 3층으로 구성된다. 점막은 주름 모양으로 되어 있고, 표면에 많이 존재하는 **위샘(위바닥샘)**에서 염산(위산), 펩시노겐, 점액이 섞인 **위액**을 분비한다. 펩시노겐이 염산의 작용으로 ※**펩신**이라는 단백질 분해효소로 변화함으로써 단백질을 소화한다.

위 속의 음식물은 위벽의 민무늬근육에 의한 **연동운동**으로 즙이 될 때까지 잘게 부서져 조금씩 작은창자로 보내진다. 이때 음식물은 위산과도 잘 섞인다. 산에 의한 살균·소독 작용으로 위에 머물러 있는 음식물의 부패를 방지한다.

그리고 이 강한 산으로부터 위벽을 보호하는 것이 점액이다.

스트레스나 폭식·폭음 등으로 위액 성분의 균형이 무너지면 보호 작용이 파괴되어 ※**궤양** 등이 생길 수 있다. 따라서 위액의 균형을 유지하는 것이 중요하다.

강력한 산의 효과로 대부분의 균들은 위 속에서 살 수 없지만 그런 가혹한 환경에서도 생존할 수 있는 것이 **헬리코박터 파일로리(Helicobacter pylori)**라고 불리는 세균이다. 파일로리균은 암모니아를 생성해 위점막에 염증과 궤양이나 위암을 일으킨다. 항균제를 사용해 제거하면 위암을 예방할 수 있다고 여겨진다.

장막

체강의 벽면이나 장기의 표면을 덮는 얇은 막. 단층 편평상피와 그 아래 결합조직으로 이루어지며, 표면에 창자액이 분비된다.

펩신(pepsin)

위 속에서 일하는 단백질 분해효소(프로테아제)의 하나. 펩시노겐(pepsinogen)으로 분비되며, 염산에 의해 활성화되어 펩신이 된다.

궤양

피부나 점막 등의 상피세포가 손상되어 그 영향이 깊은 곳의 조직까지 미친 상태

위의 구조와 주요 역할

위의 형태

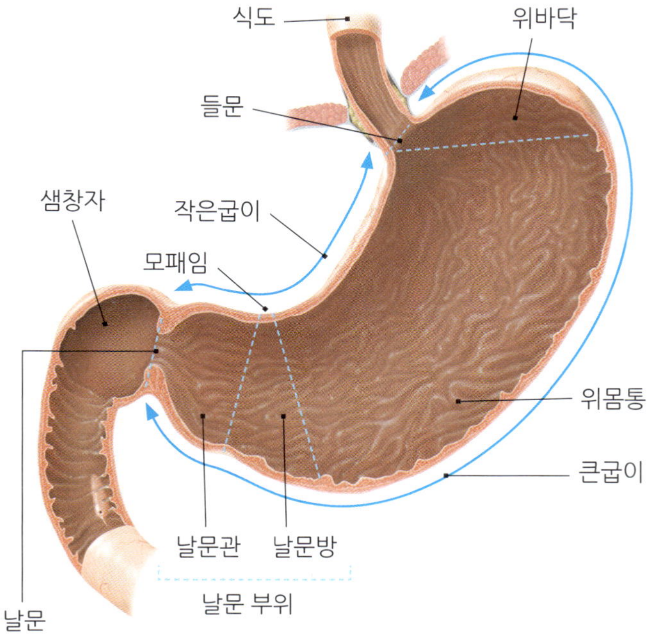

주요 기능

- 먹은 음식물을 일시적으로 저장
- 단백질 소화
- 위산에 의한 소독 · 살균
- 가스트린 분비에 의한 위액 분비 촉진
- 점액에 의한 위 보호

위벽의 3층 구조

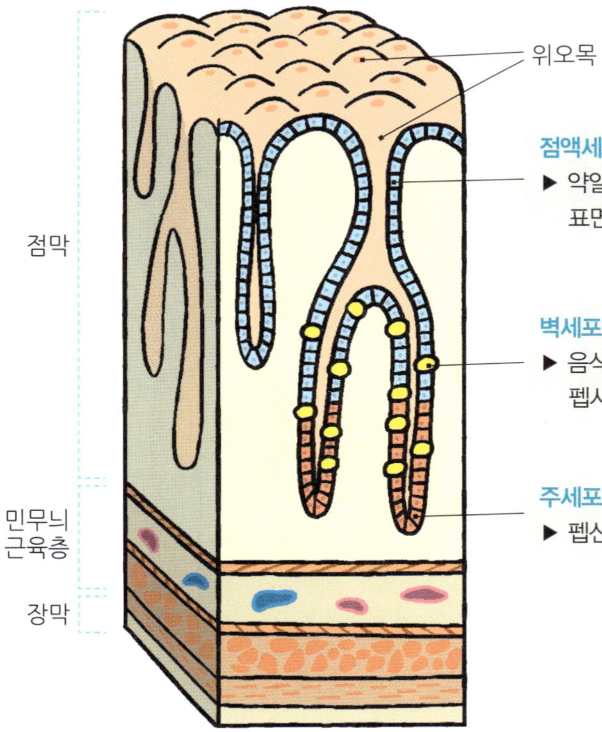

점액세포 점액을 분비

▶ 약알칼리성 점액을 분비해, 위산으로부터 위점막 표면을 보호

벽세포 염산(위산)을 분비

▶ 음식물을 소독 · 살균
펩시노겐을 펩신으로 분해

주세포 펩시노겐을 분비

▶ 펩신으로 바꾼 단백질을 소화

소화기계 3 작은창자의 구조

영양의 소화와 흡수는 대부분 작은창자의 역할

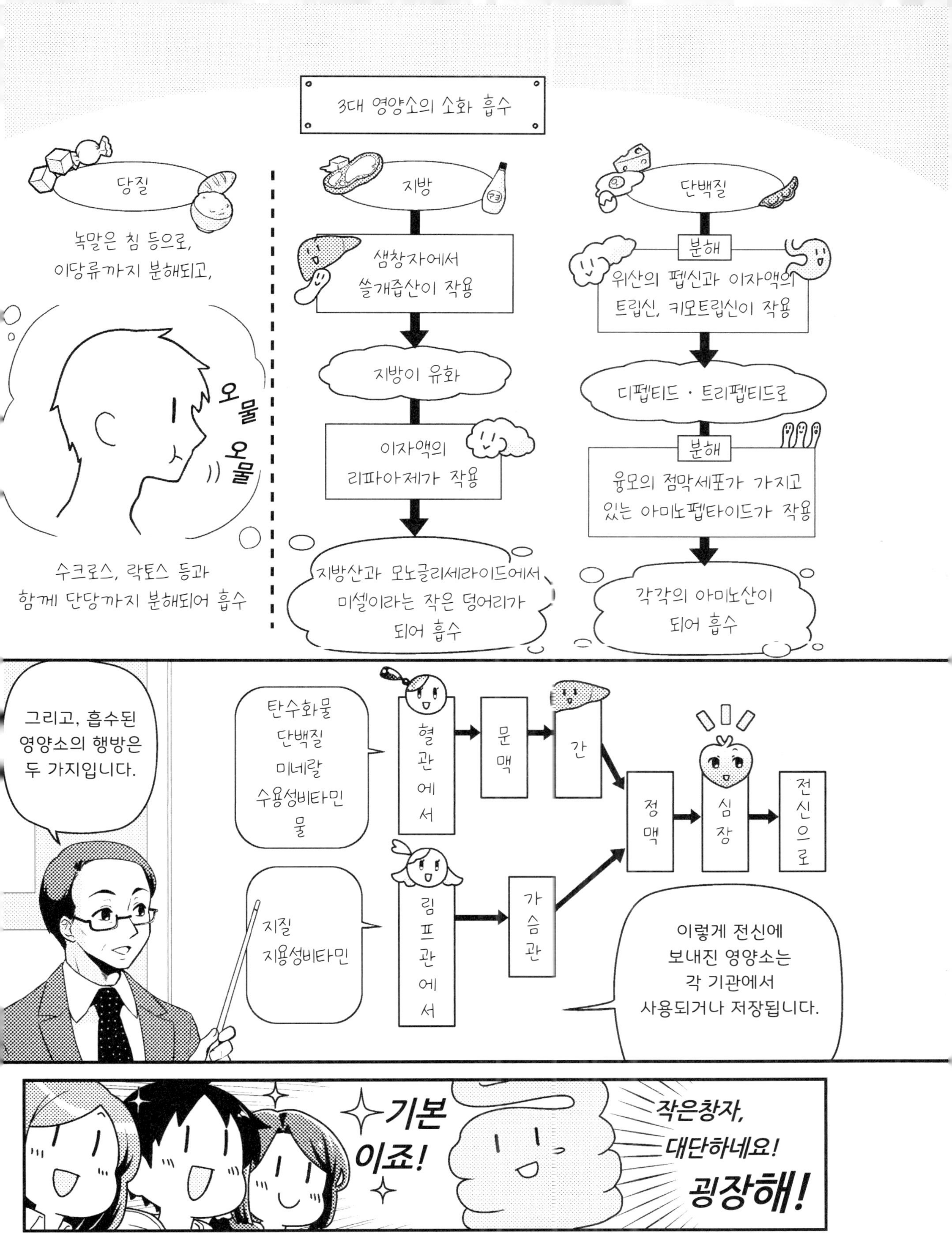

3대 영양소의 소화 흡수
당질
녹말은 침 등으로,
이당류까지 분해되고,
오물 오물
수크로스, 락토스 등과
함께 단당까지 분해되어 흡수
지방
샘창자에서
쓸개즙산이 작용
지방이 유화
이자액의
리파아제가 작용
지방산과 모노글리세라이드에서
미셀이라는 작은 덩어리가
되어 흡수
단백질
분해
위산의 펩신과 이자액의
트립신, 키모트립신이 작용
디펩티드 · 트리펩티드로
분해
융모의 점막세포가 가지고
있는 아미노펩타이드가 작용
각각의 아미노산이
되어 흡수
그리고, 흡수된
영양소의 행방은
두 가지입니다.
탄수화물
단백질
미네랄
수용성비타민
물
혈관에서
문맥
간
정맥
심장
전신으로
지질
지용성비타민
림프관에서
가슴관
이렇게 전신에
보내진 영양소는
각 기관에서
사용되거나 저장됩니다.
기본이죠!
작은창자,
대단하네요!
굉장해!

3 작은창자의 구조

작은창자는 소화 흡수의 주역

작은창자(소장, small intestine)는 위에서 이어지는 긴 관으로 **샘창자(십이지장)**, **빈창자(공장)**, **돌창자(회장)**의 세 부위로 나뉜다. 위에서 죽처럼 소화된 음식물은 작은창자를 지나는 동안 ※**이자액**과 ※**창자액**의 작용으로 더욱 잘게 분해되어 내벽의 점막 상피세포에서 흡수된다. 영양의 소화 · 흡수의 대부분은 이 작은창자에서 이루어진다.

샘창자(duodenum)는 길이 약 25cm의 C자 모양을 하고 있다. 작은창자의 시작 부분에 해당하며 간, 쓸개주머니에서 나오는 **쓸개관(담관, bile duct)**과 이자에서 나오는 **이자관(췌장관, pancreatic duct)**의 개구부가 있다.

쓸개관을 통해 분비되는 ※**쓸개즙**에는 지방을 유화하는 기능이 있고, 이자관을 통해 분비되는 이자액에는 3대 영양소(단백질 · 지방 · 당질)를 분해하는 다양한 효소가 들어 있다.

빈창자와 돌창자의 전체 길이는 대략 6m이고, **창자간막**에 의해 배안의 뒤쪽 벽에 매달리듯이 붙어 있다. 배안 내 왼쪽 상단에서 샘창자에서 빈창자로 이행하여 오른쪽 하단 부근에서 돌창자가 된다. 양쪽에 뚜렷한 경계는 없고 그대로 막창자(맹장)에 연결되어 있다.

내벽의 점막은 **고리 모양(돌림주름)**의 주름을 만들고 **창자융모(intestinal villi)**라는 돌기가 무수히 덮여 있다. 그리고 그 표면을 **미세융모(microvilli)**가 덮어 표면적을 크게 만들어 군더더기 없이 영양소를 흡수할 수 있는 구조로 되어 있다. 따라서 몸에 필요한 영양소의 대부분을 흡수할 수 있다.

창자 내부는 외부에서 들어온 세균이나 바이러스에 노출되어 있고 점막은 독자적인 면역 기능으로 **페이에르판(Peyer's patch)**이라는 림프조직을 가지고 있다. 나무가지세포(수상세포)와 림프구 등 다양한 면역세포가 활약하여 처리한다.

이자액(췌장액, pancreatic juice)

이자(췌장)에 있는 이자관에서 샘창자로 분비되는 소화액. 산성인 위액을 중화하는 탄산수소 이온과 많은 소화효소를 포함한다.

창자액(장액, intestinal juice)

빈창자의 창자샘 · 장점막상피에서 분비되는 알칼리성 소화액. 많은 소화효소를 포함한다.

쓸개즙(담즙, bile juice)

간에서 만들어지고 쓸개에서 농축 · 분비되는 알칼리성 액. 성분인 쓸개즙산은 지방을 유화하여 소화를 돕는다.

작은창자와 작은창자 내벽의 고리형 주름 구조와 기능

고리형 주름의 표면에는 **창자융모**가 있고, 그 표면에는 **미세융모**라고 불리는 수 많은 돌기가 보인다.

작은창자 내벽

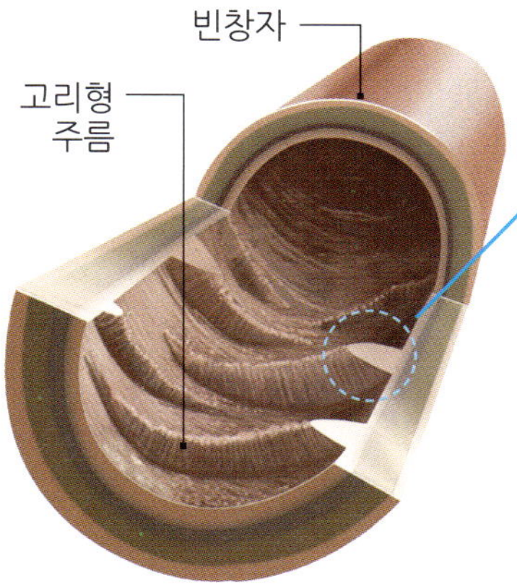

고리형 주름

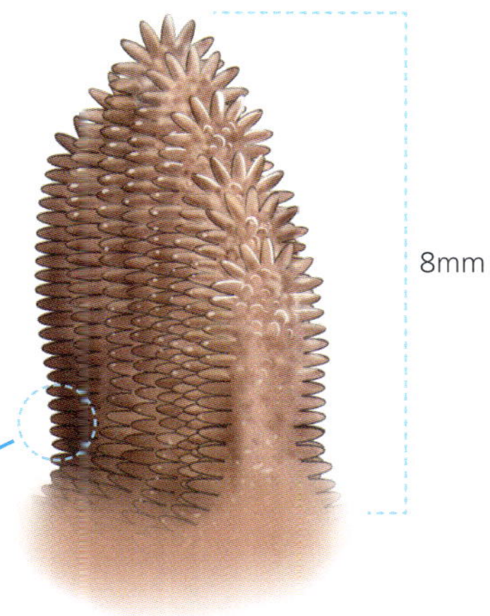

창자융모

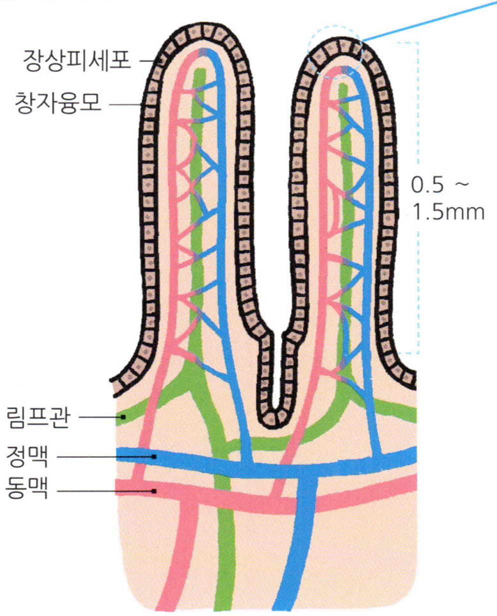

미세융모

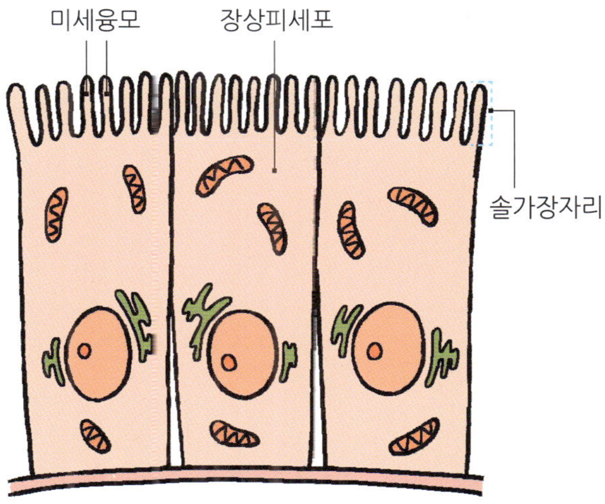

하나의 장상피세포에는 약 1000개의 미세융모 세포가 있다.

PICK UP!

소장의 점막 쪽 표면적은 고리 모양의 주름, 창자융모, 미세융모의 복잡한 구조로 바깥쪽의 600배에 달하며, 배구장보다 더 넓다.

소화기계 4 큰창자의 구조

큰창자는 수분을 흡수하여 변을 만든다.

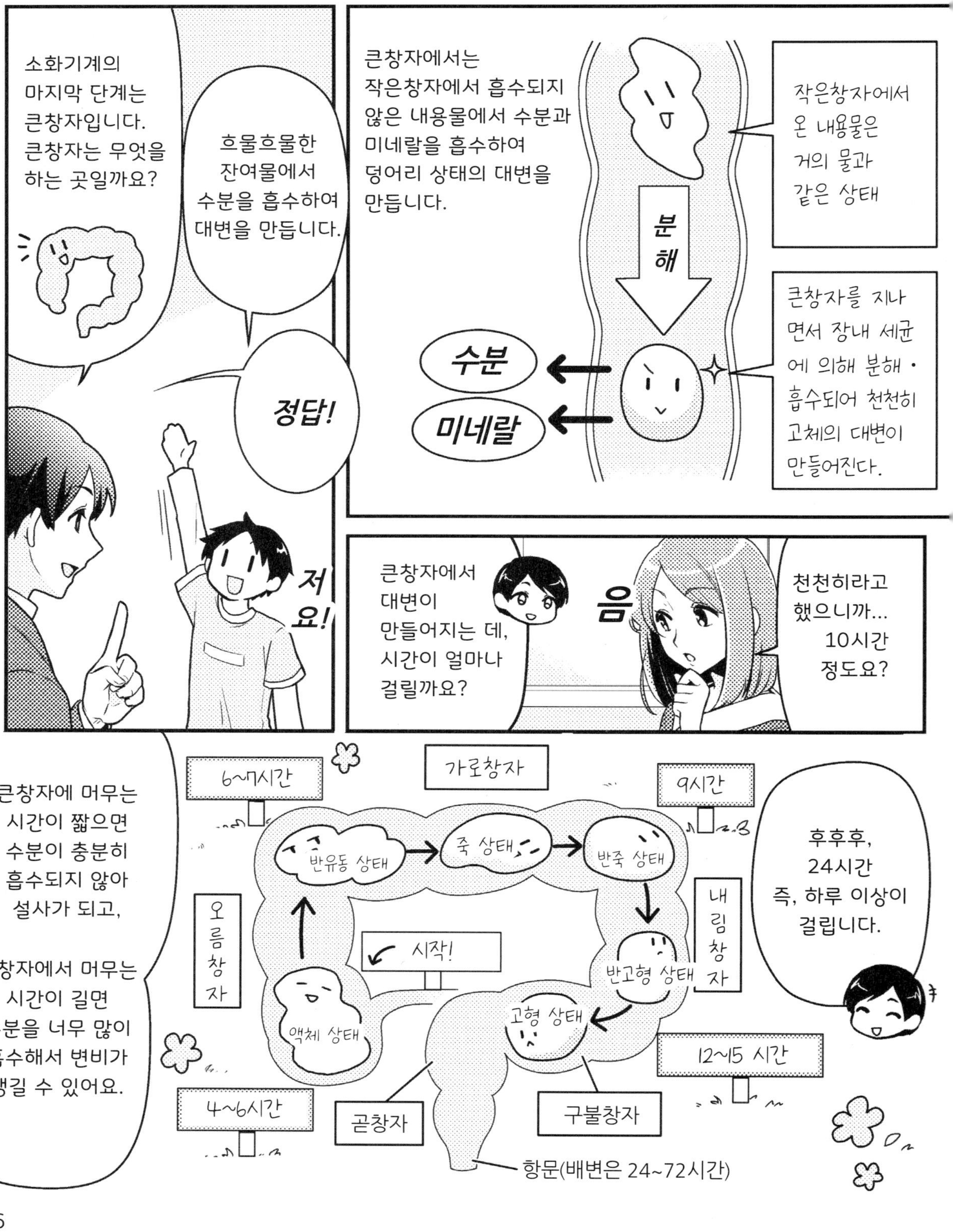

아침을 먹은 뒤 바로 변의를 느끼는 경우가 있는데, 그건 왜 그럴까요?
아-아
배변 반사 때문입니다.
변의(생리적 배설 욕구)의 구조
④ 변의가 생긴다.
대뇌
① 식사와 운동에 의해 자극이 발생한다.
② 자극이 척수와 뇌에 전달되어 강한 연동운동이 일어난다.
③ 대기하고 있던 대변이 곧창자로 보내져 곧창자벽을 자극!
⑤ 항문조임근에 이완하라는 명령이 보내진다.
⑥ 배변이 일어난다.
나갈 차례?
고형 상태가 된 대변은 바로 배출되지 않고, 잠시 구불창자에서 대기하게 됩니다. 그 상태로 잠을 자는 동안 위 속이 비워지게 되는데, 아침에 일어나 식사를 하게 되면 위와 큰창자가 자극되어 배변반사가 일어나지요.
의식적으로 변의를 일으킬 수도 있어요.
배변 자세를 취하면 장내 복압이 높아져 구불창자에서 곧창자의 연동운동이 활발해져 변의가 생깁니다.
몸을 앞으로 숙이세요.
의식적인 배변이라~
선생님, 화장실 좀 다녀오겠습니다!
음
몸을 숙였더니

4

큰창자의 구조

큰창자는 소화의 마지막 단계

큰창자(대장, large intestine)는 작은창자보다 두껍고 짧으며, 전체 길이는 1.5m 정도의 관이다. 배부위의 오른쪽 아래에 있는 **막창자(맹장, caecum)**부터 시작해서 **잘록창자**, **곧창자(직장)**로 이어진다. 작은창자(돌창자)와 막창자의 연결 부위에 돌출된 것이 **돌막창자판막**이라고 불리는 것으로 내용물의 역류를 방지한다.

잘록창자(결장, colon)는 **오름창자**, **가로창자**, **내림창자**, **구불창자**의 4가지로 나뉜다. 큰창자의 벽은 작은창자와 마찬가지로 **점막**과 **민무늬근육**으로 구성되어 있지만, 고리 모양의 주름과 창자융모는 없다.

위와 작은창자를 지나 거의 모든 영양소가 흡수된 음식물은 걸쭉한 액체 상태의 내용물이 되어 큰창자로 보내진다.

큰창자에서는 이 액체 상태의 찌꺼기로부터 **수분과 전해질(미네랄)**을 흡수해 적당한 굳기의 **대변**을 만들어 최종 출구인 항문으로 보낸다. 이때 충분한 수분이 흡수되지 않으면 ※**설사**가 된다.

큰창자의 운동은 기본적으로는 ※**분절운동**에 의한 것으로 대변은 천천히 이동한다. 구불창자(S장결장)로 보내진 대변은 일단 그곳에 저장된다. 그 후 대변이 곧창자로 밀려 들어가 **연동운동**에 의해 곧창자벽이 늘어나면 내용물이 엉치뼈의 배변 중추로 전달되어 변의가 일어나게 된다. 그와 동시에 항문 주위에 있는 **바깥・속항문조임근**에 명령이 보내져 **배변**이 일어난다.

바깥항문조임근은 수의근이기 때문에 의식적으로 배변을 조절하는 것도 가능하다.

또한, 음식물이 섭취되어 위에 도달하면 그것이 자극이 되어 **대연동**이라는 반응이 일어난다. 이 급격한 반응은 **위대장반사(gastrocolic reflex)**라고 불리며, 식후에 배변을 유발하는 원인이 된다.

설사(diarrhea)

수분이 많은 액체 상태의 변이 자주 나오는 상태를 말한다. 정상적인 변의 수분함유량은 70~80%, 81~90%는 진흙 상태의 무른 변, 90% 이상이면 물 상태의 설사가 유발된다.

분절운동(segmentation movement)

작은창자에서도 볼 수 있다. 일정 간격(분절)마다 수축과 이완을 반복하는 운동

큰창자의 구조와 배변의 구조

큰창자의 구조

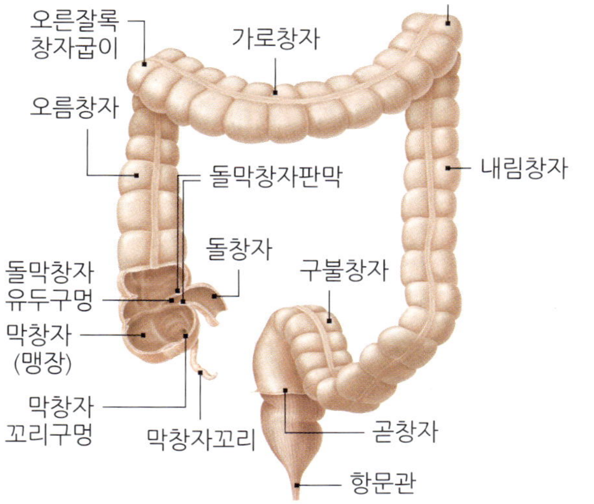

큰창자는 작은창자를 둘러싸고 있으며, 막창자, 잘록창자, 곧창자로 나뉜다.
막창자 끝부분의 6㎝ 정도 길이의 **막창자꼬리**에는 점막의 풍부한 림프조직이 있으며, 면역체계의 한 부분을 이루고 있다.

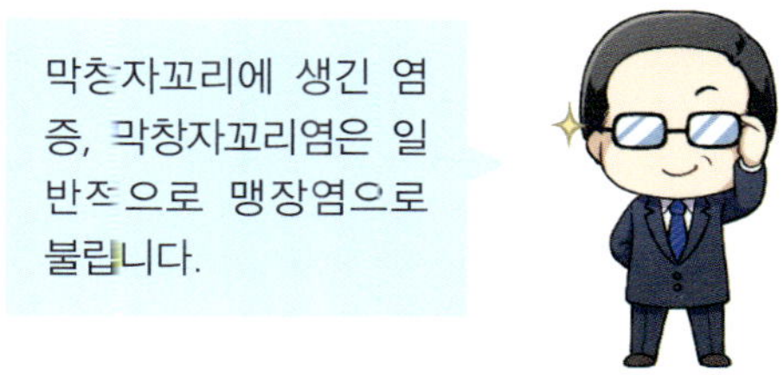

배변 조절의 구조

곧창자가 늘어나면 엉치뼈나 뇌에 전달되어 변의가 일어난다.

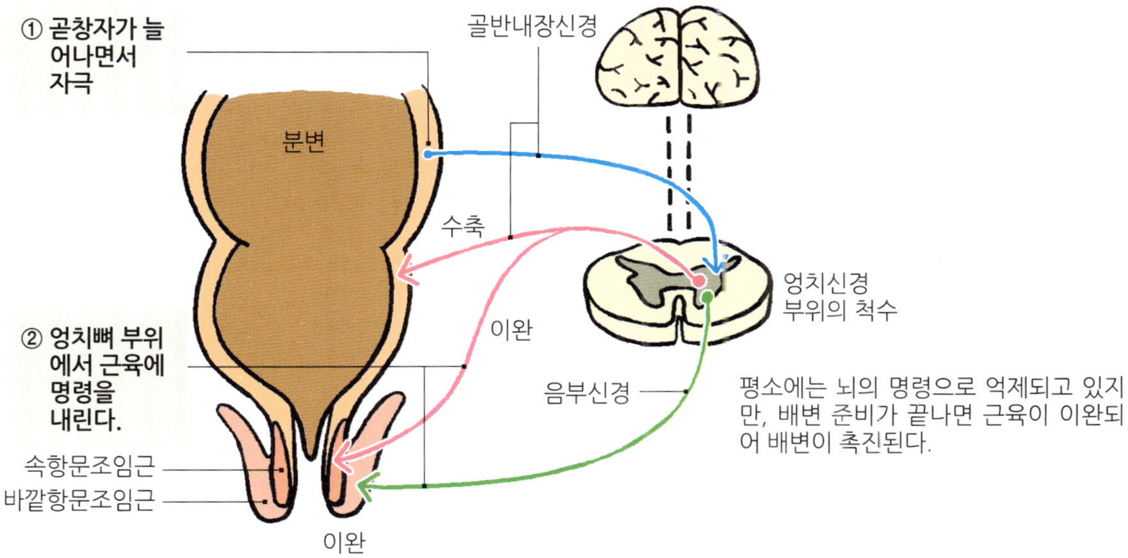

여기도 주목!

배부위가 부풀어 오르는 요인으로는 비만, 임신 외에 다음과 같은 원인도 생각할 수 있다.

고장(meteorism) 장내에 가스가 찬 상태
복수(ascites) 배 속에 다량의 액체가 고인 상태

소화기계 5 간과 쓸개의 구조

간은 영양을 저장하거나 해독한다.

① 대사 기능(영양소 저장)
간은 작은창자에서 흡수한 영양소를 문맥을 통해 받아들여 그 변환과 합성을 수행한다.
작은창자에서 소화·흡수된 당질
간에서 글리코겐으로 변환되어 저장된다.
필요에 따라 에너지원으로서 혈액으로
예를 들어 골수에서 적혈구를 만들 때 보내진다.
태아는 골수 대신 간에서 적혈구와 면역세포 등을 만들어요.
② 해독 배출
주로 지용성 유독물질을 독성이 낮은 물질로 변환해서 쓸개즙이나 소변으로 배출된다.
독소
알코올(술), 담배의 니코틴, 섭취한 약물
분 해
쓸개즙이나 소변으로 배출
간세포가 쓸개즙을 만든다.
③ 쓸개즙 생성
지질을 분해하는 쓸개즙을 만들어요.
쓸개에 저장된다.
위
지방을 소화하기 위해 샘창자로 보내진다.
지방
꿀렁
간은 인내심이 강한 장기여서 병에 걸려도 좀처럼 증상이 나타나지 않아요.
증상이 나타났을 때는 이미 병이 진행되는 경우가 대부분이죠.
조심해야겠네요.
역시, 확실히 알았어요! 술은 '독소'였네요.
아빠한테 오늘부터 당장 술 끊으라고 해야겠어요!
아빠
꽉

5

간과 쓸개의 구조

간은 대사와 해독의 중추

간(liver)은 무게 약 1~1.5kg으로 인체에서 가장 큰 장기이다. 배안의 오른쪽 위에 위치하며, 위쪽은 가로막을 따라 부풀어 있고, 아래쪽은 위와 샘창자 등 여러 장기와 맞닿아 울퉁불퉁한 요철 모양을 하고 있다.

앞에서 보면 앞뒤로 이어지는 **낫인대**에 의해 큰 **오른간엽**과 작은 **왼간엽**으로 나뉘고, 아래쪽의 고랑에 의해 앞쪽의 **네모엽**과 뒤쪽의 **꼬리엽**으로 나뉜다.

그 아래쪽에는 길이 8cm 정도의 가지 모양을 한 **쓸개**가 있으며, 간에서 만들어진 ※**쓸개즙**은 여기에 저장된다. 쓸개즙의 통로인 **쓸개관**은 **고유간동맥**, **문맥**과 함께 **간문(porta hepatis)**에서 간 내로 드나든다. 쓸개에서 나온 쓸개즙은 샘창자로 분비되어 지방의 소화 흡수를 돕는다.

간은 간세포가 쌓여 형성된 **간소엽(hepatic lobule)**이라는 조직이 여러 개 모여서 형성된다. 간소엽의 가장자리에는 간동맥, 문맥, 쓸개관의 가지가 삼중으로 배열된 **글리슨 캡슐(Glisson's capsule)**이라는 결합조직이 있다. 간동맥에는 산소를 많이 함유한 동맥혈이 흐르고, 문맥에는 작은창자에서 흡수한 영양소가 풍부한 정맥혈이 흐른다.

동맥혈은 간동맥에서 뻗어 나온 **소엽사이동맥**, **동굴모세혈관**을 흐르고, 정맥혈과 마찬가지로 **소엽사이정맥**, 동굴모세혈관을 흘러 ※간세포로 산소와 영양소가 운반된다. 운반된 영양소는 간세포 안에서 교환 · 합성되어 저장된다. 동굴모세혈관을 통과한 혈액은 중심정맥을 따라 간정맥으로 나간다.

대사로 발생한 암모니아와 알코올, 약물 등 불필요한 물질, 독소 등은 간에서 해독되어 소변이나 쓸개즙으로 바뀌어 몸밖으로 배출된다.

쓸개즙

간에서 만들어진 쓸개주머니에서 농축 · 분비되는 알칼리성 분비액. 성분인 쓸개즙산은 지방을 유화시켜 소화를 돕는다.

간세포

간소엽을 구성하는 세포. 단백질의 합성과 저장, 탄수화물의 변환, 콜레스테롤의 합성 등 대사 외에 불필요한 물질의 배출 및 해독에도 관여한다.

간의 구조와 각 부위의 명칭

앞면

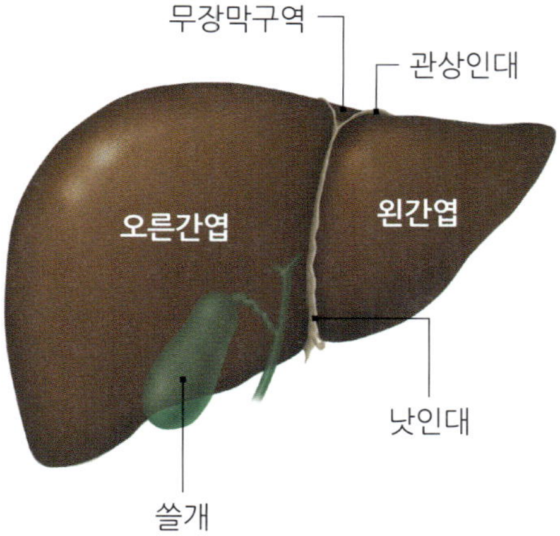

뒤쪽 아래면

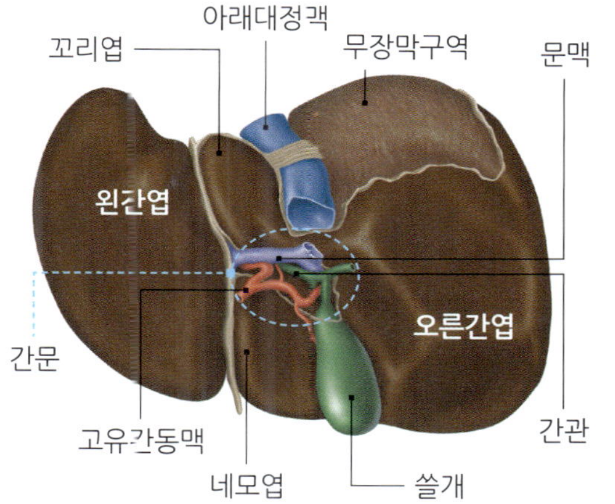

PICK UP!

간은 전체의 3/4을 절제해도 4개월 정도 지나면 원래 크기로 회복될 정도로 뛰어난 재생 능력을 갖고 있다.

간소엽의 구조

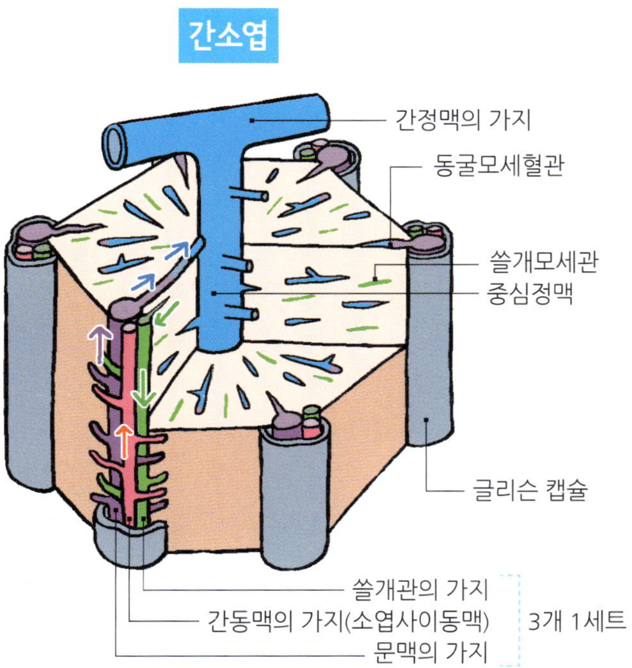

직경 1mm 정도로 다면체 모양을 한 간소엽(hepatic lobule)이라는 조직이 약 50만 개 모여 간을 구성하고 있다.

간세포와 그 사이를 통과하는 **동굴모세혈관(sinusoidal capillary)**이 방사형으로 배열되어 있고, 그 가장자리에는 글리슨 캡슐이라는 결합조직이 있다.

간에서의 혈액 흐름은 동맥, 정맥 모두 주변에서 중심을 향해 흐르며 산소와 영양분을 운반합니다.

소화기계 6 이자의 구조

쓸개즙과 이자액은 동시에 분비된다.

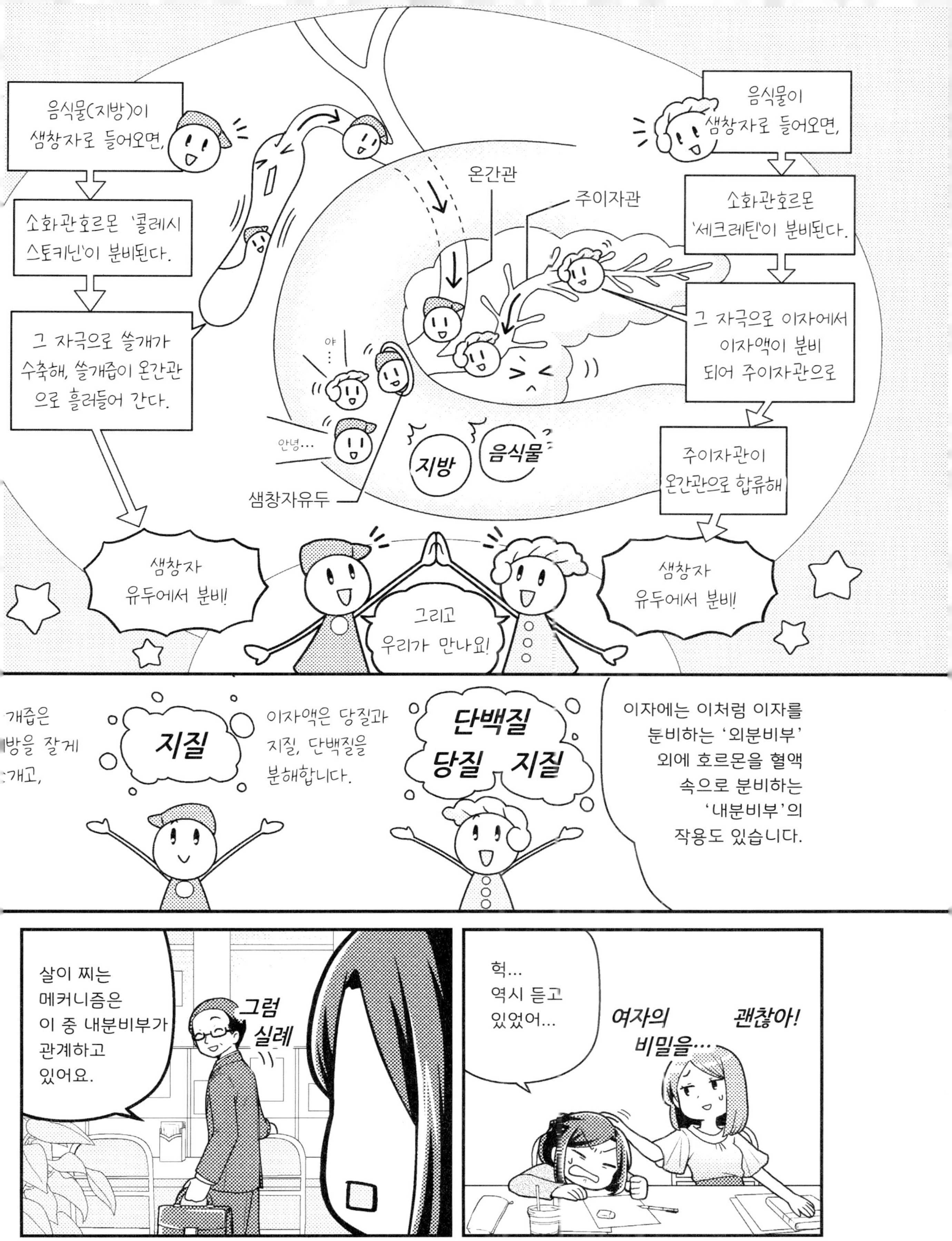
음식물(지방)이
샘창자로 들어오면,
소화관호르몬 '콜레시스토키닌'이 분비된다.
그 자극으로 쓸개가 수축해, 쓸개즙이 온간관으로 흘러들어 간다.
온간관
주이자관
음식물이
샘창자로 들어오면,
소화관호르몬 '세크레틴'이 분비된다.
그 자극으로 이자에서 이자액이 분비되어 주이자관으로
주이자관이 온간관으로 합류해
야…
안녕…
지방
음식물
샘창자유두
샘창자 유두에서 분비!
그리고 우리가 만나요!
샘창자 유두에서 분비!
개즙은
방을 잘게
개고,
지질
이자액은 당질과 지질, 단백질을 분해합니다.
단백질
당질
지질
이자에는 이처럼 이자를 분비하는 '외분비부' 외에 호르몬을 혈액 속으로 분비하는 '내분비부'의 작용도 있습니다.
살이 찌는 메커니즘은 이 중 내분비부가 관계하고 있어요.
그럼 실례
헉… 역시 듣고 있었어…
여자의 비밀을…
괜찮아!

6

이자의 구조

이자(췌장)의 역할은 소화와 혈당 수치의 조절

작은창자에서 흡수를 돕는 분비액에는 **쓸개즙**과 **이자액(췌액)**이 있다.

이 중 간의 **간세포**에서 만들어진 쓸개즙은 쓸개산 · 인지질 · 콜레스테롤 · 쓸개즙 색소 등 몸에 불필요한 물질을 버리기 위한 액체로 **온간관(총간관, common hepatic duct)**을 거쳐 **쓸개(담낭, gallbladder)**에 저장된다.

여기서 수분과 염분이 흡수되어 농축된 뒤 **온쓸개관(총담관, common bile duct)**을 통해 샘창자로 방출된다. 쓸개즙에는 지질을 유화시켜 분해를 돕는 작용이 있다.

한편, 이자액은 **이자**에서 만들어져 **이자관**에서 샘창자로 분비된다. 이자는 무게 약 60~70g, 길이 15cm 정도의 가늘고 긴 작은 장기로 배부위의 가장 깊숙한 곳인 배안의 뒤쪽 벽에 위치한다.

이자는 **이자머리**, **이자몸통**, **이자꼬리**의 세 부위로 나뉜다. 이자머리는 샘창자의 C자형 부분에 끼어 있고, 이자몸통에서 점점 가늘어져, 이자꼬리에서 지라(비장, spleen)에 맞닿아 있다. 이자관과 쓸개관은 샘창자에 개구하는 큰샘창자유두에서 합류한다.

이자액에 함유된 다량의 **중탄산이온(HCO_3^-)**은 위액으로 산성이 된 내용물을 중화한다. 그 밖에 전분을 분해하는 **이자 아밀라아제(amylase)**, 단백질을 분해하는 **트립신(trypsin)**과 **키모트립신(chymotrypsin)**, 지방을 분해하는 **이자 리파아제(lipase)** 등의 소화효소도 이자액에 포함되어 있어 작은창자에서의 소화 흡수에 도움을 준다.

이자액의 분비는 음식물이 샘창자로 들어가면 방출되는 ※**소화관호르몬**에 의해 조절된다.

이자의 대부분은 이자액을 생성하고 분비하는 외분비조직이지만, 그 밖에 호르몬을 혈액 속으로 방출하는 **이자섬(랑게르한스섬, Langerhans islets)**이라고 불리는 내분비조직의 집합체도 산재해 있다. 자세한 내용은 내분비샘 항목에서 다루도록 하겠다(P. 120).

소화관호르몬(gastrointestinal hormone)

소화관에서 생산되며, 소화관의 운동과 소화액의 분비를 조절하는 호르몬의 총칭. 위산의 분비를 촉진하는 가스트린, 이자액의 분비를 촉진하는 세크레틴 등이 있다.

☑ 이자의 구조와 각 부위의 명칭

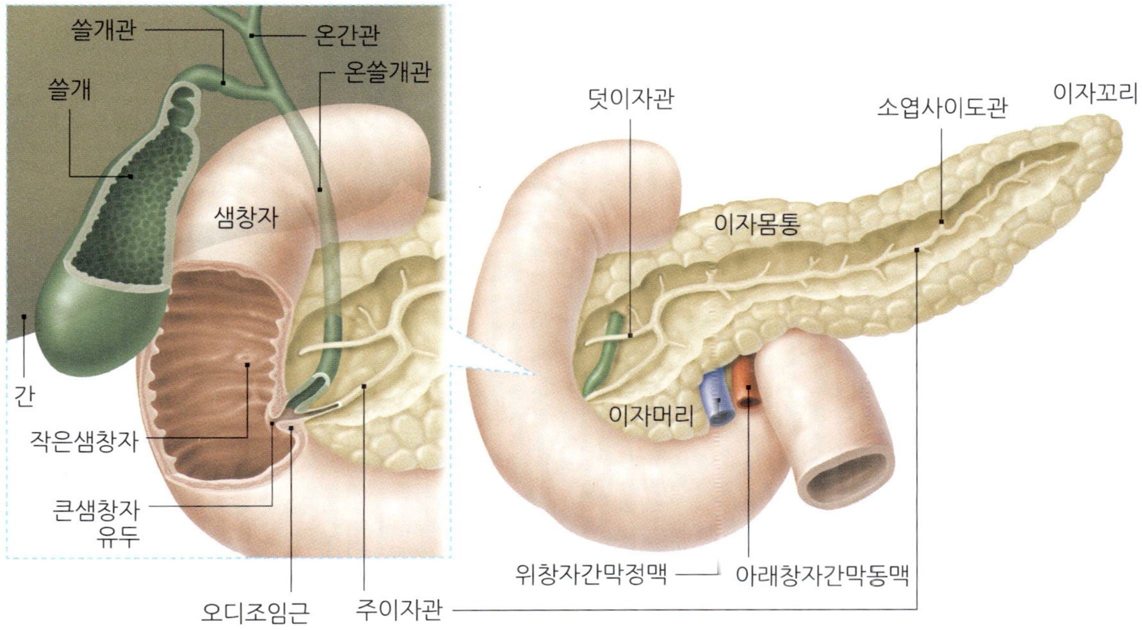

☑ 이자소엽의 구조

이자는 1~10mm 정도의 **소엽**으로 구성되며, 그 소엽은 더욱 다수의 **샘꽈리**로 이루어진다. 샘꽈리는 **외분비부**로서 췌장의 85%를 차지하고 있으며, 많은 샘꽈리세포가 연동되어 이자액을 한꺼번에 분비한다.

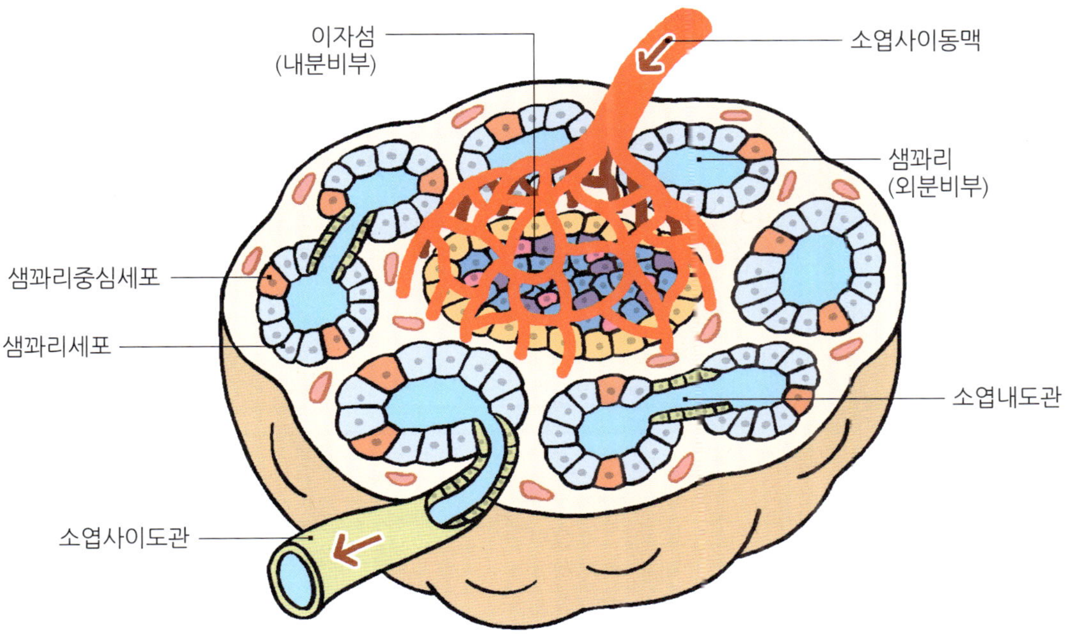

비뇨기계 1 콩팥의 구조

콩팥은 물과 염분의 출입을 철저히 관리

체액을 일정하게 유지하는 이유
·몸속의 모든 세포는 체액으로 보호를 받으며 살아간다.
·수분과 염분 등의 농도가 조금이라도 변화하면, 세포는 살 수 없기 때문에 체액은 항상 일정하게 유지된다.
수분
적당한 수분 조절~
콩팥은 몸에 출입하는 물과 염분의 양에 맞춰 소변의 성분과 양을 조절하는 매우 중요한 장기예요!
농도 조절을 해볼까?
OK!~
그 밖에도 콩팥은 혈액을 깨끗하게 정화하는 역할을 합니다.
전신을 순환하고, 더러워진 혈액은 콩팥을 지나면서
노폐물과 독소를 제거하고 정화됩니다.
수고 하셨습니다.—
대,
분의
등도
께
거되지만,
이 수분 배출량이 적어지면 체액의 양이 증가해 체내 조직에 여분의 수분이 남습니다.
오늘은 간격이 넓네
물이 많아
그 결과, 부종이 생깁니다.
히이—!
붓기 싫어~!
붓다니 싫다.

1

콩팥의 구조

체액 성분을 조절해 항상성을 유지하는 콩팥

콩팥(신장, kidney)은 혈액을 여과하여 여분의 수분과 노폐물을 소변으로 배출할 뿐만 아니라 ※**체액**의 양과 성분, 혈압 등을 조절하는 역할도 담당하고 있다.

체액에는 세포 내를 채우는 액체(**세포내액, intracellular fluid**)와 세포의 주위를 채우는 액체(**세포외액, extracellular fluid**)가 있다. 세포외액에는 혈액 내부의 체액 성분인 혈장과 림프액 등도 포함된다.

체액에는 다양한 물질이 용해되어 있다. 그 성분은 ※**전해질(이온)**과 ※**비전해질**로 나뉘며, 사람이 살아가는 데 있어서 체액의 성분 농도(염화나트륨 농도 등)는 적절한 균형을 유지해야 한다.

이 호메오스타시스(항상성)를 유지하기 위해 유입되는 수분, 염분 등의 양에 따라 소변의 성분을 신속하고 크게 변화시키는 능력을 지닌 장기가 콩팥이다.

콩팥은 등과 가까운 배안의 안쪽, 척추의 양쪽에 위치하고, 콩 같은 모양으로 튼튼한 콩팥피막에 싸여 있다. 척추 쪽으로 열린 **콩팥문(신문, renal hilum)**에서는 **콩팥동맥**, **콩팥정맥**, **요관**이 드나들고, 요관은 골반 내 방광에 도달한다.

콩팥은 콩팥피막에 가까운 **콩팥겉질**과 콩팥동굴에 가까운 **콩팥속질**, 두 개의 영역으로 나눌 수 있다. 이 중 속질은 십여 개의 **콩팥피라밋(renal pyramid)**으로 불리는 원추형 덩어리로 이루어져 있으며, 각 원뿔은 내부의 콩팥동굴을 향해 돌출되어 있다.

콩팥 내에서 만들어진 소변은 콩팥피라밋 끝부분의 콩팥유두에서 흘러나와 콩팥잔을 통해 **콩팥깔때기(신우, renal pelvis)**에 모여 요관으로 배출된다.

또한, 하나의 콩팥피라밋과 그 주위의 겉질을 합한 **콩팥엽(renal lobe)**은 콩팥의 육안적 구성 단위가 된다.

체액(body fluid)

인체의 세포 내외에 포함된 액체 성분으로 체중의 약 60%를 차지한다.

전해질(electrolyte)

물에 녹으면 양이온과 음이온으로 이온화되는 물질. 체액 속의 전해질은 나트륨, 칼륨, 칼슘, 염화물 등 미네랄 성분이 있다.

비전해질(nonelectrolyte)

물에 녹아도 이온화되지 않는 물질. 체액에 함유된 비전해질은 글루코스, 요소, 크레아틴 등이 있다.

콩팥의 구조와 각 부위의 명칭

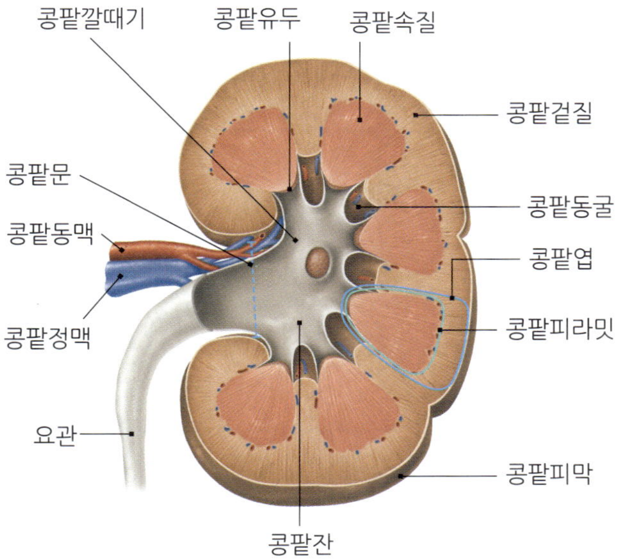

콩팥은 콩팥 모양을 한 장기. 동맥, 정맥, 요관은 콩팥문으로 들어가 내부의 **콩팥동굴**을 거쳐 **콩팥속질**로 통한다.

크기는 길이 10~12cm, 폭 5~6cm, 두께 4cm 정도이다.

항상성 유지의 구조

온도와 습도, 빛 등 급격한 변화를 수반하는 외부 환경에 대해 체내 조직은 내부 환경을 일정하게 유지하기 위해 다양한 조절을 한다.

세포내액과 세포외액의 이온 농도가 일정하게 유지되는 메커니즘

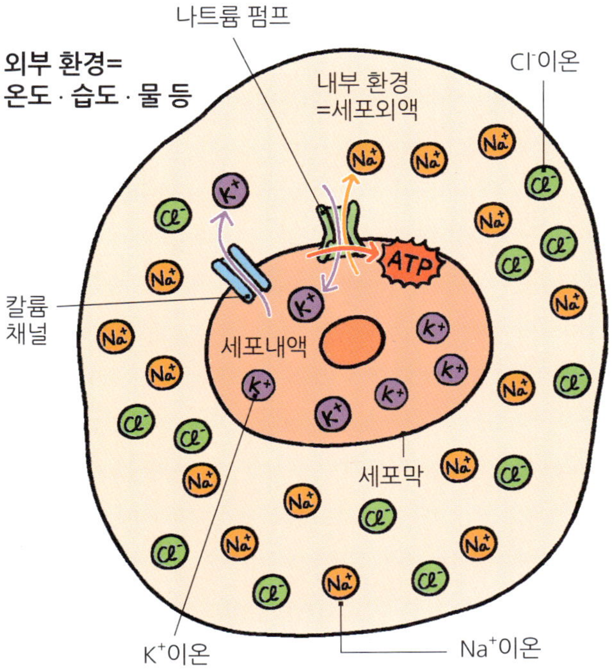

- 거의 모든 세포는 세포내액에 K^+이온을 많이 포함한다.
- 세포 밖에 있는 세포외액은 Na^+이온과 Cl^-이온을 많이 포함한다.

↓

- 세포가 활동하면 칼륨 채널에서 K^+이온이 세포 밖으로 방출되어, 세포 내부가 마이너스가 된다. 세포 내부의 이온 성분을 일정하게 유지하기 위해 나트륨 펌프가 세포 밖의 K^+이온을 세포 안으로 운반하고 조절하는 역할을 한다(=항상성).

※ 세포 내외의 이온 조절이 오랫동안 잘되지 않으면, 세포는 죽어버린다.

비뇨기계 2 소변의 생성

하루에 만들어지는 소변의 양은 체중의 약 3배

약 160~200l의
원뇨를 여과해도
단 1%밖에
배뇨되지
않다니
처음부터
배뇨할 만큼만
만들었으면
좋았을 텐데
쓸데없는거
아닌가…
흠
사실, 이 메커니즘은
원뇨의 99%를
흡수하고, 나머지
1%가 소변이 되기
때문에 간단히
양과 성분을 바꿀 수
있어서 편리합니다.
1개를
10개로
늘리기는
힘들지만,
회수한 99%를
90%로 줄이면,
나머지는 간단히
10배가 됩니다.
'아깝다'는
생각을 전환하면
'여유가 있다'
가 되겠지요.
99%
90%
1%
10배!
10%
콩팥은 하나만
있어도 충분히
기능을
수행합니다.
너덜…
난 이제
틀렸어…
이젠
내게
맡겨—!!
콩팥
콩팥은
이식수술도
할 수 있어요.

2

소변의 생성

여과와 재흡수의 2단계 과정에서 소변을 만든다.

소변의 양과 성분은 몸에 드나드는 물과 염분의 양에 따라 콩팥을 통해 신속하고 탄력적으로 재생산할 수 있다.

소변이 만들어지는 과정은 콩팥소체라는 조직과 요세관이라는 관의 2단계로 나누어 생각할 수 있다.

우선 첫 번째 단계로 콩팥의 겉질 부분에 존재하는 **콩팥소체(말피기소체, renal corpuscle)**에서 혈액이 여과된다. 콩팥소체는 **사구체(토리, glomerulus)**라는 **모세혈관(capillary)** 덩어리와 이를 감싸고 있는 **보먼주머니(Bowman's capsule)** 모양의 조직으로 이루어진 0.2mm 정도의 작은 구조체로 약 200만 개가 있다.

사구체는 콩팥에 출입하는 콩팥동맥이 여러 갈래로 갈라진 모세혈관으로 형성되어 있다. 혈액이 이 모세혈관을 흐르면 압력과 농도 차이에 의해 여과되어 사구체여과액(원뇨)이 되어 요세관으로 들어간다.

두 번째 단계는 소변의 마지막 단계인 **요세관(uriniferous tubule)**에서의 재흡수이다.

요세관은 겉질과 속질을 1.5번 왕복하며, 콩팥유두에서 흘러나온다. 요세관은 그 세포의 종류에 따라 ※**토리쪽세관**, **콩팥세관고리**, ※**먼쪽세관**, **집합관(collecting duct)**의 4개 분절로 구분된다. 이 중 사구체에서 먼쪽세관까지는 외길로 **네프론(nephron)**이라고도 한다. 집합관에서는 많은 요세관이 합류한다.

속질 내를 통과하는 토리쪽곧은세관부터 콩팥세관고리, 먼쪽곧은세관까지를 **헨레고리(Henle's loop)**라고 한다. 헨레고리의 앞쪽에 있는 토리쪽세관에서는 여과된 원뇨에서 몸에 필요한 물과 아미노산, 글루코스 등의 영양소를 재흡수한다. 헨레고리 이후에서는 주로 호르몬 작용에 의해 소변의 성분을 조절한다.

토리쪽세관(근위요세관, proximal tubule)

요관 중 사구체에 직접 연결되는 첫 번째 분절. 겉질 내에서 우회하는 부분(토리쪽곱슬세관)과 속질 내로 들어와 직선으로 하행하는 부분(토리쪽곧은세관)으로 이루어진다.

먼쪽세관(원위세관, distal tubule)

속질 내를 직선적으로 상행(먼쪽곧은세관)하는 부분과 겉질 내에서 우회하는 부분(먼쪽곱슬세관)으로 이루어진다.

☑ 콩팥소체의 구조와 여과의 구조

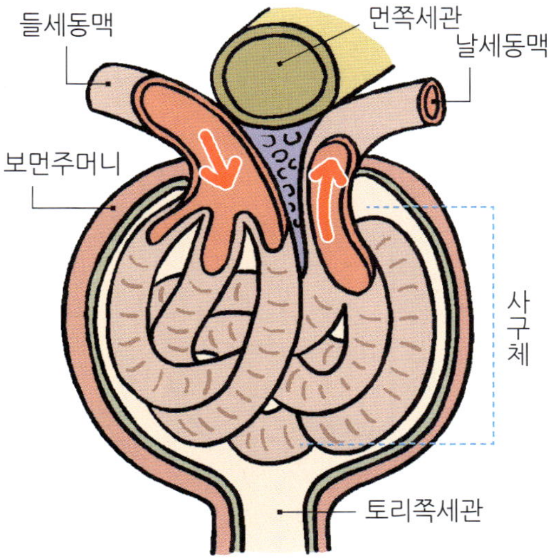

콩팥에 있는 콩팥소체에서 혈액을 여과해 소변을 만든다. 사구체의 혈액 흐름에 따라 생기는 혈관 내 압력(혈압)은 혈관 바깥쪽의 압력(보먼주머니 내압)보다 커서 이 압차를 이용해 여과가 이루어진다.

사구체는 손상되기 쉽고, 재생되지 않기 때문에 만약을 위해 콩팥은 두 개가 있습니다.

☑ 요세관의 구조와 출입하는 주요 물질

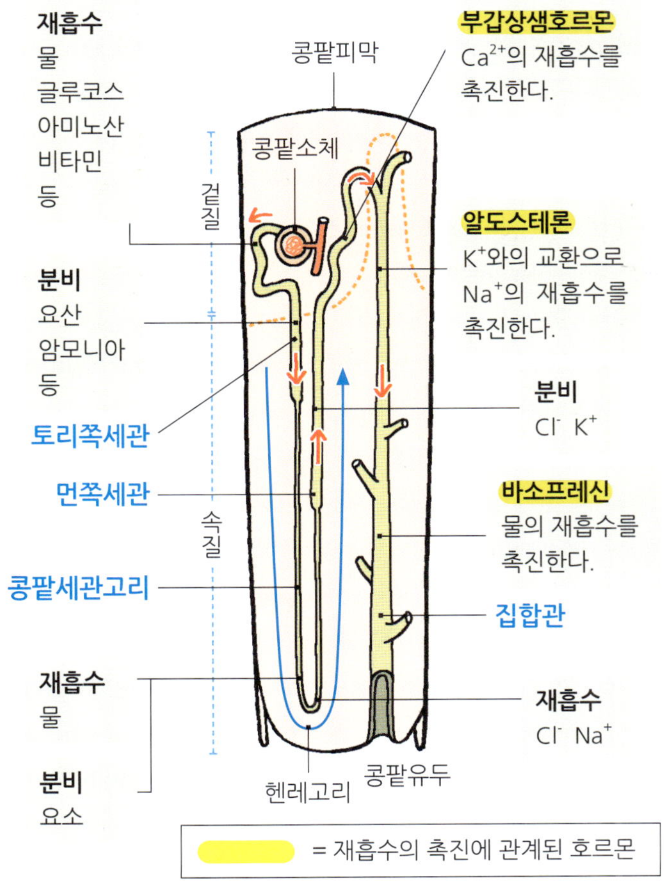

각 요세관의 기능

- **토리쪽세관까지…여과된 소변의 중요 성분(수분이나 글루코스, 아미노산 등)을 재흡수한다.**
- **헨레고리 이후…재흡수와 동시에 소변의 농축이 이루어진다.**

요세관은 겉질과 속질 사이를 '가고, 돌아오고, 가고'하며 1.5회 왕복하는 동안 흡수와 분비를 반복해요.

비뇨기계 3 배뇨의 구조

소변을 참는 것은 기합의 힘?

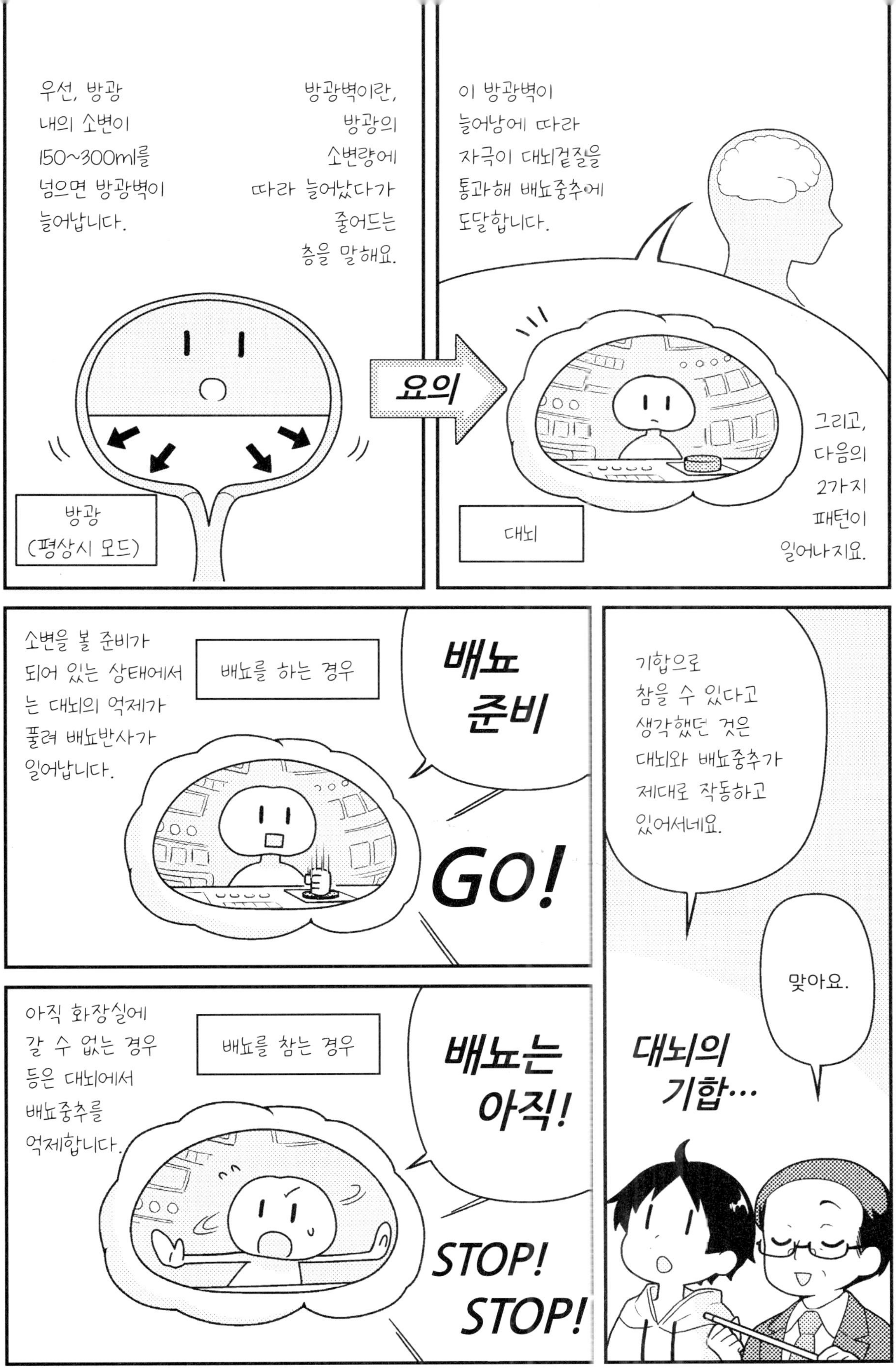
우선, 방광 내의 소변이 150~300ml를 넘으면 방광벽이 늘어납니다.
방광벽이란, 방광의 소변량에 따라 늘어났다가 줄어드는 층을 말해요.
방광
(평상시 모드)
요의
이 방광벽이 늘어남에 따라 자극이 대뇌겉질을 통과해 배뇨중추에 도달합니다.
대뇌
그리고, 다음의 2가지 패턴이 일어나지요.
소변을 볼 준비가 되어 있는 상태에서는 대뇌의 억제가 풀려 배뇨반사가 일어납니다.
배뇨를 하는 경우
배뇨 준비
GO!
아직 화장실에 갈 수 없는 경우 등은 대뇌에서 배뇨중추를 억제합니다.
배뇨를 참는 경우
배뇨는 아직!
STOP!
STOP!
기합으로 참을 수 있다고 생각했던 것은 대뇌와 배뇨중추가 제대로 작동하고 있어서네요.
맞아요.
대뇌의 기합…

3

배뇨의 구조

배뇨를 할지 말지는 뇌에서 결정

요관(ureter)은 점막과 민무늬근육의 2층으로 이루어진 30cm 정도의 긴 관으로 콩팥과 방광(urinary bladder)을 연결하고 있으며, 분당 4~5회 연동운동으로 소변을 운반한다.

요관은 콩팥문에서 나온 뒤 하행하여 두꺼운 혈관(온엉덩동맥 · 정맥)을 타고 골반 내로 들어가 방광에 도달한다. 남성은 방광에 도달하기 직전에 정관과 교차하고, 여성은 자궁목관 근처를 지난다. 요관은 중간에 좁아지는 곳이 3곳 있으며, 소변의 성분이 결정화되는 등 흐름이 원활하지 않은 경우도 있다. 이것을 **요로결석(urolithiasis)**이라고 하며, 극심한 통증을 수반한다.

방광은 소변을 저장하는 신축성이 뛰어난 민무늬근육성 주머니 모양의 기관으로 골반의 바닥 쪽에 위치한다. 소변이 쌓이면 팽창하면서 방광벽이 늘어나고 그 정보가 신경을 통해 척수에 있는 **배뇨중추(micturition center)**에 도달한다.

이때 배뇨 준비가 되지 않은 경우는 뇌의 명령에 따라 방광벽을 이완시키는 동시에 ※**요도조임근**의 수축을 일으켜 소변을 더 많이 저장하도록 유도한다. 이것을 **축뇨반사**라고 한다.

화장실 등 배뇨 시 문제가 없는 환경이 조성되면 뇌의 억제가 풀려 배뇨를 촉진하는 반사(**배뇨반사**)가 일어난다. 이에 따라 요도조임근이 이완되어 소변이 배출되기 쉬워진다.

방광에서 체외로 나가는 요로를 **요도(urethra)**라고 하며, 남녀의 구조가 크게 다르다. 남성의 요도는 길이 약 16~18cm로 전립샘 부위 · 격막 부위 · 해면체 부위로 구분된다. 한편 여성의 요도는 3~4cm로 남성에 비해 상당히 짧기 때문에 방광염 등 세균성 감염증에 걸리기 쉽다. 여성 쪽이 요실금에 잘 걸리는 이유는 구조상 배뇨를 멈추는 힘이 약하기 때문이다.

요도조임근(urethral sphincter)

방광 입구에 있는 뼈대근육으로 속요도조임근과 바깥요도조임근이 있다. 속요도조임근은 자율신경에 지배받는 불수의근이다. 바깥요도조임근은 체성신경에 지배받는 수의근이므로 의사에 따라 일시적으로 배뇨를 멈출 수 있다.

방광과 요도의 구조

소변을 저장하는 방광과 소변의 통로인 요도는 성별에 따라 차이가 크다.

남성의 방광과 요도의 구조(앞면)

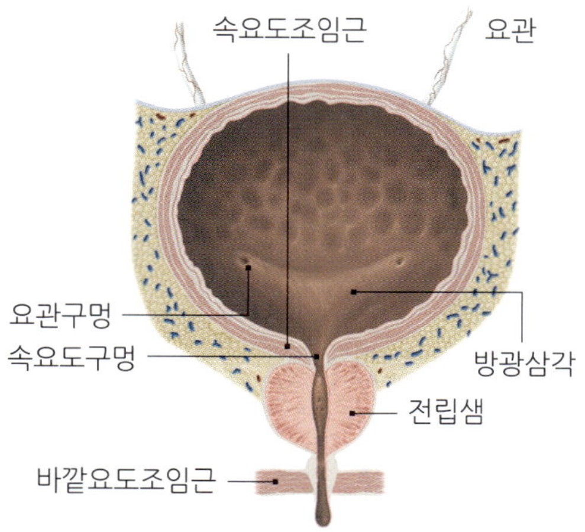

여성의 방광과 요도의 구조(옆면)

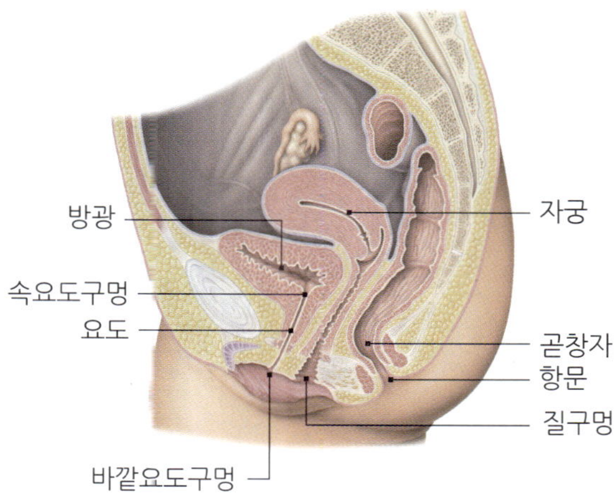

체내에 물이 드나드는 모습

덥지도 춥지도 않고, 땀을 흘리지도 않는 상태로 생활하다 보면…

● 하루에 섭취하는 수분량

→ 음료수나 음식물에서 2,200ml

→ 영양소를 체내에서 대사할 때, 발생하는 물(대사수)에서 300ml

음료수	1,200ml
음식물	1,000ml
대사수	300ml
합계	**2,500ml**

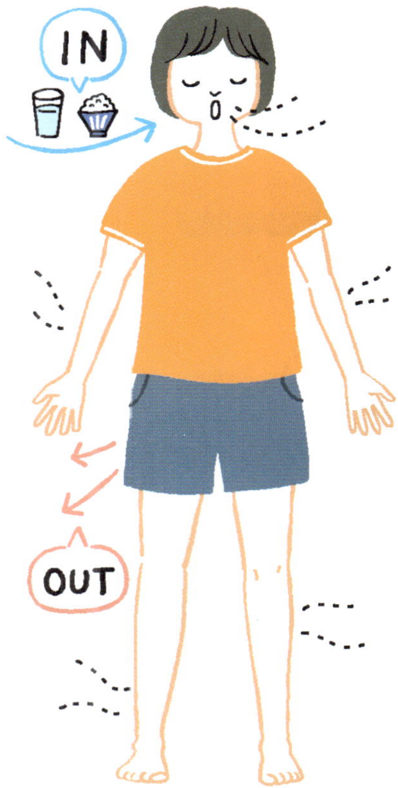

● 하루에 체외로 손실되는 수분량

→ 소변과 분변으로 1,600ml

→ 숨을 내쉴 때(날숨 시) 배출되는 수분량이 300ml

→ 피부 표면에서 증발하는 수분량이 600ml

※ 숨을 내쉴 때와 피부에서 증발하는 수분은 의식하지 못하기 때문에 '불감증산'이라고 한다.

소변	1,500ml
피부	600ml
호흡	300ml
대변	100ml
합계	**2,500ml**

제2장 START!

내분비·신경계 1 내분비계에 의한 조절

물에 녹는 호르몬·녹지 않는 호르몬

수용성호르몬은
인슐린이나
아드레날린,
노르아드레날린이
대표적입니다.
일해라
수용성호르몬
해요!
할게요!
악
세포 내가 아니라
세포막에서
명령하기 때문에
즉각적인 효과가
있는 것이
특징입니다.
두 둥
반대로, 지용성호르몬은
DNA에 작용하기
때문에 반응까지
시간이 걸리지만,
효과는 길게 지속되는
호르몬이에요.
슥
할 수
있어요―
힘내요―!
네―
네―
지용성호르몬
지용성호르몬의 대표는
스테로이드호르몬과
갑상샘호르몬
크게, 이 두 가지예요.
남성호르몬인 테스토스테론
등도 여기에 해당합니다.
그 수가
무려
100종류
이상!
종류가
많네요!
엄청나다!
역시,
고기의
호르몬과
같네.
대창
막창
간
염통
……
참고로,
호르몬야키라는 명칭의
유래도 이 호르몬 때문이라는
유래했다는 설이 있습니다.
왜 그렇게
불리게 되었는지 이번 기회에
강태양 학생과 함께 공부해
보는 것도 좋을 것 같네요.
그럼, 리포트
기대하고
있겠습니다.
헉―
?!

1

내분비계에 의한 조절

내분비는 항상성 유지가 목적

사람의 몸에는 체내에서 생성된 물질을 혈액 속으로 ※분비하는 **내분비샘**과 땀이나 타액, 소화액 등 체표 및 외부와 연결되는 장기의 내강으로 분비하는 **외분비샘**이 있다.

주요 내분비샘에는 **뇌하수체 · 갑상샘 · 부갑상샘 · 부신 · 이자 · 생식샘** 등이 있으며 각각 다른 종류의 **호르몬**을 만들어낸다.

내분비샘에서 생성된 호르몬은 혈액 속으로 방출되어 혈류를 타고 먼 장기 등으로 운반된다. 호르몬은 특정 기관(장기)의 기능에 작용하여 체내의 ※**호메오스타시스(항상성)**를 일정하게 유지한다. 이때 호르몬을 받아들이는 역할을 하는 것이 세포 안팎에 있는 수용체이다. 호르몬과 수용체의 조합은 정해져 있으며, 전용 수용체와 결합하지 않으면 기능적 변화를 일으킬 수 없다.

호르몬에는 물에 녹는 **수용성호르몬**과 물에 녹지 않는 **지용성호르몬**이 있다. 지용성호르몬은 세포 내까지 들어갈 수 있어서 결합하는 수용체는 세포 속에 있다. 한편 수용성호르몬은 세포 내로 들어가지 않고 세포막 위에 있는 수용체와 결합한다.

호르몬의 분비는 환경이나 체내 변화에 따라 필요 시, 필요한 만큼 생성되도록 조절된다. 즉 호르몬의 분비는 너무 많거나 너무 적어도 몸의 균형을 깨뜨려 질병을 유발할 수 있다.

한 예로 난소기능 저하로 여성호르몬(에스트로겐) 분비가 급격히 감소하면 **갱년기장애**가 발생하게 되고, 또한 **바세도우병(Basedow disease)**에서는 갑상샘호르몬이 다량으로 분비됨으로써 대사가 과도하게 활성화되어 버리기도 한다.

분비(secretion)

물질을 합성하여 방출하는 것. 분비하는 기관을 샘이라고 하며, 내분비샘과 외분비샘이 있다.

호메오스타시스(항상성, homeostasis)

외부 환경이 변화해도 내부 환경을 일정하게 유지하려는 성질. 생체의 항상성은 내분비계와 신경계에 의해 조절된다.

주요 내분비샘

뇌하수체 · 갑상샘 · 부갑상샘 · 부신 · 이자 등의 호르몬은 내분비샘에서 혈액 내로 분비되어 표적 세포(장기)에 작용한다.

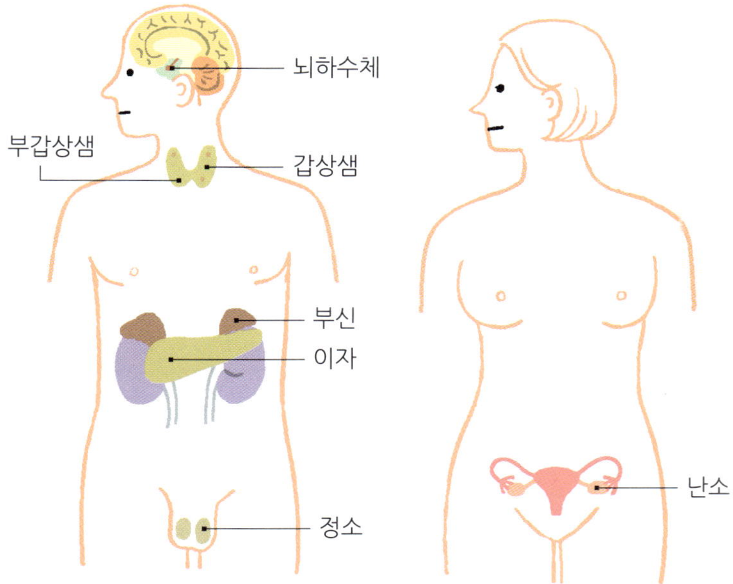

호르몬의 주요 작용

❶ **발육과 성장을 촉진**
……성장호르몬, 성호르몬

❷ **체액의 성분 농도를 조절**
……바소프레신, 부갑상샘 호르몬 등

❸ **본능에 관계된 행동을 조절**
……프로락틴, 아드레날린 등

❹ **기타 내분비샘에 작용하여 호르몬 분비를 촉진한다.**

호르몬의 종류(화학 구조에 의한 분류)

지용성호르몬의 예(스테로이드호르몬)

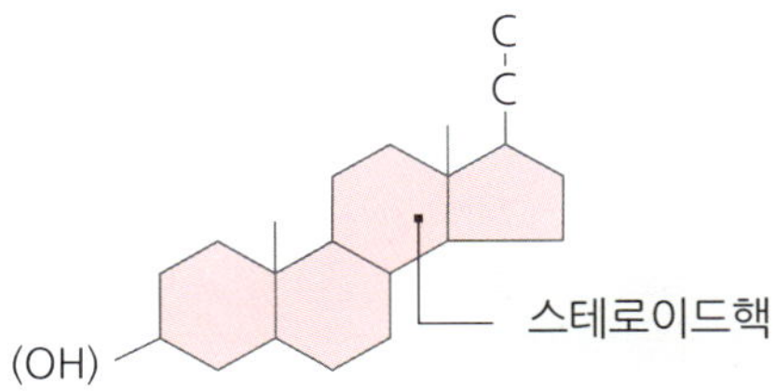

스테로이드핵을 가지는 호르몬으로 **부신피질호르몬**(adreno-cortical hormone), **성호르몬**(sex hormone) 등이 대표적이다. 지용성이 높기 때문에 쉽게 세포막을 통과해 작용한다. **작용이 미치는 데 시간이 걸리지만 오래간다.**

수용성호르몬의 예(펩타이드호르몬)

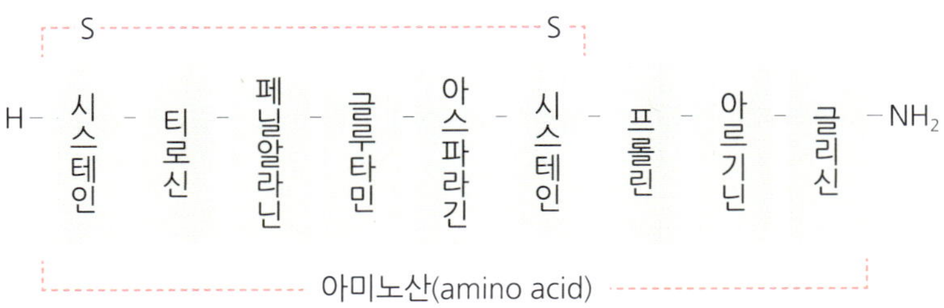

아미노산이 여러 개 연결된 펩타이드로 구성된 호르몬으로 **뇌하수체 호르몬**(pituitary hormone)과 **인슐린**(insulin) 등이 대표적이다. 세포막 형태의 수용체에 결합함으로써 작용한다. **효과가 빠르게 나타난다.**

내분비 · 신경계 2 내분비샘 ① 시상하부 - 뇌하수체계

기타 호르몬의 분비를 촉진하는 호르몬

뇌하수체 앞엽에서 온 편지예요.
고마워요. 근육에 전달할게요.
방출
갑상샘자극호르몬
갑상샘
갑상샘에서 온 편지예요.
네!
방출
갑상샘
근육
심장
뇌하수체를 출발한 갑상샘자극호르몬은 갑상샘에 다다르면, 갑상샘호르몬을 방출해 근육이나 심장 등에 작용해요.
갑상샘호르몬과 갑상샘자극호르몬을 방출하기 위해, 갑상샘자극호르몬 방출호르몬이 나오는 것이죠.
뇌의 시상하부에서 뇌하수체를 지나, 분비된 호르몬에는 그 밖에도 이런 기능이 있습니다.
뇌하수체 앞엽에서 온 편지예요.
네! 등을 펴겠습니다.
방출
성장호르몬
뼈
근육
뇌하수체 뒤엽에서 온 편지예요.
네! 소변을 줄이겠습니다.
방출
바소프레신
콩팥
그렇군요. 뇌하수체는 앞엽과 뒤엽으로 나뉘어, 여러 가지 자극호르몬을 방출하고 있네요!
이강민 선생님에 대한 내 설렘도 말 전하기 게임처럼 전해졌으면 좋겠어.
후후후!
헛… 왜 이렇게 한기가 들지…
?

2

내분비샘 ① 시상하부—뇌하수체계

호르몬 분비를 조절하는 중추기관

뇌의 **시상하부(hypothalamus)**는 내분비의 중추기관이며 **뇌하수체(pituitary gland)**는 거기에 매달리듯 달려있는 작은 기관으로 **뇌하수체앞엽(pituitary anterior lobe)**과 **뇌하수체뒤엽(pituitary posterior lobe)**으로 나뉜다.

시상하부에서 분비되는 호르몬은 시상하부의 신경핵에서 생성되어 신경축삭을 통해 모세혈관으로 방출되는 특징이 있어 **신경내분비(neuroendocrine)**라고도 한다. **시상하부호르몬(hypothalamic hormone)**은 6종류가 있으며 그 모든 것이 뇌하수체앞엽에 작용해 기능 조절을 한다(P. 117 아래 그림 참조).

촉진 · 억제 작용을 받은 뇌하수체앞엽에서 분비되는 호르몬은 6종류이며 모두 ※**자극호르몬**으로 작용한다.

우선 **갑상샘자극호르몬(thyroid stimulating hormone)**과 **부신피질자극호르몬(adrenal corticotropic hormone)**은 각각 갑상샘과 부신피질에서 생성되는 호르몬의 분비를 촉진한다. **성장호르몬(growth hormone)**은 뼈와 근육의 성장을 촉진하는 동시에 혈당치의 상승에도 관여한다. 운동 시나 수면 시 분비가 증가하기 때문에 성장기 아이는 '잘 놀고 잘 자는 것'이 중요하다.

프로락틴(prolactin)은 임신 중 분비량이 증가하고 기타 호르몬(에스토르겐이나 프로게스테론)과 함께 유선을 발달시키는 작용을 한다. **난포자극호르몬(FSH)**과 **황체형성호르몬(luteinizing hormone)**은 둘 다 생식샘자극호르몬(gonadotropic hormone)으로 여성은 난소에, 남성은 고환에 작용한다.

신경내분비호르몬은 뇌하수체뒤엽에서도 2종류 분비된다. 콩팥에 작용하여 소변량을 감소시키는 **바소프레신(vasopressin, 항이뇨호르몬)**과 출산 후 자궁에 작용하여 수축시키는 **옥시토신(oxytocin)**이다. 옥시토신은 유아의 유두 흡인에 의해서도 분비되며, 유즙 분비에도 작용한다.

자극호르몬

기타 호르몬의 분비를 촉진하는 기능을 지닌 호르몬으로 뇌하수체에서 분비된다.

시상하부와 뇌하수체의 위치

뇌하수체는 시상하부에서 가는 줄기에 의해 매달려 있으며, 앞뒤 약 8mm, 폭 10mm 정도의 작은 기관이다.

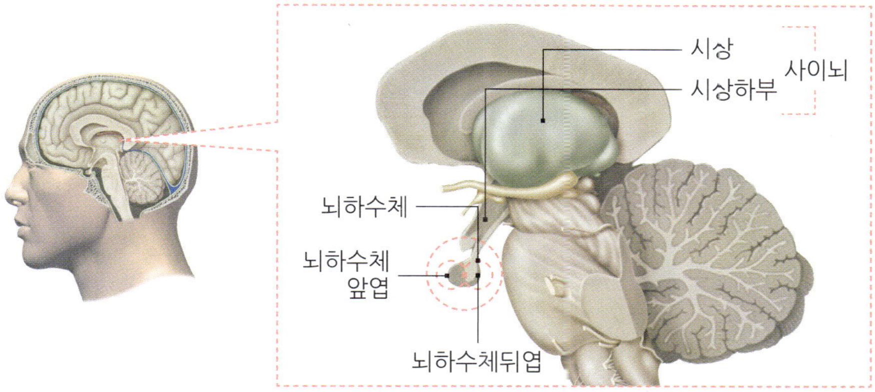

시상하부 · 뇌하수체의 구조와 각 호르몬

시상하부의 모세혈관이 뇌하수체앞엽 내까지 이어져 있다(뇌하수체문맥계).

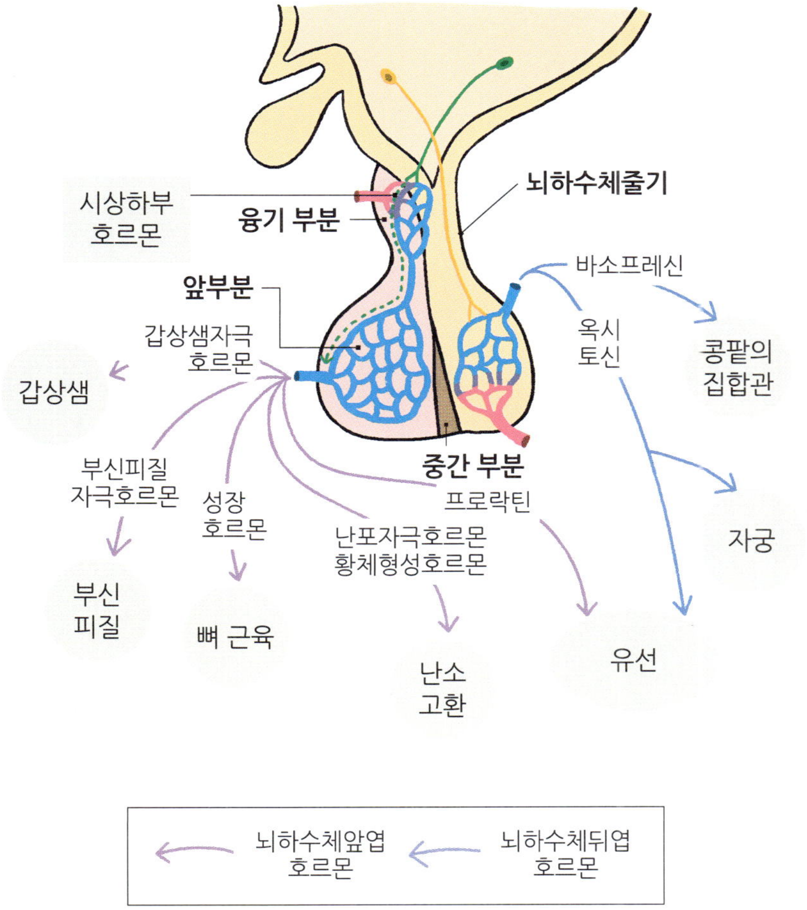

- **시상하부호르몬**

시상하부호르몬은 6종류의 촉진 · 억제 호르몬이 있으며, 뇌하수체앞엽의 호르몬 분비를 조절한다.

① **갑상샘자극호르몬 방출호르몬**
② **부신피질자극호르몬 방출호르몬**
③ **성장호르몬 방출호르몬**
④ **성장호르몬 억제호르몬**
⑤ **프로락틴 억제호르몬**
⑥ **생식샘자극호르몬 방출호르몬**

- **뇌하수체앞엽**

앞부분 · 중간 부분 · 융기 부분으로 나뉘며, 앞부분에서 6종류의 뇌하수체앞엽 호르몬을 분비한다.

- **뇌하수체뒤엽**

뇌하수체줄기에 의해 시상하부와 연결되는 신경조직. 2종류의 뇌하수체뒤엽 호르몬을 분비한다.

내분비 · 신경계 3 내분비샘 ② 이자

혈당치를 낮추는 것은 인슐린뿐

글루카곤이 명령을 내려준 덕분에 지금 배가 고픈데도 움직일 수 있는 거예요.
그렇군요.
그와 반대로 식사를 해서 혈당치가 상승하면, 그것을 낮추는 호르몬인 인슐린이 이자에서 나옵니다.
인슐린은 간과 근육에 작용해서, 당을 세포 내에 저장해요.
간군~ 당이 많으니까 저장해 두세요.
세포
네—
네
사삭
인슐린
간과 세포
이 인슐린 분비에 이상이 생기면, 혈당치를 조절할 수 없게 됩니다.
당뇨병이라고 하지요.
참고로, 이자에서 나오는 소마토스타틴이 글루카곤과 인슐린의 작용을 조절합니다.
둘 다 멈춰
당 나오지 마요?
당 모으지 마요?
소마토스타틴
다음은…
꼬르르르르륵
……
글루카곤에 의존하지 않고, 혈당치를 올릴 수 있도록 밥 맛있게 먹고 오세요…
헤헷
네~에~
스스스슥

3 내분비샘 ② 이자
호르몬으로 혈당치를 조절한다.

이자(췌장)에는 이자액을 분비하는 **외분비샘(exocrine glands)**과 호르몬을 분비하는 **내분비샘(endocrine gland)**이 존재한다.

내분비 작용을 하는 조직은 **이자섬(랑게르한스섬)**이라고 한다. 이자섬은 이자꼬리 부분에 비교적 많이 흩어져 있으며 이자 전체에서는 100만 개 정도 된다고 한다.

이자섬은 **A(α)세포**, **B(β)세포**, **D(δ)세포**의 3종류 세포로 구성되며, 각각 다른 호르몬을 생성 · 분비한다. A세포에서 분비되는 호르몬은 **글루카곤(glucagon)**이라고 하며 간에 작용한다. 글루카곤은 저장되어 있는 **글리코겐**을 분해하여 **글루코스(glucose, 포도당)**로 변환, 혈액 속으로 방출시킴으로써 **혈당치(blood glucose)**를 상승시킨다. 또한, 지방세포에도 작용하여 근육 등에서 에너지원으로 이용되는 케톤체를 생성한다.

이에 반해 B세포에서 분비되는 **인슐린(insulin)**은 혈당 속 글루코스를 간과 근육에 보내 글리코겐을 합성하고 저장시킴으로써 혈당치를 낮춘다. 즉, 글루카곤과 인슐린에는 혈당치에 대해 상반되는 작용이 있어 공복 시에는 글루카곤이 분비되고, 식사 후에는 인슐린이 분비되어 혈당치를 정상 수치로 유지하는 것이다.

더불어 혈당치를 높이는 호르몬은 글루카곤 이외에도 성장호르몬, 아드레날린, 코르티졸 등 다수가 있지만, 혈당치를 낮추는 호르몬은 인슐린밖에 없다. 따라서 인슐린 분비가 저하되면 혈당치가 상승한 채로 오래 지속되어 ※**당뇨병**이 되는 것이다.

또한, D세포에서 분비되는 소마토스타틴(somatostatin)은 글루카곤과 인슐린의 분비를 억제하는 호르몬으로 작용한다.

당뇨병(diabete mellitus)

인슐린 분비의 저하 또는 작용 저하로 일어나는 질병으로 1형 당뇨병과 2형 당뇨병이 있다.

- 1형 당뇨병(인슐린 의존형)
  B세포의 파괴나 기능 저하에 따라 인슐린이 결핍되어 생긴다.
- 2형 당뇨병(인슐린 비의존형)
  생활 습관(비만, 운동 부족 등) 등에 따라 인슐린이 정상으로 작동하지 않아 생긴다.

☑ 이자섬(랑게르한스섬)의 구조

이자섬(pancreatic islet)은 꼬리 부분(이자꼬리=P.97 참조)에 많이 존재하며, 그 숫자는 100만 개에 달한다. 내분비조직인 이자섬은 A(α)세포, B(β)세포, D(δ)세포의 3가지 세포로 구성된다.

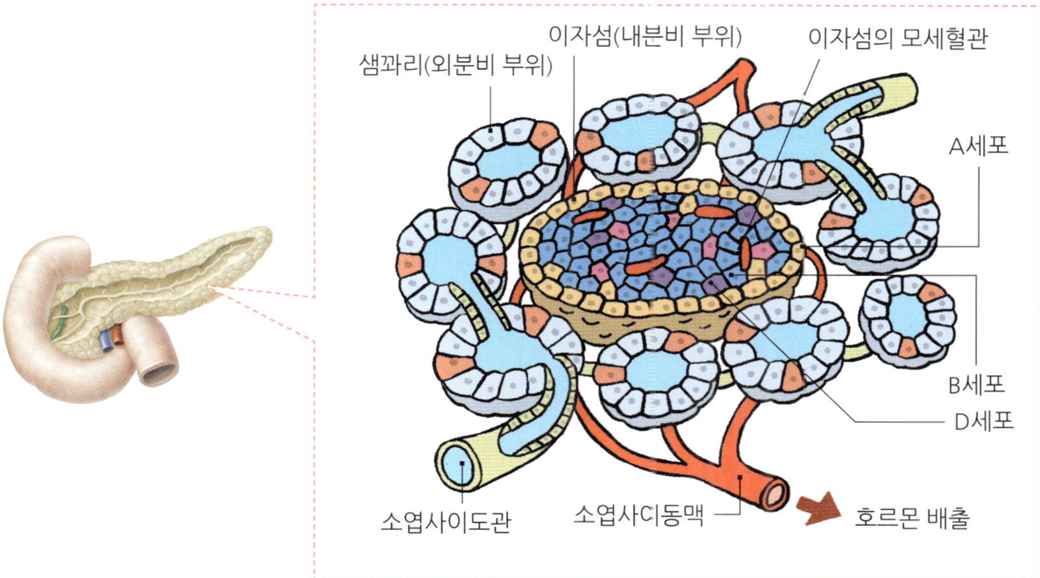

각 세포의 호르몬 분비

A (α) 세포 ▶ 글루카곤 분비
B (β) 세포 ▶ 인슐린 분비
D (δ) 세포 ▶ 소마토스타틴 분비

이자섬 내의 모세혈관에서 소엽사이동맥을 통해 각 호르몬이 곳곳에 퍼집니다.

☑ 이자섬에서 분비되는 호르몬의 상호관계

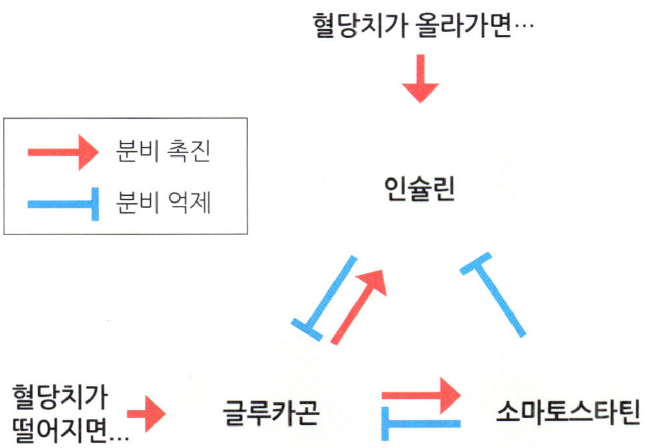

- 체내의 혈당치가 떨어지면, 글루카곤이 작용해 혈당치를 높인다. 소마토스타틴의 분비도 촉진한다.
- 체내의 혈당치가 올라가면, 인슐린이 작용해 혈당치를 낮춘다.
- 소마토스타틴은 글루카곤과 인슐린의 분비를 억제한다.

– 3가지 호르몬은 혈당치를 일정하게 유지하기 위해 상호작용한다.

내분비 · 신경계 4 호르몬 분비의 조절

스트레스에 지지 않는 호르몬

방어반응의 경우,
교감신경이 긴장하여
부신에서 아드레날린,
이자에서 글루카곤이
나옵니다.
경고반응기
항스트레스!
에너지 방출!
혈당치
상승!!!!
아드레날린
글루카곤
그 후 스트레스
상태에 적응하면,
당질코르티코이드가
분비되어 혈당치도
상승합니다.
저항기
혈당치
상승!!!!
항스트레스!
항스트레스!!
당질코르티코이드
게다가 스트레스
상태가 계속되면,
호르몬을 분비하는
뇌하수체와
부신피질계가
파괴되고 맙니다.
피폐기
더는
못
움직여
추욱…
뇌하수체
부신
순환기계의
장애나
만성피로에서
오는 과로사의
원인이 되기도…
크,
큰일
이다…!
띠리링
띠리링
?
여자친구
미안해
오늘은 미안♡
다음 주는 어때?
데이트
하자
분비…
멈춘 것
같네요.
대신 또
다른 호르몬이
분비되고
있을
겁니다…

4 호르몬 분비의 조절

호르몬 분비의 조절과 피드백 기능

몸 상태를 일정하게 유지하기 위해서는 어떤 호르몬도 과도하거나 너무 적거나 하지 않도록 항상 통제하는 것이 필요하다. 호르몬 분비의 조절에는 여러 가지 방법이 있다.

예를 들어, 시상하부나 뇌하수체에서 분비된 자극호르몬이나 억제호르몬의 작용에 의해 조절되는 방법, 글루카곤이나 인슐린처럼 특정 물질의 혈중 농도의 변화에 따라 조절되는 방법 등이 있다.

또한, ※**갑상샘호르몬**과 같이 스스로 분비를 촉진하는 자극호르몬을 방출하는 시상하부나 뇌하수체에 대해 억제를 가하도록 작용함으로써 과도하게 분비되는 일이 없도록 조절하고 있는 호르몬도 있다.

이처럼 최종적인 분비물이 분비의 조절을 담당하는 중추에 대해 작용하는 것을 **피드백**이라고 하며 그 작용이 억제적인 경우를 **음성 피드백(negative feedback)**이라고 한다.

한편, **옥시토신**의 분비는 **양성 피드백(positive feedback)**에 따라 조절된다. 옥시토신은 분만이 시작되고 태아가 자궁 경부를 자극함으로써 분비되어 자궁 수축을 일으킨다. 그것이 **신경반사**를 통해 뇌하수체뒤엽을 자극하여 더 많은 분비를 촉진한다.

이러한 양성 피드백은 분만처럼 한 번에 뭔가를 완수해야 할 필요가 있을 경우에 기능한다.

또한, 호르몬 중에는 ※**서캐디언 리듬(개일 리듬)**과 관련해서 분비량이 변하는 경우도 있다. 수면 중에 분비량이 증가하는 성장호르몬 등이 한 예이다.

갑상샘호르몬(parathyroid hormone)

갑상샘에서 만들어져 분비된다. 티록신(thyroxine)과 트리아이오딘티로닌(triiodothyronine)의 2종류가 있다. 갑상샘호르몬은 대부분 전신의 장기와 조직에 작용한다. 대사의 촉진으로 열을 발생시키거나 성장을 촉진한다.

서캐디언 리듬(circadian rhythm)

약 24시간 주기로 변동을 반복하는 체내에 있는 시계와 같은 생체 리듬을 말한다.

✔ 호르몬의 분비를 조절하는 피드백 구조

장기 등 표적 조직의 활동 상태를 호르몬 분비의 원래 각 기관으로 피드백함으로써 내분비의 기능이 조정된다.

✔ 음성 피드백

갑상샘 등의 최종 분비물이 시상하부나 뇌하수체앞엽 등의 조정 중추에 대해 억제 작용을 하는 것을 음성 피드백이라고 한다.

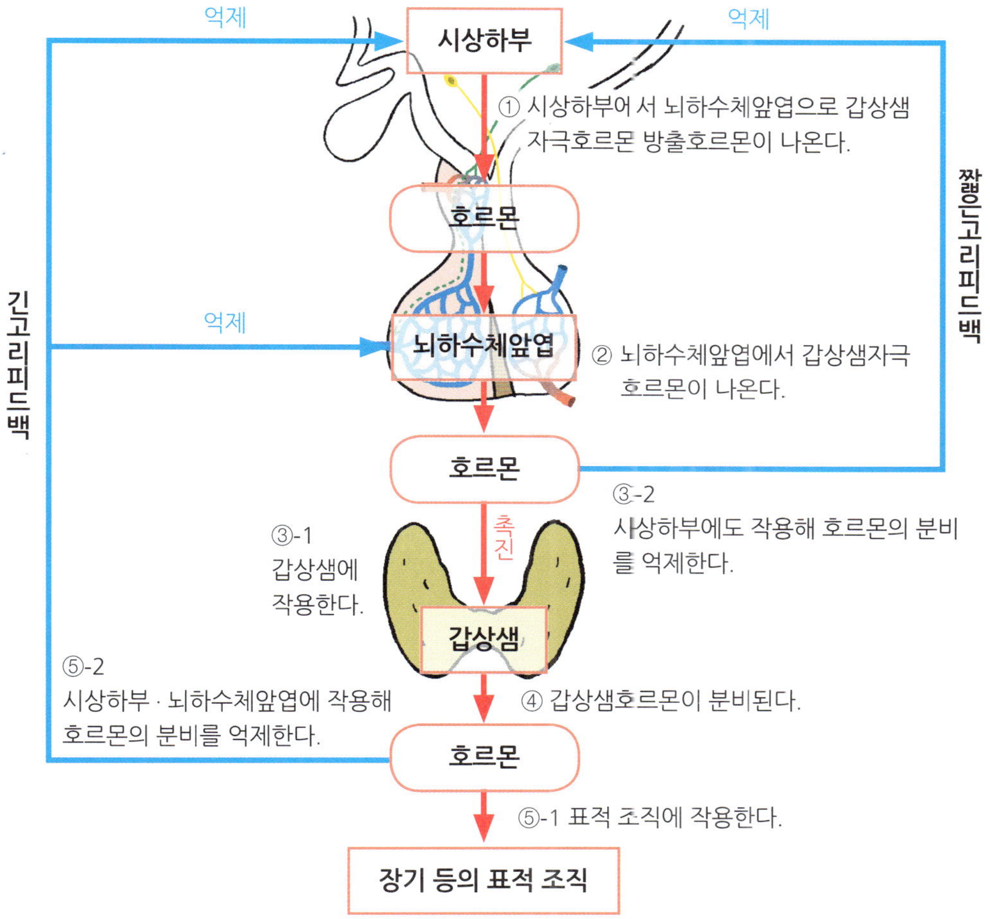

여기도 주목!

양성 피드백의 대표적인 예

분만 분만 시 옥시토신이 분비되어 자궁의 수축을 촉진한다.

배란 난포기 말기에 에스트로겐의 분비가 증가되어 배란이 일어난다.

내분비 · 신경계 5 신경계에 의한 조절

교감신경과 부교감신경은 길항 작용을 한다.

자율신경에는 교감신경과 부교감신경이 있어요.

교감신경은 흥분할 때나 긴장할 때 활발해집니다.

한편, 부교감신경은 휴식을 취할 때처럼, 편안한 상태에서 활발해지지요.

그건 이완 상태에서 갑자기 긴장 상태로 바뀌어 교감신경이 활발해졌기 때문이에요.
두근거려요…
자고 일어나니 기분이 어때요?
에헤헤
앗
아.. 안녕하세요 선생님!
안녕하세요~
헉
쑥
교감신경이 활발해지면, 부교감신경은 어떻게 되는 거예요?
교감신경이 활발할 때 부교감신경은 억제됩니다.
교감
부교감
시소와 마찬가지죠.
안된다는 거 알고 있겠죠!
그럼, 선생님!
다시 한번, 부교감신경을 활발하게 만들어도 될까요?
즉, 교감신경과 부교감신경은 우리의 몸속에서 서로 반대의 효과를 발휘하고 있는 셈이죠.
동시에 활발해질 일은 없겠네요.

5 신경계에 의한 조절

자율신경계에서 장기의 조절을 도모한다.

몸의 기능은 내분비계뿐만 아니라 신경계에 의해서도 조절된다. 신경계에서는 신경세포를 통해 전기적 신호가 교환됨으로써 정보가 전달된다.

전신에 분포하는 신경계는 크게 ※**몸신경계**와 **자율신경계**로 나뉜다. 항상성 유지에 관여하는 것은 **자율신경(autonomic nervous system)**으로 의사와는 관계없이 신경의 반사나 스스로의 리듬에 따라 자율적으로 작용한다.

자율신경에는 **교감신경(sympathetic nerve)**과 **부교감신경(parasympathetic nerve)**이 있으며 대부분의 장기가 이 두 신경에 의해 지배되고 있다. 이를 **이중지배**라고 한다. 단, 몸통벽(땀샘, 혈관, 뼈대근육)에 관해서는 교감신경의 **단독지배**를 받는다.

보통은 해당 장기에 **길항적**으로 작용한다. 즉, 교감신경이 활발해지면 부교감신경은 자연스럽게 억제가 되는 식이다. 또한 필요할 때뿐만 아니라 항상 일정한 빈도로 신호를 계속 보낸다는 특징도 있다.

예를 들어, 신체활동이 활발해질 때나 흥분하거나 불안할 때 등은 교감신경이 우세해져 심장 박동이나 호흡기 활동이 촉진되고, 많은 에너지가 소비된다.

반대로 몸을 쉬고 있을 때는 부교감신경이 우세해져 심장과 호흡 모두 느린 리듬으로 안정된다. 이렇게 해서 에너지를 비축해두는 것이다.

따라서 식사나 운동에 에너지를 소비한 후에는 그 에너지를 회복시키기 위해서라도 부교감신경이 우세해지도록 휴식 시간이 필요하다.

몸신경계(체성신경계, somatic nervous system)

자율신경계와 마찬가지로 말초신경계의 일부이다. 피부, 뼈대, 근육 등의 몸통벽에 분포한다. 형태학적으로는 뇌신경과 척수신경으로 나뉘지만, 기능적으로는 손발을 움직이는 일 등과 관련된 운동신경과 통증을 전달하는 지각신경으로 구성된다.

교감신경과 부교감신경의 지배

교감신경은 흉수와 요수 위쪽 부위에 있으며, 각 기관에 작용한다. 한편, **부교감신경**은 중뇌 · 숨뇌와 천수에 있으며, 내장을 중심으로 움직인다.

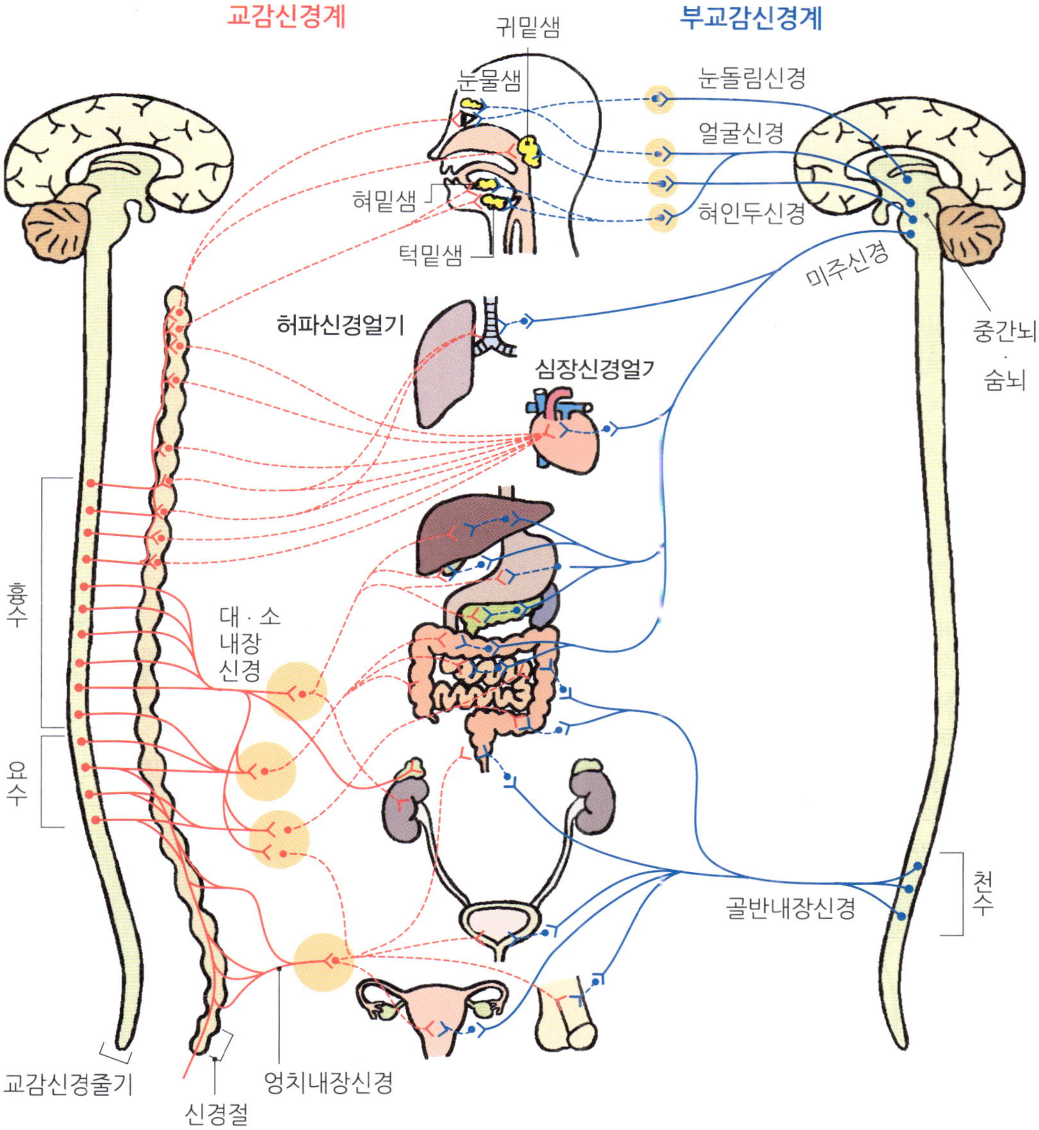

교감신경은 넓게 분포되어 내장이나 혈관, 피부 등 다양한 기관에 작용하지만, 부교감신경은 주로 내장에 작용하며, 피부와 대부분의 혈관에는 작용하지 않아요

내분비 · 신경계 6 신경전달물질

신경전달물질이 표적 장기를 자극한다.

교감신경
이와 반대로, 교감신경은 가슴신경과 허리신경에서 나옵니다.
여기서, 출발하는 절전뉴런은 부교감신경과 마찬가지로 아세틸콜린을 방출해 절후뉴런으로 명령을 전달하지만,
절후뉴런이 심장과 위 등의 효과기에 방출하는 전달물질은 노르아드레날린입니다.
가슴신경
허리신경
아세틸콜린 방출
노르아드레날린 방출!!
노르아드레날린이 왔다! 움직여!!
심박수 증가!!
기관지 확장!!
하지만, 같은 교감신경의 명령이라도 땀샘에 작용할 때는 절전뉴런과 절후뉴런 모두 아세틸콜린으로 전달합니다.
아세틸콜린 방출
나도 아세틸콜린 방출
교감신경에서 아세틸콜린이 또! 땀을 내야 해!!
하지만, 원래 나는 부교감신경에서 명령이 오지 않으니까 혼란스럽지 않아!
가슴신경
허리신경
허리신경
하나야 수첩 좀 빌려 줘봐!
후다닥
이렇게 하면 한눈에 보이지!
마커로 테두리를 그렸어!!
내게 신경전달 물질은 바로 너야!
고마워

6

신경전달물질

신경전달물질과 수용체

129페이지와 같이 교감신경은 척수 속의 **흉수(thoracic spinal cord)**와 **요수(lumbar spinal cord)**로부터 나와서 척추를 따라 좌우로 한 쌍 있는 **교감신경줄기(sympathetic trunk)**로 들어간다.

한편 부교감신경은 **뇌줄기(brain stem)**에서 나오는 것과 **천수(sacral spinal cord)**에서 나오는 것이 있다. 뇌줄기에서 나온 신경은 뇌신경을 지나 얼굴과 가슴배의 장기에 도달하고, 천수에서 나온 신경은 엉치신경을 통과해 골반 내 장기에 도달한다.

교감신경과 부교감신경 모두 중추신경에서 나온 신경세포의 축삭은 표적 장기에 들어가기 전에 도중에 있는 **신경절(ganglion)**을 지난다.

신경절은 다수의 신경세포가 모여 있는 곳으로 중추신경에서 나온 축삭은 여기서 다음 신경세포로 갈아타고 표적 장기나 기관으로 향한다.

신경절보다 중추 쪽에 있는 ※**신경섬유**를 **절전섬유(preganglionic fiber)**, 말초 쪽에 있는 신경섬유를 **절후섬유(postganglionic fiber)**라고 한다.

교감신경의 신경절은 교감신경줄기에 많이 있으며 표적 장기에서 떨어진 곳에 있다. 한편 부교감신경의 신경절은 표적 장기 내 혹은 가까운 곳에 있는 것이 특징이다.

또한, 교감신경과 부교감신경에서 신경절 이전 신경전달물질은 양쪽 모두 아세틸콜린이지만, 표적 장기에 방출되는 **신경전달물질(neurotransmitter)**은 다르다. 신경전달물질은 신경의 말단(종말)에서 방출되는 물질로 신경끼리의 연락이나 말초조직을 자극하는 작용이 있다.

교감신경의 말단에서는 원칙적으로 **노르아드레날린(noradrenalin)**이 방출되고(※일부 예외도 있다), 부교감신경의 말단에서는 **아세틸콜린(acetylcholine)**이 방출된다. 노르아드레날린과 아세틸콜린은 그것들과 결합하는 수용체가 다르기 때문에, 일어나는 반응도 완전히 다르다.

신경섬유(nerve fiber)

중추 이외에서 뉴런의 교대가 일어나는 곳을 신경절이라고 하며, 그 신경절보다 중추 쪽의 신경섬유를 절전섬유, 말초 쪽을 절후섬유라고 한다.

일부 예외

교감신경 중에서도 땀샘, 털세움근을 지배하는 신경은 아세틸콜린이 작동한다.

중추신경과 교감신경줄기(자율신경계)

교감신경줄기는 신경절의 연속으로, 척추 양쪽을 따라 좌우 한 쌍 존재한다.

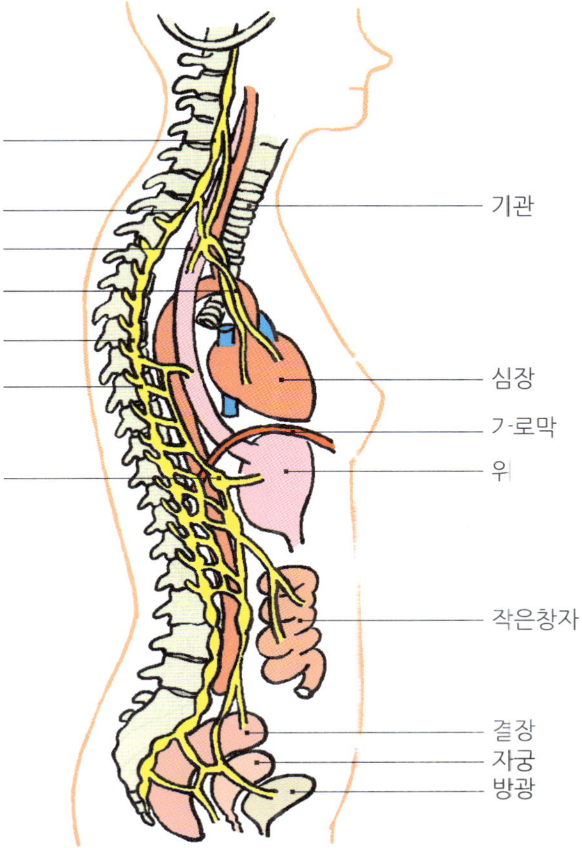

신경절은 중추신경이 아닌 곳에 있는 뉴런의 집단. 중추에서 나온 뉴런은 신경절에서 각각 정해진 뉴런으로 갈아타 각 기관에 도달한다.

절전 · 절후섬유의 신경전달물질

교감신경, 부교감신경 모두 신경절 전의 전달물질은 **아세틸콜린**이지만, 신경절 후에는 위 · 장 · 혈관 · 심장에 작용하는 교감신경의 전달물질이 **노르아드레날린**으로 바뀐다.

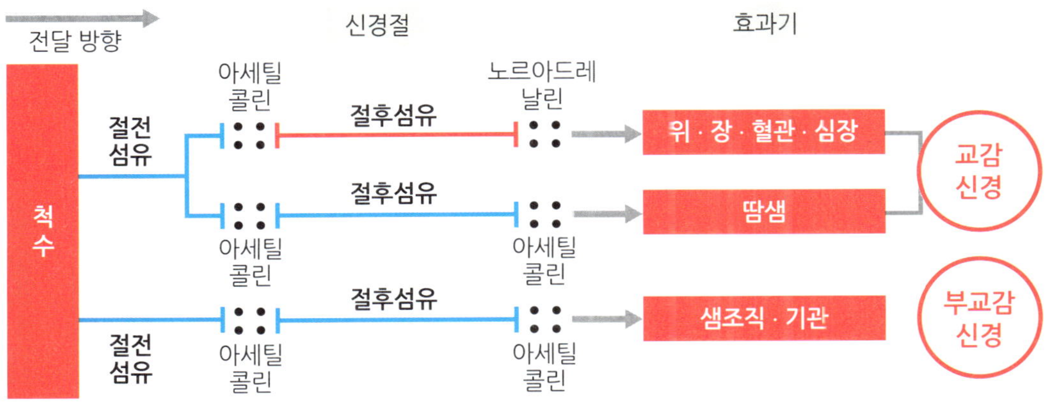

면역계 1 비특이적 방어기전

우리는 바이러스와 세균과 함께 살고 있다.

괜찮습니다. 바이러스 등의 침입을 막는 든든한 시스템이 우리 몸에 항상 갖춰져 있으니까요.
악—
방어기전 이라고 하죠.
예를 들어, '면역'이라고 하면 익숙하겠죠? 이 '면역'도 그 시스템 중 하나입니다.
면역!
들어 봤어요!
방어기전
① '물리적·화학적 방어' 피부의 각질층에서 외부 이물질의 침입을 방어하거나, 소화관의 점막에서 살균 작용을 한다.
② '자연면역' 체내에 침입한 이물질에 대해 면역세포가 공격을 개시한다.
③ '후천면역' 자연면역으로 제거되지 않고, 세포 내로 들어온 이물질에 대항하여 작용한다.
방어기전은 크게 3가지로 나눌 수 있습니다.
와
얍
죽어라—
와
적에게 맞춘 특별 부대!!
후천면역은 아주 막강하지만, 만들어지기까지 약 1주일이 걸립니다. 하지만, 그동안에도 다른 방어기전이 다양한 방법으로 바이러스로부터 몸을 지켜주지요.
역시, 우리 몸은 완벽하네요.

1

비특이적 방어기전

피부는 세균의 침입을 막는 장벽 기능

세상에는 세균이나 바이러스, 곰팡이(진균) 등 육안으로는 보이지 않는 작은 미생물이 다수 존재한다. 이들 중에는 인체에 해로운 것도 적지 않다. 그래서 사람의 몸은 침입을 막는 동시에 만약 들어오더라도 즉시 그것들을 사멸시킬 수 있는 방어체계를 갖추고 있다.

다만 강력한 방어체계인 **면역(immunity)**(**특이적 방어기전**이라고 함 → P. 138 참조)은 성립하는데 1주일 정도 걸리기 때문에 그동안은 **비특이적 방어기전**이 작용한다. 그 대표적인 예로 최전방에서 물리적 장벽으로 기능하는 것이 몸 전체를 덮고 있는 **피부**이다. 피부는 **표피(epidermis)** · **진피(dermis)** · **피부밑조직(subcutaneous tissue)**의 3층으로 이루어져 있으며, 가장 바깥쪽은 딱딱한 각질층(horny layer)으로 덮여 있다. 이 각질층 덕분에 대부분의 세균이나 바이러스는 우리 몸에 침입할 수 없다.

하지만 아주 작은 상처라도 그런 구멍이 있으면 세균은 쳐들어오려고 한다. 그래서 두 번째로 활약하는 방어기전이 ※**항균펩타이드**와 같은 물질의 화학적 작용에 의한 장벽이다.

그리고 이러한 이중 방어 시스템으로도 침입을 막을 수 없는 경우에는 진피에 있는 ※**나뭇가지세포(수지상세포)**나 피부밑 지방조직에 있는 ※**큰포식세포(대식세포)** 등 면역 기능을 가진 세포가 세균을 제거하기 위해 작용한다.

피부는 물리적 장벽 외에도 몇 가지 시스템을 갖추어 몸을 보호하고 있는 것이다.

또한, 소화관 · 기관(기도) · 요로 · 생식기 등의 내벽은 피부와 같은 물리적 장벽이 없는 대신 전체를 덮는 **점막(mucous coat)**이 살균 · 소화 작용이 있는 효소를 포함한 **점액(mucus)**을 분비함으로써 화학적 장벽을 만들어 세균의 침입을 막는다.

항균펩타이드(antibacterial peptide)

다양한 아미노산으로 이루어진 물질로 피부와 구강, 소화기, 비뇨기 등에 존재한다. 세균의 세포막을 직접 공격하여 살균한다.

나뭇가지세포(dendritic cell)

여러 기관과 조직에 존재하며 부위에 따라 명칭이 다르다. 예를 들어, 표피에 있는 나뭇가지세포는 랑게르한스세포(Langerhans cell)라고 한다.

큰포식세포(macrophage)

백혈구 중에서도 이물질을 삼키는(포식하는) 세포를 가리킨다.

첫 번째 장벽=피부의 3층 구조

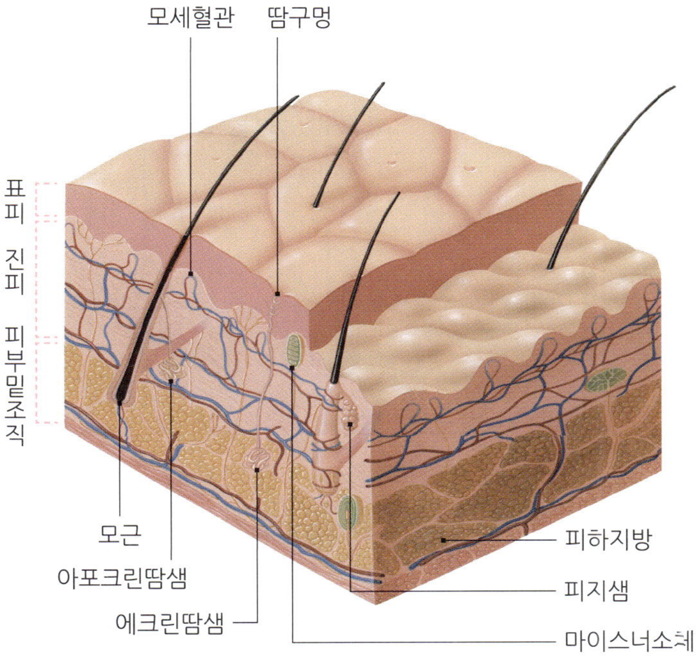

표피

……가장 바깥쪽이 딱딱한 각질층, 시간이 지나면 각질이 되어 벗겨진다(28일 주기).

진피

……모세혈관, 땀샘, 피지샘 외에 여러 자극을 받아들이는 감각기(수용기)도 있다.

피부밑조직

……대부분이 지방세포로 이루어져 있어 외부로부터의 충격을 받아들인다.

침입한 세균을 제거하는 구조의 예

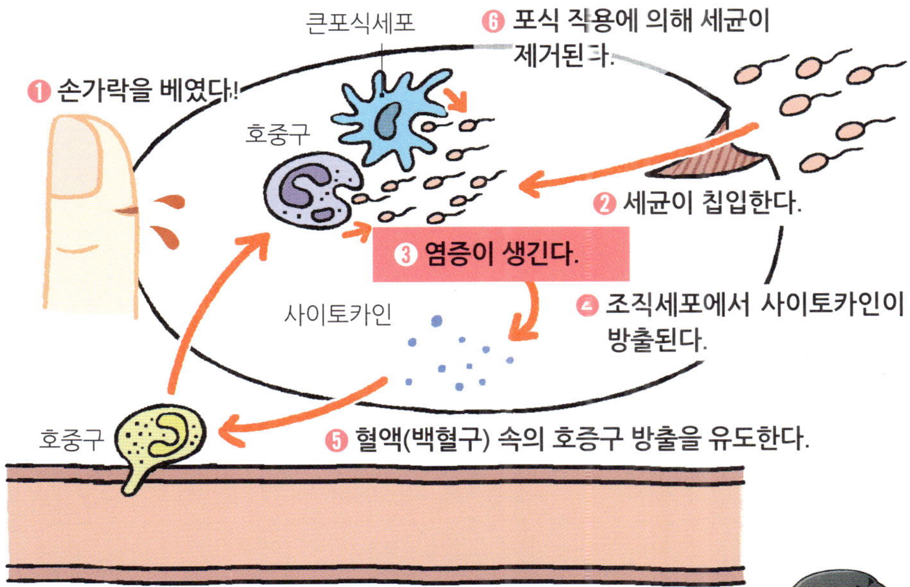

각 조직 안에 자리잡고 있는 있는 큰포식세포와 염증을 일으킴으로써 백혈구에서 방출된 호중구(중성구) 등의 포식 작용으로 세균이나 미생물을 제거합니다.

면역계 2 특이적 방어기전

항원과 항체는 열쇠와 열쇠 구멍의 관계?

열쇠라는 건 형태가 각기 달라서 저마다 맞는 구멍이 있겠죠?
마찬가지로, 항체는 특정 항원밖에 반응하지 않습니다.
A항체는 A항원하고만, B항체는 B항원하고만 반응.
항원(열쇠)에 맞는 항체(열쇠 구멍)로 적을 잡는다!
딸깍
딸깍
잡았다.—
A항체가 B항원에 반응하지 않음.
응?
안 맞잖아?
이렇듯, 항원과 항체는 1대 1의 긴밀한 관계로 이루어져 있습니다.
항체가 만들어질 때까지
체내에 항원이 침투! 항체 생산 개시!
그 정보를 기억 B세포에 기록
항원
메모
메모
메모
기억 B세포
다음에 동일한 항원이 침입한 경우에 즉시 반응!
항원
전과 똑같은 녀석이네! 항체 출동!!
이것이 같은 질환에 걸리기 어렵게 되는 구조입니다.
대단하지요?
정보 기록이 중요해…
네. 정보를 기록해 두 번째 침입에 대비하는 거네요!
메모 메모

2

특이적 방어기전

체내에 침입한 미생물과 독소를 제거

밖에서 몸 안으로 침입해 오는 세균이나 미생물을 **항원(antigen)**이라고 한다. 면역이란 면역 기능을 가진 세포 등이 중심이 되어 이 항원으로부터 몸을 보호하는 구조를 말한다.

골수의 **조혈줄기세포**는 분화를 거듭하여 다양한 혈구로 변한다.

그중 **골수계 줄기세포(myeloid stem cell)**의 백혈구(호중구 · 림프구 등)는 림프성 조직으로 이동하여 면역세포로 성숙해간다.

한편, **림프계 줄기세포(lymphocyte stem cell)** 중 ※**가슴샘**에서 성숙하는 림프구를 **T세포(T림프구)**, 골수에서 성숙하는 림프구를 **B세포(B림프구)**라고 한다.

몸 안에 항원이 침입하면 먼저 호중구 등의 포식세포가 반응한다. 포식세포는 항원을 포식(탐식)한 후 스스로 **항원제시세포(antigen-presenting cell)**가 되어 세포막 위에 항원의 일부를 제시함으로써 다른 면역세포에 침입을 알린다.

소식을 들은 **도움 T세포(T helper cells)**는 B세포를 자극한다. 자극받은 B세포는 **항체(antibody)**를 만들어내고, **살해 T세포(killer T cell)**에 공격 명령을 내린다. 그리고 적당한 곳에서 공격 종료 사인이 나오면 **기억 B세포**에 저장된다. 이렇게 함으로써 다음에 같은 항원이 들어왔을 때 즉시 반응할 수 있도록 대비한다.

이와 같이 최초로 항원을 공격하는 포식세포에 의한 작용을 **자연면역(natural immunity)**이라고 하며, 거기에서 정보를 얻어 두 번째 이후의 침입에 대해 효과적으로 공격하는 작용을 **적응면역(adaptative immune response)**이라고 한다.

또한, 항체에 의해 항원이 제거되는 것을 **체액성 면역(humoral immunity)**이라고 하며, 바이러스에 감염된 세포나 암세포를 세포마다 파괴해 버리는 것을 **세포성 면역(cell-mediated immunity)**이라고 한다.

가슴샘(thymus)

복장뼈 뒤, 심장보다 위쪽에 좌우로 두 개가 있다. 림프조직으로 이루어져 T세포가 성숙하는 곳으로 알려져 있다. 영유아에 발달되어 있으며, 나이가 들면서 점점 퇴화하고 작아진다.

면역세포의 분화 과정

면역세포는 골수 안에 있는 조혈줄기세포에서 탄생해 각각의 역할을 수행하기 위해 분화한다.

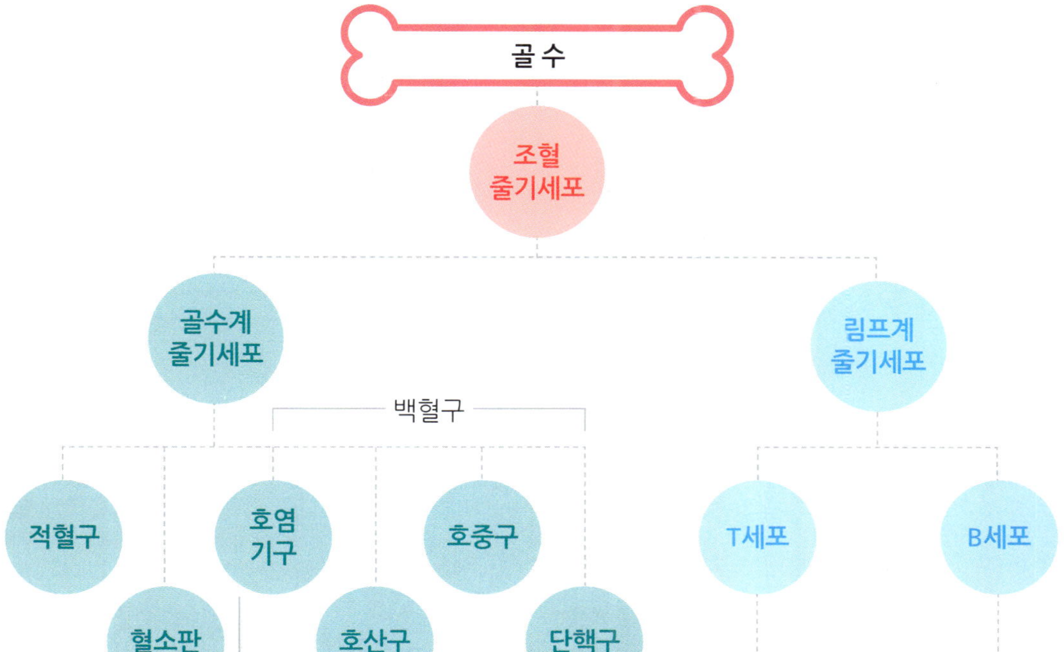

세포성 면역의 중심 역할을 담당하는 세포성 면역

바이러스 등의 감염 세포에 대해 세포마다 직접 파괴하는 면역 작용

체액성 면역의 중심 역할을 담당하는 체액성 면역

항체가 특정 항원에만 반응하여 항원을 제거하는 면역 작용. 항체=면역글로불린(Ig)이라고도 하며, 5종류가 있다.

체액성 면역에서 중요한 것은 한 종류의 항원에 대해 한 종류의 항체가 반응해서 공격하는 점입니다. 이는 열쇠와 열쇠 구멍의 관계에 비유할 수 있지요.

여기도 주목!

자연살해 T세포(natural killer cell, NK세포)

자연면역 중 포식세포 이외의 대표적인 세포. 바이러스 감염 등에 의해 세포가 이상(비정상)을 초래했을 경우에 림프구의 일종인 자연살해 T세포(NK세포)가 그 제거를 담당한다. NK세포는 비정상적인 세포의 표면에서 나오는 물질을 발견하면 포식하지 않고 그것에 달라붙어 파괴한다.

면역계 3 방어에 관여하는 장기

혈액형에도 항원과 항체가 있다.

혈액형	가지고 있는 항원	가지고 있는 항체
A	A항원	항B항체
B	B항원	항A항체
O	없음	항A항체와 항B항체
AB	A항원과 B항원	없음

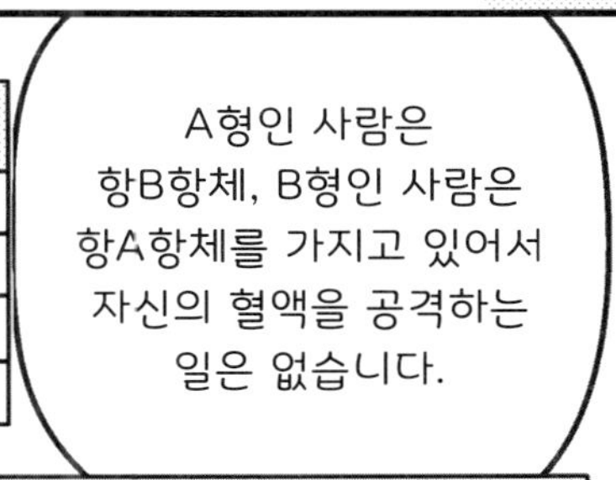

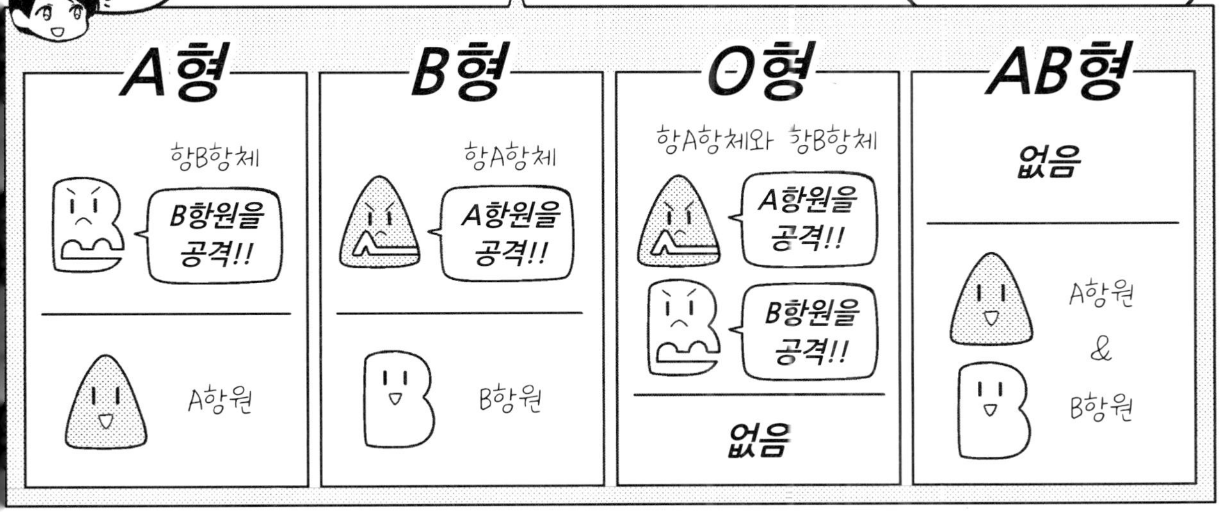

3

방어에 관여하는 장기

몸속 필터 역할을 담당하는 림프절

면역세포는 혈액이나 **림프액(lymph)**을 타고 전신을 돌아다니며, 항원을 발견하면 공격하여 몸을 보호한다. 림프액은 모세혈관의 벽에서 흘러나온 사이질액(간질액)이 림프관에 흡수된 것으로, **림프관(lymph duct)**은 이 림프액을 다시 혈액의 흐름으로 되돌리는 작용을 한다.

림프액이 흐르는 림프관은 혈관과 마찬가지로 전신에 분포하지만, 혈액과 달리 몸의 말단에서 중심을 향해 한 방향으로 흐르고 있다. 림프관과 혈관은 심장 바로 앞에 있는 좌우 **정맥각(venous angle)**이라는 부분(P. 53 참조)에서 연결되어 있으며 림프액은 여기서 혈액에 합류한다.

림프관 중간에 다수 분포하고 있는 기관이 **림프절(lymph nodes)**이다. 그 중 림프절은 목부위, 사타구니, 겨드랑이 외에도 내장이나 굵은 혈관 주변 등에서 특히 많이 볼 수 있다.

림프절 내부는 포식세포를 포함한 **림프조직(lymphatic tissue)**과 림프구가 풍부하게 있는 **림프소절(lymphatic nodule)**로 구성되는데, 림프소절은 소화관, 호흡기, 비뇨기와 생식기 점막에서 많이 볼 수 있다. 이 림프소절은 **항원**을 공격하거나 불필요한 것을 제거하는 이른바 필터 같은 기능을 담당하는 기관이다.

또한, 인두 주변에 있는 ※**편도**나 작은창자 내의 ※**파이에르판** 등에도 림프소절이나 림프조직이 모여 있어서 그곳에서도 몸을 보호한다.

더불어 면역과 직결된 장기가 **지라(비장, spleen)**이다. 지라의 조직은 대부분 적혈구로 이루어진 **적색속질(적비수, red pulp)**과 림프조직으로 이루어진 **백색속질(백비수, white pulp)**로 나눌 수 있다. 지라는 노화된 적혈구를 파괴하고 큰포식세포가 처리하여 일부를 재사용한 후 콜레스테롤이나 헤모글로빈을 쓸개즙으로 배출한다.

편도(tonsil)

목 안쪽에 있는 여러 개의 림프조직 덩어리. 목구멍 편도, 인두 편도(아데노이드), 혀 편도, 귀인두관 편도 등이 있다.

파이에르판(Peyer's patch)

작은창자 등 광활한 점막을 구성하고 있는 림프조직. 상피세포 사이에 면역유도세포가 있어 이들을 통해 점막 내 면역세포로 세균이나 바이러스를 직접 유도하여 처리한다.

전신의 림프절

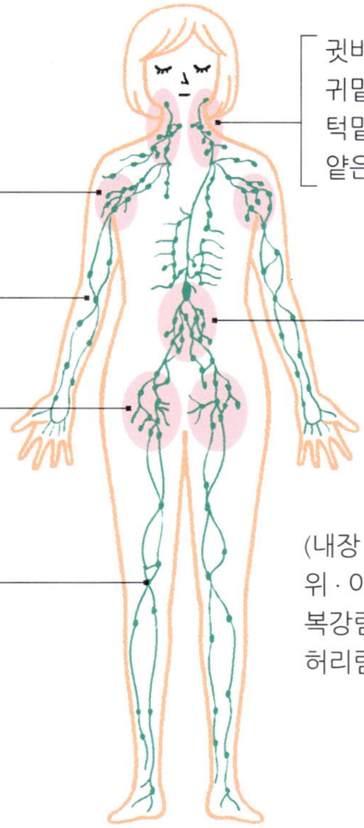

림프액은 모두 혈액에 합류하지만, 림프액 속 이물질이 혈액으로 들어가지 않도록 중간에 림프절을 통과함으로써 이물질을 제거한다.

암세포는 림프를 타고 이동합니다. 그렇기 때문에 림프로 연결되어 있는 곳으로 전이되는 경우가 많습니다.

여기도 주목!

알레르기란?

면역이 과도하게 작용하고 있는 상태가 알레르기로, Ⅰ형에서 Ⅴ형까지 분류된다. 이와는 별도로 자기 몸속의 일부 또는 조직을 이물질로 간주하여 공격함으로써 발상하는 질병을 자가면역질환이라고 한다.

지라의 구조

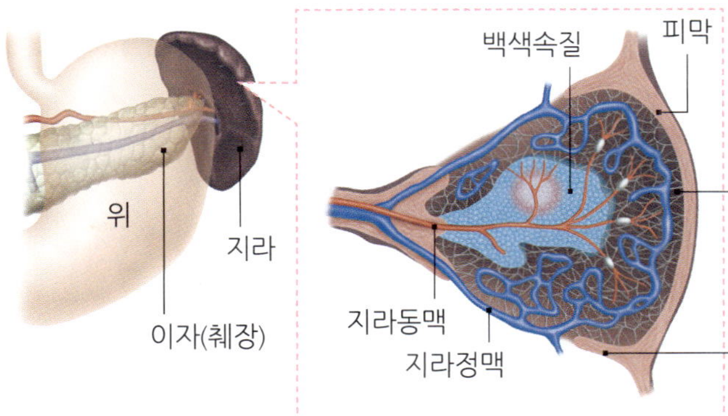

지라(비장)는 적색속질과 백색속질로 나뉜다. 이 중 백색속질에는 림프구가 있어서 생체방어의 한 축을 담당하고 있다.

몸속 환경을 보호한다 1 피부

얼굴이 파래지는 건 왜 그럴까?

피부가 파래졌을 때는 긴장 상태인 경우가 많습니다.
그 밖에도 발열 시나 큰 출혈 후에도 파래집니다.
피가 부족해…
확실히 씻고 나면 피부가 빨개지는 거 같아요.
후끈
후끈
혈액 순환이 좋아져서…
지금 당장 해보기는 어렵지만,
반대로, 피부가 빨개졌을 때는 어떤 상태인가요?
그건 말이죠
체내의 열을 고루 분산하려고 할 때 보통 얼굴이 빨개집니다.
전형적으로 목욕 후에 볼 수 있는 상태지요.
강태양의 얼굴색도 돌아와야 할 텐데
헛 나 씻는 거
후끈
후끈
상상하지 말아 줄래—
아
화르륵
왜, 갑자기 빨개지고, 난리야!!
난 걱정했는데!!
화가 났을 때도 혈류가 증가해 얼굴이 빨개지기 쉽습니다…

1

피부

피부는 몸을 보호하는 기능을 가진 보물 창고

피부는 전신의 표면을 덮는 튼튼한 피막이다. 성인 평균 총면적은 1.6m², 중량은 약 3kg에 달하는 인체에서 가장 큰 기관이다.

피부조직은 **표피 · 진피 · 피부밑조직**의 3층으로 나눌 수 있다(P. 137 참조).

표피는 가장 바깥쪽의 얇은 조직으로 최심부 **바닥층**에서부터 가시층, 과립층, 투명층, **각질층**의 **5층 구조**로 이루어져 있다. 표피를 구성하는 상피세포는 세포분열에 의해 ※**각화**되면 약 4주에 걸쳐 각질층까지 올라가 최종적으로 때가 되면 떨어져 나온다. 또한, 바닥층에는 ※**멜라닌세포**가 있어 피부나 털 색깔과 관련된 멜라닌을 생산해 자외선이 심부까지 도달하는 것을 방지한다.

또 표피에는 통증이나 온도를 감지하는 수용기(**자유신경종말**, **free nerve ending**)와 촉감이나 압력을 느끼는 수용기(**메르켈 원반**, **Merkel's disk**) 등도 존재한다.

진피는 ※**콜라겐섬유**와 탄성섬유 등 강한 결합조직으로 이루어져 있으며, 표피를 향해 **진피유두(dermal papilla)**가 돌출되어 여기에 많은 모세혈관과 자유신경종말, 땀샘 등이 스며든다. 그 외에는 피부가 당겨지는 것을 감지하는 수용기(**루피니소체**, **Ruffini corpuscle**)나 촉각을 느낄 수 있는 수용기(**마이스너소체**, **Meissner's corpuscle**) 등이 있다.

피부밑조직은 대부분 **지방세포(lipocyte)**로 이루어져 있다. 외부 충격을 완화하는 동시에 그 아래에 있는 뼈나 근육과의 마찰을 줄이거나 몸에서 열이 나는 것을 방지하기도 한다.

피부 표면에는 **땀샘(sweat gland)**과 **지방샘**이 열려 있어 수분이나 일부 물질을 땀으로 배출함으로써 체온을 조절하는 기능도 있다. 한편, 표피에서는 체내 수분의 과도한 증발을 방지하는 역할도 수행한다.

각화(keratinization)

세포 내에 케라틴이라는 단백질이 축적되어 딱딱해지는 현상

멜라닌세포(melanocyte)

자외선을 받아 멜라닌이라는 색소를 형성하는 세포. 멜라노사이트

콜라겐섬유(collagenous fiber)

진피의 결합조직 성분의 90% 이상을 차지한다. 섬유아세포가 섬유를 형성한다.

피부의 표피 구조

표피는 밑에서부터 **바닥층**, **가시층**, **과립층**, **투명층**, **각질층**의 5층으로 나뉜다. 표피를 조직하는 상피세포는 상행하면서 각화되고 때가 되면 떨어져 나온다.

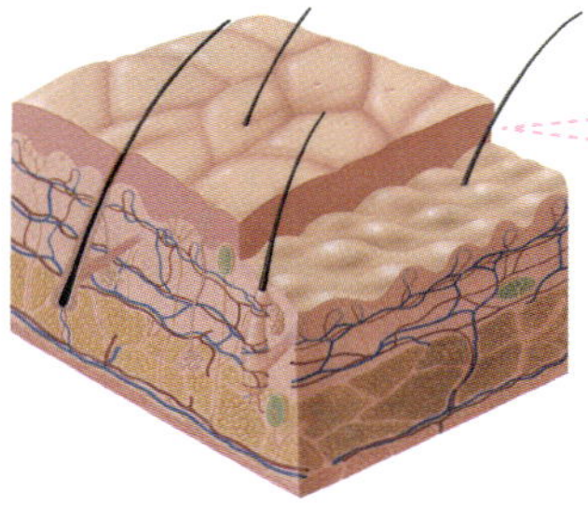

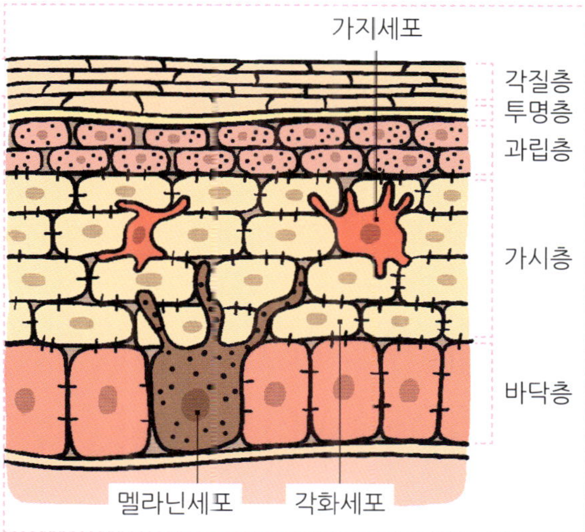

바닥층에 보이는 멜라닌세포는 피부 색을 만드는 멜라닌을 생성합니다.

피부감각을 담당하는 기관

만진다(촉각), 누른다(압각), 따뜻하다(온각), 차갑다(냉각), 아프다(통각) 등과 같은 감각은 피부 내부의 감각수용기에서 각각 이루어진다.

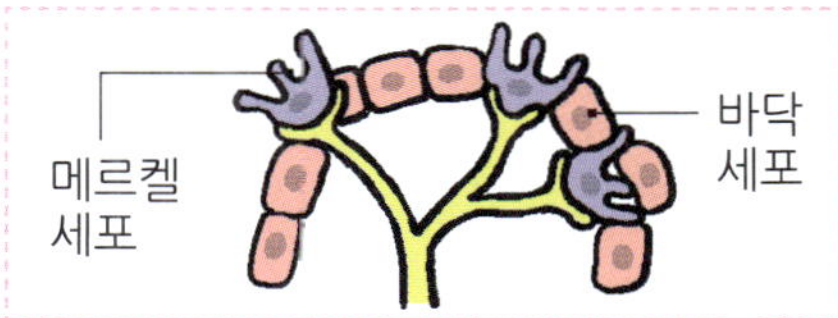

마이스너소체
표피 바로 아래 위치한 달걀 모양의 수용기. 지복(손톱 아래 부위) 등에 많이 존재하며 미세한 감각을 담당한다. 촉각

자유신경종말
표피, 진피에 위치한다. 감각신경섬유의 하나이지만 말단에 특별한 감각기를 가지지 않는다. 온각 · 냉각 · 통각

루피니소체
주로 진피에 존재하는 수용기. 피부가 당겨지는 느낌을 받는다.

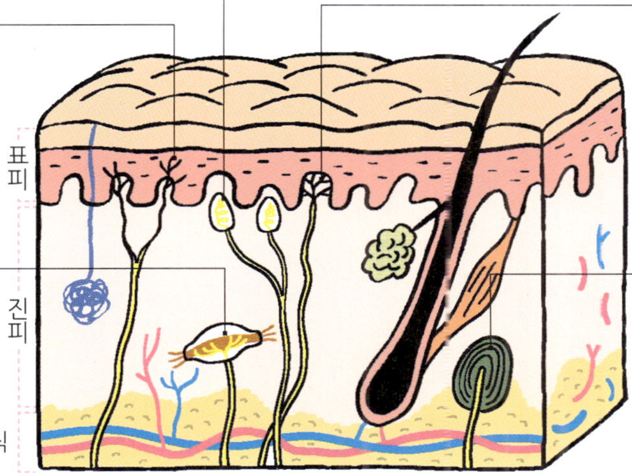

메르켈 원반
표피 바닥층에 위치하는 촉각 수용기. 말단에 가지세포돌기를 가지며, 피부의 변형 등을 감지한다. 촉각 · 압각

파치니소체
진피와 피부밑조직 사이에 많이 존재하는 반투명 수용기. '압력'을 감지하고 자유신경종말로 증폭하여 전달한다. 촉각 · 압각

몸속 환경을 보호한다 2 대사와 운동

먹은 음식은 대사에 의해 에너지가 된다.

우리가 입으로 섭취한 것은 반드시 단백질과 같은 영양소로 분해되어, 몸에 필요한 형태로 다시 만들어집니다.
이처럼, 몸속에서 이루어지는 분해나 화학 반응을 '대사'라고 합니다.
당질
단백질
지질
분해
더 작은 영양소들
이러한 대사 작용으로 에너지가 발생하는 것이지요.
그렇다면 몸속에서 만들어진 에너지가 어떻게 이용되는지 살펴볼까요.
우선 음식물이 분해될 때, 에너지가 발생합니다.
이 에너지는 그대로 사용되지 않고, 그 에너지를 이용해 'ATP'라는 에너지원이 되는 물질을 만듭니다.
분해
지글—
APT
APT
에너지원
에너지
※ATP=아데노신삼인산
에너지원...?
ATP는 필요에 따라 그때그때 분해되어, 에너지를 만들어냅니다.
에너지 방출!!
ATP
딸깍
왜 굳이 에너지를 사용해서 그것을 방출하는 에너지원을 만드는 건가요?
그대로 사용하면…
아
저장하기 위해서 군요!
맞아요. 필요한 때, 필요한 곳에 운반되어 에너지가 되지요.
ATP는 에너지의 통화와 같은 역할을 수행하고 있다고 할 수 있습니다.
ATP
ATP (통화 모드)

2

대사와 운동

대사는 몸속에서 이루어지는 화학 변화

우리 몸을 구성하는 세포 하나하나가 활동하기 위해서는 에너지가 필요하다. 그래서 이루어지는 것이 **대사(metabolism)**이다.

대사는 몸 안에서 일어나는 물질의 화학 변화이다. 섭취한 영양소를 합성 · 분해함으로써 몸에 필요한 물질로 바꾸는 **물질대사**와 그에 따라 신체활동에 필요한 에너지를 만들어내는 **에너지 대사**로 나뉜다.

물질대사에는 섭취한 물질을 분해하여 에너지의 근원이 되는 물질인 ※**아데노신삼인산(ATP)**을 만드는 **이화작용(catabolism)**과 섭취한 물질로부터 단백질 등 몸을 구성하는 성분을 만들어내는 **동화작용(anabolism)**이 있다.

세포 내에서 3대 영양소인 **당질(탄수화물) · 지질 · 단백질**을 이용할 경우 ATP는 **해당계**, **구연산회로(TCA회로)**, **전자전달계**라는 3가지 경로를 거쳐 만들어진다.

해당계는 산소를 필요로 하지 않으며, 구연산회로는 효소의 힘을 빌린다는 특징이 있다. ATP는 모든 활동의 에너지원이 되지만 장시간 저장해 둘 수 없어서 필요할 때마다 생산된다.

또한, 운동 시 근육을 움직이는 에너지원으로 공급되는 경로는 **크레아틴 인산계**, **해당계**, **유산소계**의 3가지이다.

덧붙여 에너지는 운동을 하고 있지 않을 때도 심장 박동이나 호흡 등 무의식적으로 행해지고 있는 활동을 위해서도 소비되고 있다. 이러한 생명 유지를 위해 필요한 에너지를 기초대사라고 하며, 하루 기초대사량은 성인 여성에서 1200kcal, 남성에서 1500kcal 정도로 알려져 있다.

아데노신삼인산(adenosine triphosphate, ATP)

ATP는 아데노신에 3개의 인산기(P)가 결합해 만들어진다. 에너지가 필요할 때마다 인산기가 빠져 결합부에 쌓였던 에너지가 방출된다.

ATP 생산의 예(글루코스의 대사)

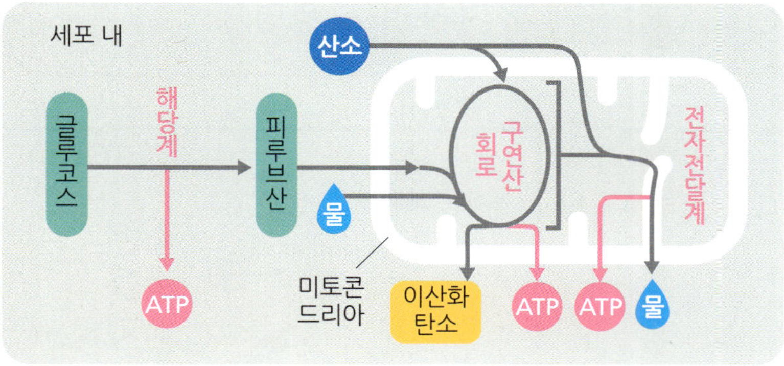

세포 내로 들어간 글루코스는 해당계에 의해 피루브산으로 바뀌고(**ATP 생산**), 그 후 미트콘드리아로 들어가면 구연산회로(**ATP 생산**)와 전자전달계(**ATP 생산**)에 의해 물과 이산화탄소가 된다.

운동 시의 에너지 공급 과잉

근육에 에너지가 공급되는 과정은 3가지로 분류된다. 아래 그래프에서도 분명하게 나타나지만, 최초 **크레아틴 인산계**, 이어서 **해당계**에 의해 에너지가 공급되고 마지막으로 **유산소계**가 에너지를 공급한다.

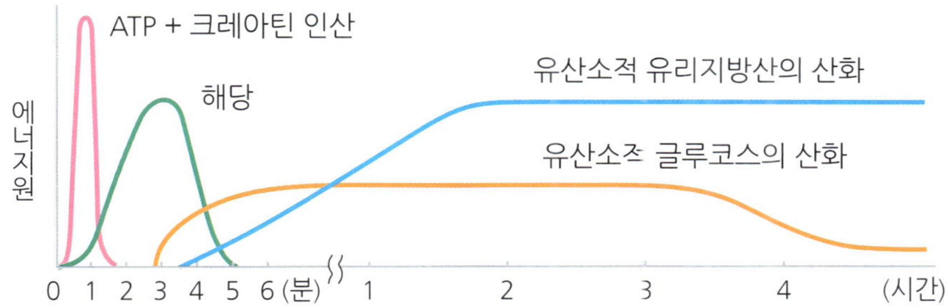

1 **크레아틴 인산계**	● 근육세포 내 ATP와 크레아틴 인산 등 고에너지의 인산화합물 분해로 얻는 에너지 ● 공급량은 크지만, 세포 내에 있는 양이 적고 유지 시간이 짧다.
2 **해당계**	● 운동 시작 직후 등 산소의 공급이 따라가지 못할 때 주로 작용하는 경로 ● 세포 내 축적되어 있던 글리코겐 등이 분해되면 얻을 수 있는 에너지 ● 무산소 상태에서 생성 가능하지만, 양이 적고 지속시간이 짧다.
3 **유산소계**	● 유산소 상태일 때 작용하는 경로, 산소 공급이 있으면 언제까지나 지속 가능 ● 글루코스 1분자당 약 30의 ATP가 생산되는 매우 효율적인 경로

몸속 환경을 보호한다 3 체온과 조절

사람은 체온을 일정하게 유지하려는 생명체

더운 환경에서는 시상하부에서 열을 방출하라는 명령을 내리지만,
그런데도 체온이 내려가지 않으면, '땀을 흘려라' 라는 명령을 내립니다.
땀이 증발할 때, 발생한 기화열로 체온을 낮추려는 것이죠.
축
으—
지금 명령을 내리고 있는 건가…
참고로 땀을 흘리는 동물은 매우 적어요. 예를 들면, 개는 땀을 흘리지 않기 때문에 얕은 호흡을 반복해 체온을 조절합니다.
혀의 수분에서 발생한 기화열을 이용
그럼, 다음으로 넘어갈까요? 지금부터 에어컨을 틀겠습니다. 이번에는, 극한의 추운 곳을 떠올려보세요.
띡
추워…
오들 오들
추운 환경에서는 혈관을 수축시켜 열을 빼앗기지 않도록 하는 명령을 내립니다.
덜덜
마치 설산 같아…
대단한 상상력이네요.
수고하셨습니다. 에어컨을 끌께요.
삑
덧붙여 지금 피부에 돋은 여러분의 닭살은 진화의 흔적입니다.
엄청 추웠어…
에?
동물은 추울 때 털을 세워 피부 표면에 닿는 공기의 층을 두껍게 해서 열의 발산을 줄이는데, 인간의 닭살이 그와 같은 원리인 셈이죠.
뭐, 인간의 체모는 없는 거나 마찬가지여서 효과는 거의 없지만요.
바짝
그렇군요— 복슬복슬한 털이라도 있었으면…

3

체온과 조절

체온의 변화는 대사에도 영향을 준다.

우리 몸은 체온 변화에 따라 다양한 영향을 받기 때문에 체온조절은 매우 중요하다. 체온을 일정하게 유지하기 위해서는 체내에서 생산되는 열과 밖으로 방산되는 열이 조화를 이루어야 한다.

체온은 신체 부위에 따라 달라진다. 보통은 내부 온도가 높고 표면에 가까울수록 낮아진다. 몸의 중심부 온도는 **핵심온도**, 피부 온도는 **외각온도**라고 한다. 외각온도도 부위에 따라 달라, 바깥 기온을 20℃로 가정했을 때 손바닥에서 28℃, 위팔에서 32℃ 정도 된다.

체온 측정은 외부 기온의 영향을 비교적 받기 어려운 곳에서 측정하는 것이 좋다. ※**직장온도**와 ※**구강온도**가 적당하다고 알려졌지만, 둘 다 그다지 일반적이지 않다. 대신 겨드랑이(※**액와온도**)나 귀(※**고막온도**)에서의 측정이 이용된다. 일반적인 경우 핵심온도는 이상이 없으면 37°C 전후로 알려져 있다.

체온조절중추(thermoregulatory center)는 뇌의 시상하부에 있으며 핵심온도가 일정 범위 내(세트포인트)에 머물도록 조절된다.

피부와 복부내장 등으로부터 얻은 온도 정보는 시상하부에 모여 신경과 호르몬의 작용으로 **열 생산**과 **열 방산**의 조절이 이루어진다.

체온이 너무 높을 때는 피부의 혈관을 확장시켜 혈류를 늘리거나 발한을 일으켜 그 땀이 증발할 때의 기화열을 이용하여 열의 방산을 촉진하기도 한다. 반대로 체온이 너무 낮을 때는 떨림을 일으켜 효율적으로 열을 생산하거나 피부 혈관의 수축으로 열 방출을 감소시킴으로써 열 방산을 억제하는 등으로 조절한다.

직장온도

항문에 체온계를 삽입하여 측정한다. 방열이 어려워 체내 온도에 가장 가깝다고 여겨진다.

구강온도

혀 밑에 체온계를 삽입하고 입을 다물어 측정한다.

액와온도

겨드랑이 밑 움푹 들어간 곳에 체온계를 비스듬히 대고 겨드랑이를 붙인 상태로 측정한다.

고막온도

귓바퀴를 잡아당기고 전용 프로브를 똑바로 삽입하여 측정한다.

열 생산과 열 방산

주요 열 생산(체내에 열을 내는 것)

- **대사**………대사에 의해 에너지가 생산될 때 발생하고, 방출된다.
- **떨림**………추위에 의한 떨림도 열 생산의 한 가지. 근수축을 열로 바꾼다.
- **비떨림**……근수축을 수반하지 않는 열 생산. 생체 내 갈색지방조직 내에서 지방 분해가 이루어짐으로써 열 생산이 촉진된다.

갈색지방세포가 많은 주요 부위

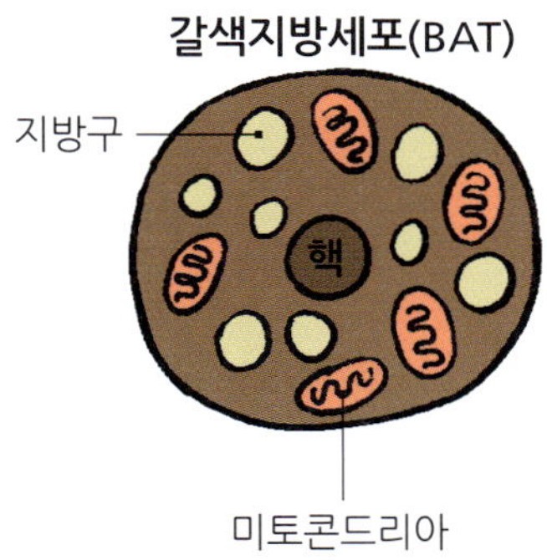

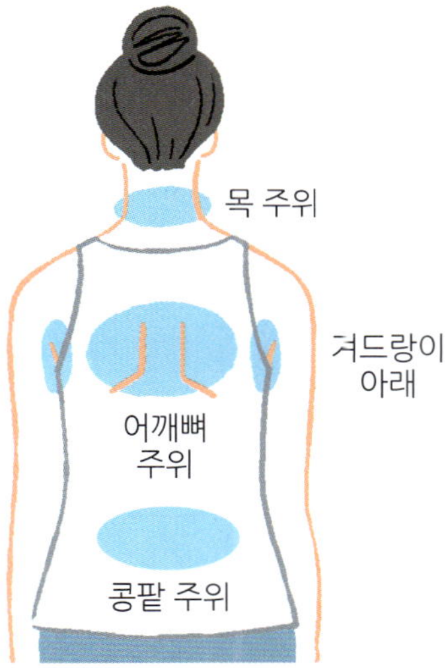

주요 열 방산(체내에서 열을 빼앗는 것)

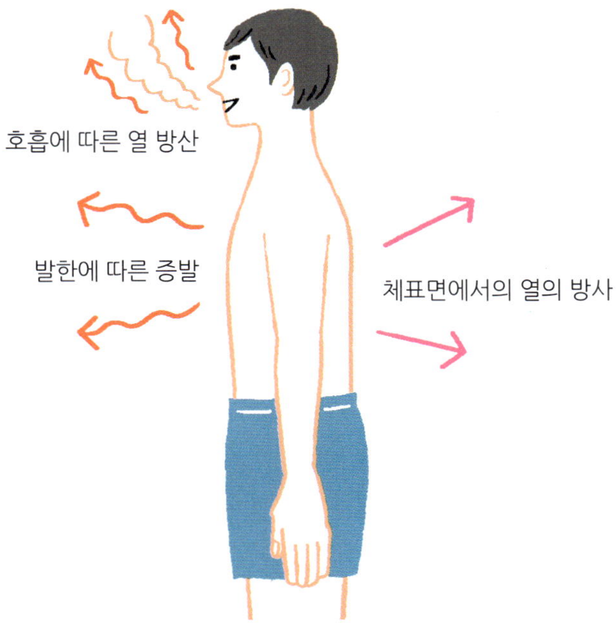

- **호흡**…………기도나 허파꽈리 내에서 데워진 공기가 밖으로 빠져나가면서 열이 방출된다.
- **혈관의 확장**…피부 혈관을 확장시켜 혈류가 증가하면, 체표면에서 열이 방사된다.
- **발한**…………발한으로 체표면의 수분이 증가함에 따라, 체표로부터의 열 방산을 촉진한다.

생식기계 1 남성 생식기

정자는 하루에 3000만 개나 만들어진다.

먼저, 3위 입니다.
'정자는 -100°C 에서 동결하면, 몇 년이나 보존할 수 있다!'
정자는 사정되면, 체온=37°C에서는 24~48시간 정도밖에 살 수 없지만 냉동시키면, 몇 년이나 보존할 수 있습니다.
아직 살아 있어!
꽁
꽁
대단한 생명력!
이어서, 2위
'정자는 하루에 3000만 개 정도 만들어 진다.'
1일 3000만 개
바
글
3000만?!
정자는 사춘기를 시작으로 거의 일평생 만들어집니다.
그래도 괜찮나요?
그것도, 일평생 이라니 …!
저…
그리고, 대망의 1위는…
'정자는 1회 사정으로 1~4억 개 배출된다!' 입니다.
헉… 4억!
굉장한 숫자네요!
오!
너무 방대해서 상상도 못 하겠어요.
와!
×1~4억
어떤가요? 우리 몸인데도 몰랐던 게 많지요?
굉장해요!
나도 모르는 사이에…!
정자는 남자인 제가 생각하고 있는 것 이상으로 스케일이 크다는 사실을 알았어요.

1

남성 생식기

정자는 중간에 소변과 같은 경로로 나온다.

생식기는 여러 기관계 중 유일하게 남녀 구조가 크게 다르다. 여기서는 남성의 생식기에 대해 알아보자. 남성의 생식기는 **생식샘(※정소)**, **생식관**(부고환, 정관), **부속샘**(정낭, 전립샘 등), **바깥생식기관**(음경, 음낭 등)으로 구성된다.

정소는 그 형태 때문에 **고환**이라고도 부른다. 무게 10g 정도의 타원 모양의 기관으로 이곳에서 만들어진 정자는 고환 위쪽에 부착되는 **부고환(epididymis)**, **정관(deferent duct)**으로 운반된다.

정관의 경로는 매우 복잡하다. 고환 뒤쪽에서, 음낭 속을 위로 향하여 배벽을 통과하는 **샅굴(inguinal canal)**을 거쳐 배안으로 들어간다. 그리고 방광 뒤로 돌아 **사정관**으로 이동하여 **전립샘(prostate gland)**을 관통하고 요도에서 열린다. 정자는 정낭과 전립샘에서 분비액이 섞여 만들어진 **정액**에 싸인 상태로 방출된다.

바깥생식기관 음경은 단단한 피막으로 덮여 있고, 그 구조는 해면체라는 스펀지로 되어 있다. 해면체에 혈액이 가득 차면 피막이 당기고 딱딱해져 발기가 된다. 해면체에는 두 종류가 있는데 음경의 등 쪽에 있는 **음경해면체(corpus cavernosum penis)**는 그 뒤쪽에서 좌우로 나누어져 있다. 또 하나는 요도를 통과하고 있는 **요도해면체(corpus spongiosum penis)**로 음경의 아랫면에 뻗어 있다. 끝은 우산처럼 되어 있어 **음경귀두**라고 불린다. 지각신경이 집중되어 있기 때문에 자극을 받으면 흥분이 높아지고 정액이 사정된다. 뿌리 쪽은 둥글게 부풀어 있어 **요도구멍(urethral meatus)**이라고 불린다.

요도는 비뇨기계와 생식계 모두에 속해 있지만 소변과 정자가 함께 나오지는 않는다. 정자가 전립샘에 들어가면 방광조임근이 수축하여 소변이 새어 나오지 않도록 정지시키기 때문이다.

정소(고환, testis)

고환 내부는 250개 정도의 소엽으로 나뉘며, 정세관이라 불리는 루프 모양의 가는 관이 막혀 있다.
정세관의 벽은 정자의 근원이 되는 정세포(sperm cell)와 세르톨리세포(sertoli cell)로 구성된다. 세밀한 관 밖의 사이질에는 레이딕세포(leydig cell)가 있어 남성호르몬을 분비한다.

남성 생식기(고환 · 부속생식샘)의 구조

고환에서 만들어진 정자는 정소상체, 정관을 지나 전립샘을 거쳐 요도로 들어간다.

생식기의 정면도

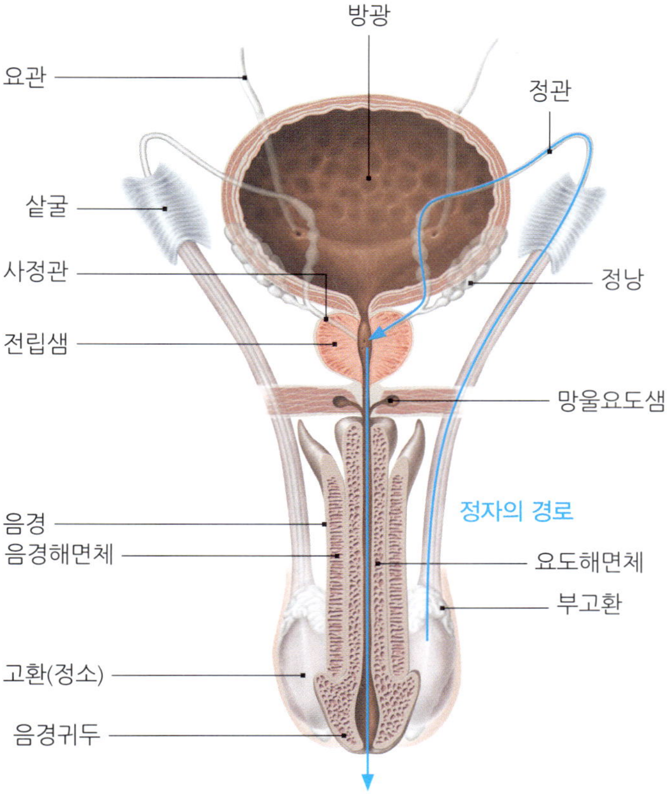

남성 생식기의 구성

❶ **생식샘**
(정자를 만드는 곳)
= 고환

❷ **생식관**
(정자가 운반되는 관)
= 부고환, 정관(~사정관)

❸ **부속생식샘**
(분비물을 만드는 곳)
= 정낭, 전립샘, 망울요도샘

❹ **바깥생식기관**
(바깥에서 보이는 부분)
= 음경, 음낭

생식기의 측면도

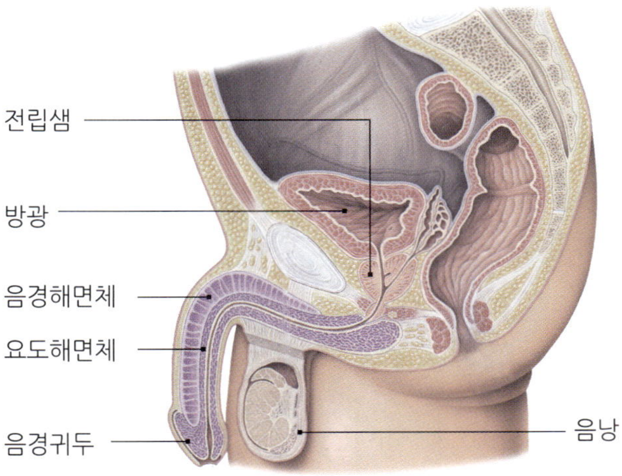

요관과 사정체는 다른 경로를 따라 요도에 이르게 됩니다. 소변과 정액은 모두 요도를 통해 밖으로 나오지만, 동시에 나오지는 않습니다.

제2장 생명을 조정하는 「정보 관리 기능」 생식기계

생식기계 2 여성 생식기

난자는 한 개씩 성숙하여 배란된다.

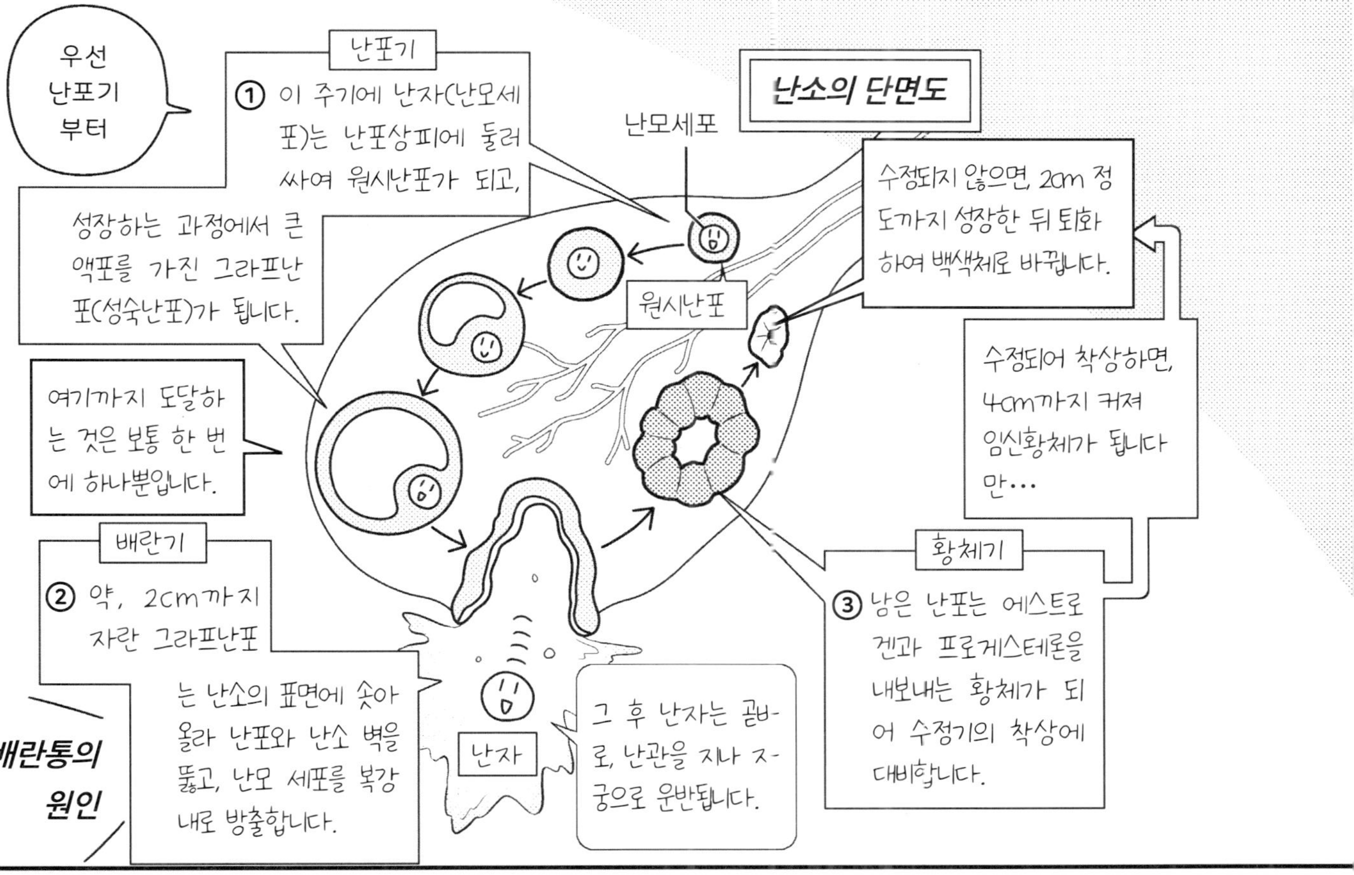

호르몬 수치를 그래프로 나타내면 이렇습니다.

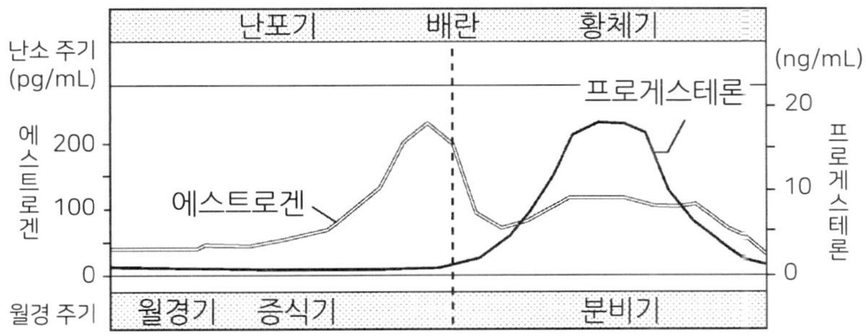

프로게스테론은 자궁내막의 두께와 몸의 수분을 보호하는 등 임신을 돕는 효과가 있지만, 수분이 필요 이상으로 축적되면, 컨디션 저하의 원인이 됩니다.

2

여성 생식기

난자가 생성되어 배란되기까지

여성의 생식기는 골반 속에 자리하고 있으며 **생식샘**(난소), **생식관**(자궁관술, 난관, 자궁, 질), **바깥생식기**(외음부, 회음 등)로 구성되어 있다. 골반 내 중심에 있는 것이 자궁이다.

난소는 아몬드처럼 생긴 3~4cm 정도의 기관으로 자궁 양쪽에 있다. ※**난세포**를 저장하고 성숙시키는 곳이며 **에스트로겐(estrogen, 난포호르몬)**과 **프로게스테론(progesterone, 황체호르몬)** 분비도 이루어진다. 성숙한 난세포는 **성숙난포(graafian follicle, 그라프난포)**가 되어 복강 내로 방출된다.

난관(uterine tube)은 자궁 위쪽 끝에서 좌우로 뻗어 나팔처럼 난소를 덮어 접하고 있지만 연결되어 있지는 않다. 난포는 이 나팔 부분에서 포착되어 난관 내를 통해 자궁까지 운반되고 여기서 정자를 기다려 수정한다.

자궁(uterus)은 자궁벽으로 둘러싸인 주머니 모양의 기관이며 윗부분 좌우에 난관의 개구부가 있고 아랫부분에서 질과 연결되어 있다. 자궁벽은 **자궁내막**(점막), **자궁근육층**, **자궁바깥막**(장막)의 3층으로 이루어지며, 난관에서 수정된 난(수정란)은 자궁내막에 착상하고, 착상이 안 되면 벗겨져 배출된다. 이것이 **월경(menstruation)**이다.

질은 자궁과 외음부를 연결하는 튼튼한 관 모양의 기관이며 요도 뒤, 곧창자 앞에 위치한다. 정자를 자궁으로 인도할 뿐만 아니라 자궁에서 월경을 배출하거나 분만 시에는 산도(birth canal)가 되기도 한다.

바깥생식기의 외음부는 불두덩(치구), 음핵, 대음순, 소음순, 질어귀(질전정) 등으로 이루어져 있다. 질과 요도 모두 질안뜰 앞에서 열리며, 질입구는 바깥요도구멍보다 뒤쪽에 있다. 또한, 질입구에서 항문까지의 사이는 회음이라고 하며 분만 시 태아가 원활하게 나올 수 있도록 늘어나 산도 입구를 넓히는 기능을 한다.

난세포(성숙난자, ootid)

원시난포는 1개의 난자(난모세포)와 이를 감싸는 난포상피로 구성된 가장 미숙한 것을 말한다. 매월 15~20개의 난포가 성숙하며, 최종적으로 1개만이 성숙난포(그라프난포)가 된다.

여성 생식기 및 외음부 · 회음의 구조

여성 생식기

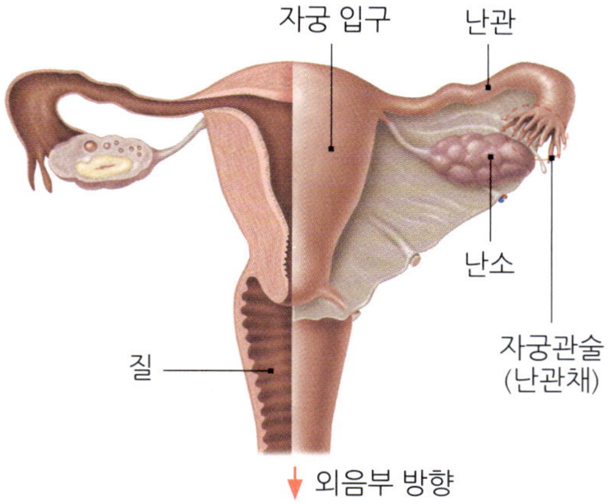

외음부 · 회음

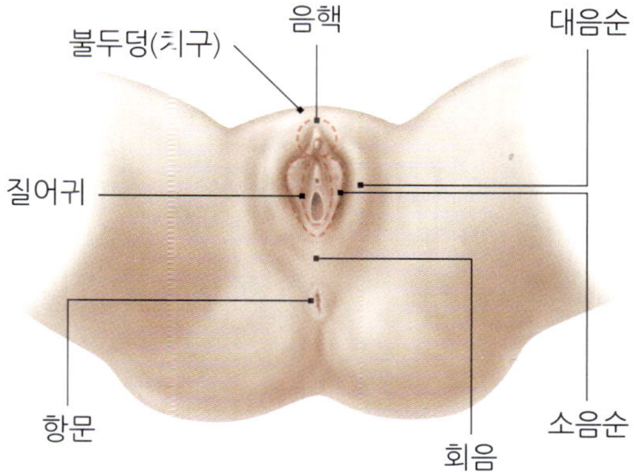

여성 생식기의 구성

❶ **생식샘** (난자를 만드는 곳) = 난소
❷ **생식관** (난자가 운반되는 관) = 자궁관술, 난관, 자궁, 질
❸ **바깥생식기** (바깥에서 보이는 부분 : 오른쪽 위 그림 참조) = 외음부, 회음

※ 여성 생식기가 골반 안에 위치한 모습을 보여주는 그림은 P.109를 참조

여성의 유방과 그 단면도

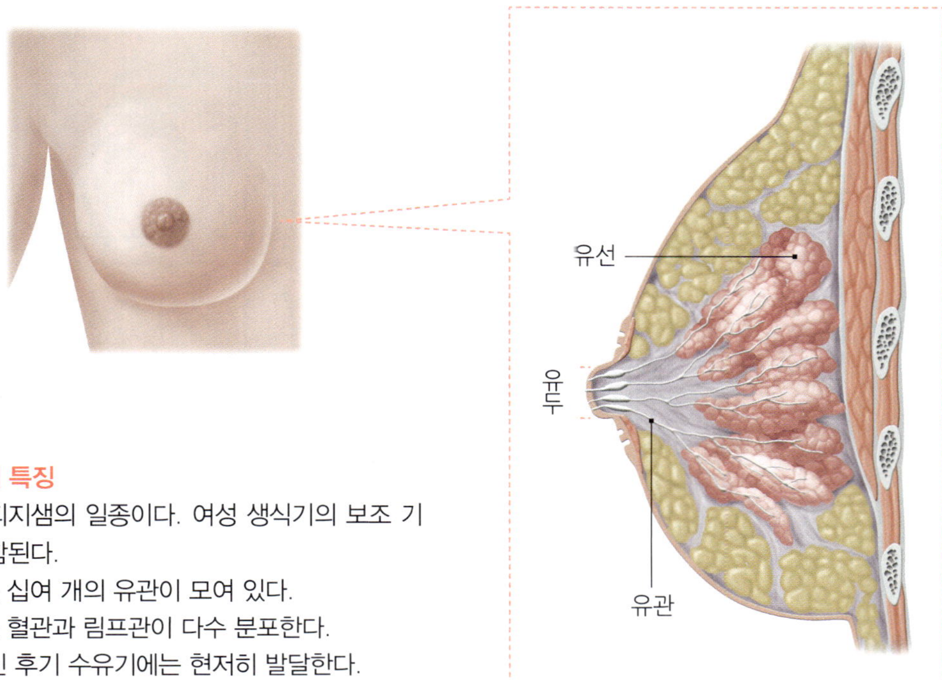

여성 유방의 특징

- 유선은 피지샘의 일종이다. 여성 생식기의 보조 기관에 포함된다.
- 유두에는 십여 개의 유관이 모여 있다.
- 유선에는 혈관과 림프관이 다수 분포한다.
- 특히 임신 후기 수유기에는 현저히 발달한다.

※ 남성에게도 유선은 존재하지만, 기본적으로는 발달하지 않은 상태로 존재한다.

생식기계 3 생식세포의 유전자 정보

남녀의 성은 성염색체의 조합에 의해 결정된다.

보통염색체는 크기 순대로 1~22까지의 번호를 붙여 부릅니다.
22쌍 44개
보통염색체
1 2 3 4 5 6 7 8 9 10 11 12 13 14 15 16 17 18 19 20 21 22
나머지 2개는 어떤 염색체인가요?
남녀의 성을 결정짓는 큰 분기점이지요.
남녀가 다르기 때문에 성염색체라고 부릅니다.
성염색체에는 큰 X염색체와 작은 Y염색체가 있어요. 남성 세포는 X와 Y, 여성 염색체는 X가 2개입니다.
남성
XY
여성
XX
성별을 결정하는 것은 마지막 2개 X와 Y의 차이뿐인가요~
맞습니다.
참고로, 이 2개가 1쌍을 이루는 46개의 염색체는 절반은 아버지, 나머지 절반은 어머니에게 받은 것입니다.
보통염색체도 성염색체도
어머니
아버지
반 씩
왠지, 신비로운 이야기네요.
그런가요? 꽤 깊은 이야기를 했지요?

3 생식세포의 유전자 정보

미분화 생식세포로 남자인지 여자인지를 결정한다.

사람의 몸은 분화하여 특유의 구조를 갖춘 세포가 만드는 조직이 모여서 이루어진다. 그런데 정자나 난자가 되는 **원시생식세포(primordial germ cell)**만은 모든 세포의 뿌리가 되기 때문에 '**미분화(undifferentiation)**'되어야 한다.

원시생식세포는 **난황주머니**에서 발생해 생식샘(고환 · 난소의 '근원'이 되는 것. 처음에는 남녀 공통으로 ※**생식원기**라고 한다)에 침입한 후 **생식세포(germ cell)**로 분화한다.

고환에 들어간 생식세포는 정세관 상피로 **정조세포(정원세포)**가 되고 사춘기가 되면 분열을 반복하여 차례차례 새로운 **정자**를 만들어 낸다.

반면, 난소에 들어간 생식세포는 분열되어 **난모세포**가 되고 난포 속에 가라앉는다. 신생아에서 200만 개 정도였던 난포는 나이가 들면서 계속 줄어 사춘기에는 2만 개 이하가 된다.

생식세포를 만들기 위한 세포분열은 **감수분열(meiosis)**이라고 불리며, 핵 내에 있는 46개의 ※**염색체**는 2회 분열로 23개까지 반감한다.

감수분열 후 생식세포는 정자, 난자 모두 22개의 **보통염색체(상염색체)**와 1개의 **성염색체**를 가지고 있다. 성염색체에는 **X염색체**와 **Y염색체**가 있으며, 난자의 성염색체가 전부 X인데 반해, 정자의 성염색체는 X인 경우도 있고, Y인 경우도 있다. 남성화를 일으키는 스위치는 염색체상에 있는 **SRY**라고 불리는 **성결정유전자(sex determining gene)**이기 때문에 성의 결정권은 정자에 있다는 것이다.

즉, 수정된 정자가 X염색체를 가지고 있으면 수정란의 성염색체가 2개 모두 X가 되기 때문에 여성이 되고, Y염색체를 가진 정자와 수정하면 수정란의 성염색체가 XY가 되어 남성이 되는 것이다.

생식원기(genital primordium)

생식로의 원기는 남성에서는 볼프관(중간콩팥관), 여성에서는 뮬러관(중간콩팥곁관)이라고 한다. Y염색체상에 있는 SRY라는 유전자가 볼프관을 발달시키고, 뮬러관을 퇴화시킴으로써 남성 생식기로 분화한다.

염색체(chromosome)

세포의 핵 내에 있고, 유전 정보가 기록된 DNA를 포함하는 구조체

생식세포(정자와 난자)를 만드는 감수분열

원시생식세포 시 44+XY(남성의 경우) 혹은 XX(여성의 경우) 염색체가 있지만, 감수분열하면 염색체 수가 반감(23)된다.

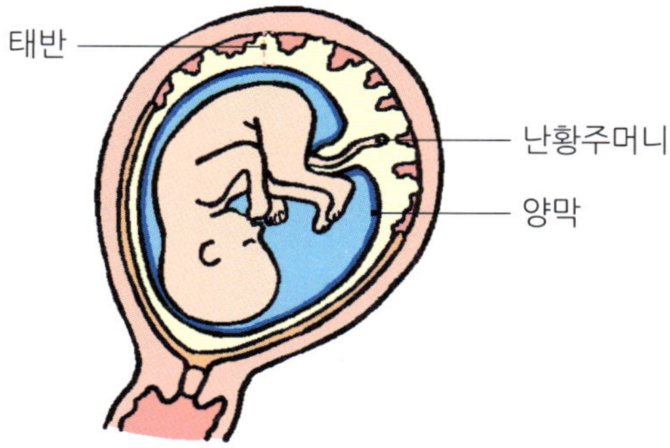

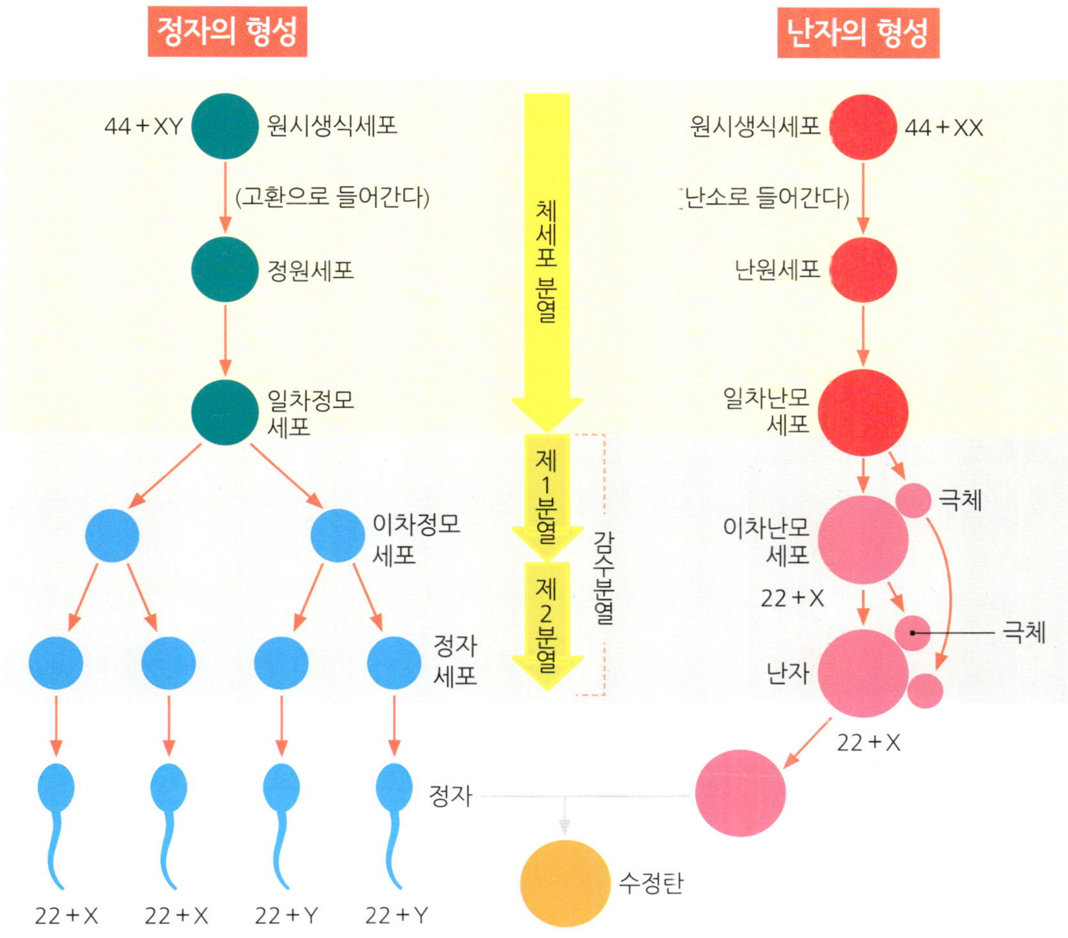

남성의 경우에 한 개의 정원세포에서 감수분열함으로써 4개의 정자가 생긴다.

여성의 경으에 한 개의 난원세포에서 감수분열함으로써 하나의 난자와 두 개의 극체(난포의 일종)가 생긴다(극체는 이후 소멸한다).

생식기계 4 수정에서 출산까지

태반이 유아와 모체를 연결한다.

주머니배는
속세포덩이가
영양막에
싸인 구조로
주머니배의
영양막과
모체 쪽
융모막을
바탕으로
만들어진 것이
태반입니다.
영양막
(태반을 이루는
것 중 하나)
내세포
(훗날 태아)
주머니배
태반 속
융모사이공간이라는
곳에서 모체와 태아
사이에 영양소, 산소 등
물질 교환이
이루어집니다.
혈관으로
직접 연결되지
않기 때문에
엄마와 아기의
혈액형이 달라도
배 속의 아기는
잘 자라요.
융모사이공간
아기의 혈관
탯줄
엄마의 혈관
그럼,
태반은
왜 있지?
아기와 엄마가
직접 연결되어야
효율적이니까.
그렇
군요…
인간의
신체 구조란
정말 대단
하네요.
이 구조를 최대한
살리기 위해서라도
임신하면 아기를
위해, 꾸준히 영양을
섭취해야겠네요!
이야기가
그렇게
되나…
잘
키우겠어요!!
모체도,
아기도
좋은 음식을
섭취해야
좋겠죠.
서로를
위해서라도

4

수정에서 출산까지

세포분열을 반복하여 사람의 형태를 만든다.

난관 내에서 수정한 **수정란(fertilized ovum)**은 ※**분할**이라고 불리는 세포분열을 거듭해 ※**오디배**, ※**주머니배**로 형태를 바꾸면서 자궁으로 이동한다. 최종적으로 자궁속막에 **착상**하고, 여기서 드디어 임신이 성립된다. 착상 시기는 배란 후 약 일주일 후이다.

착상하면 주머니배 내에 **배아**의 본체가 되는 **속세포덩이(inner cell mass)**가 형성된다. 극히 초기 단계에서는 속세포덩이 내부에 **양막공간**과 **난황주머니**라는 두 강소와 그들을 분리하는 원판 모양의 **배반(blastodisc)**이 만들어진다. 그리고 곧 배반의 상층에서 **외배엽**이, 하층에서는 **내배엽**이 분화하여 양막공간 안은 양수로 채워지게 된다.

그 후 양막공간에 접하는 세포의 일부가 내 · 외배엽 사이로 침입하여 중배엽이 만들어지고, 그 안에 미래의 등뼈에 해당하는 **척삭(notochord)**이 생긴다. 이에 따라 중배엽은 몸분절, **중간 중배엽**, **가쪽판**의 세 가지로 나뉜다.

이렇게 해서 배아는 조금씩 형태를 바꾸면서 여러 기관의 원기(primordium)가 되어 간다. 외배엽은 일부가 함입되어 **신경관**(중추신경계의 원기)이 되고, 내배엽은 **원시창자**(소화기계 · 호흡기계의 원기)가 되며, 중간 중배엽은 머리 쪽에서 차례로 분화하여 **비뇨기 · 생식기**의 원기가 된다.

그 후 5주 차에는 **팔다리의 원기**가 발생하고, 6주 차에는 **얼굴 형성**이 시작되어 7주 차에 접어들면 단숨에 '사람'다워진다. 8주 차까지는 배아라고 불리고, 그 이후에는 태아라고 불리게 된다.

수정란의 착상과 함께 자궁에는 태반이 형성된다. 태아는 태반을 통해 모체로부터 영양이나 산소 등 필요한 것을 공급받으며 성장해 간다.

분할(난할, cleavage)

수정난의 전체 크기를 바꾸지 않고 세포 수를 배로 늘려가는 세포분열을 말한다.

오디배(상실배, morula)

수정란은 2세포기 → 4세포기 → 8세포기로 분할을 반복해 잡합 상태가 되면 오디배라고 부른다.

주머니배(포배, blastula)

충분히 분할이 이루어진 수정란은 내부에 주머니배공간(포배강)이 생겨 주머니배가 된다.

수정의 메커니즘

정자와 난자가 만나 수정이 이루어지면 **수정란**이 되어 세포분열을 반복하면서 자궁으로 이동해 **착상**한다.

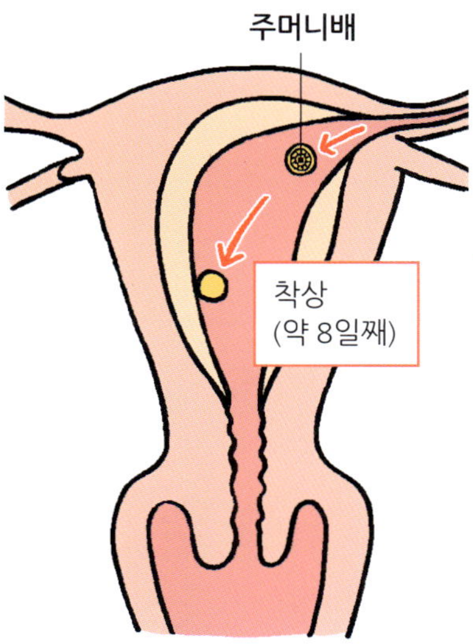

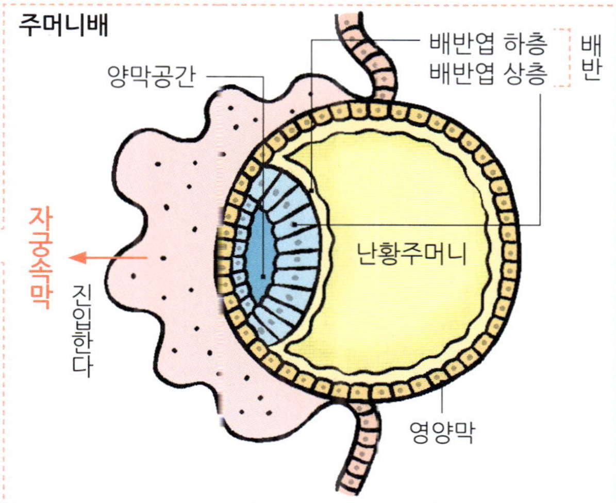

수정 후 2주 차 정도가 되면 속세포덩이에서 배아의 본체가 되는 배반이 생긴다. 배반은 두 강소를 사이에 두고 양막공간 쪽은 양수로 차워진다.

배아의 발달

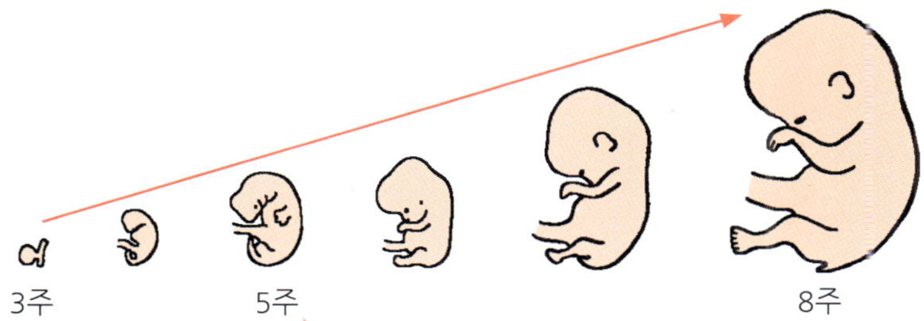

3주 차에 척삭이 생기면 배아는 '사람' 형태로 변해간다. 또한, 8주 차 이후에는 '태아'로 불리게 된다.

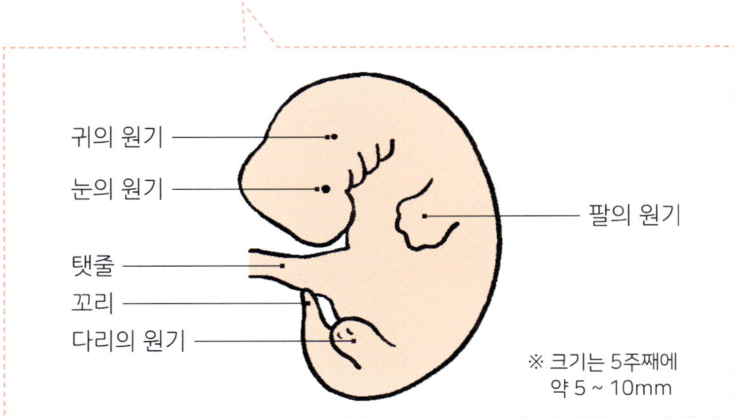

5주 차 배아는 눈과 귀 등의 얼굴 일부와 몸의 기본적인 원기를 볼 수 있게 됩니다.

제3장

START!

신경계 1 신경세포의 구조

뉴런에는 도움을 주는 세포들이 있다.

신경계는 크게 두 가지로 나눌 수 있습니다.
전신에 명령을 보내는 신경과
중추신경
그 명령을 받아 정보를 전신으로 전달하는 신경이지요.
말초신경
그 일을 수행하는 것이 신경세포(뉴런)
하지만, 뉴런은 혼자서는 활약할 수 없는 세포로, 뉴런 주위에 도움을 주는 버팀세포(글리아세포라고 한다)가 많이 있습니다.
글리아세포는 대표적으로 3종류가 있으며, 각각 역할이 다릅니다.
첫 번째는 모세혈관과 신경 사이에 끼여, 양쪽의 교환 물질에 도움이 되는 글리아!
혈관
혈관과 뉴런의 다리 역할!
두 번째는 축삭을 휘감아 정보 전달 속도를 높이는 글리아!
어때?
엄청 빨라지지!!
오오오오오오
세 번째는 신경조직의 복구나 뇌 내 이물질을 제거(포식)하는 글리아!
면역 담당이야
든든한 조력자 역할을 하는군! 모두 특별해서 눈을 뗄 수가 없어!

1

신경세포의 구조

중추신경과 말초신경의 특징

신경계는 전신에 '정보를 퍼뜨리는' 것으로 모든 활동에 관여한다. 이러한 신경계는 정보를 처리하는 **중추신경**과 그 중추와 전신을 연결하는 **말초신경**으로 나눌 수 있다.

그리고 신경계의 정보 전달을 도맡고 있는 것이 **신경조직**이다. 신경조직은 신호를 운반하는 **뉴런(neuron)**이라고 불리는 신경세포와 그것을 지탱하는 다양한 **버팀세포(지지세포)**로 구성되어 있다.

뉴런의 **세포체**는 핵을 가지고 있고, 다수의 가지를 가진 **가지돌기(수상돌기)**와 긴 **축삭(신경섬유)**이 1개만 뻗어 있다. 정보는 세포체에서 축삭을 통해 다음 뉴런으로 전달된다. 가지돌기는 다른 뉴런의 정보를 받을 때 활약한다. 정보가 전달되는 구조는 다음 항목에서 자세히 설명한다.

버팀세포(supporting cell)는 뉴런의 기능을 돕지만, 중추신경과 말초신경에서는 종류가 다르다.

중추신경의 버팀세포는 **글리아세포(신경교세포, glial cell)**라고 하며 크게 3가지로 나눌 수 있다. 하나는 크고 많은 가지돌기를 가진 **별아교세포(성상교세포)**이다. 이 세포는 뉴런에 달라붙도록 존재하며 모세혈관과 뉴런 사이의 물질 교환을 하고 있다.

그 밖에 뉴런의 축삭 주위에 ※**말이집**이라고 불리는 절연체를 만드는 **희소돌기아교세포(희돌기교세포)**, 이물질을 탐식하는 **미세아교세포(소교세포)**가 있다.

한편 말초신경의 버팀세포는 **슈반세포(Schwann's cells)**라고 하며 뉴런의 축삭들을 묶거나 희소돌기아교세포와 마찬가지로 말이집을 만들기도 한다. 말이집에 싸인 축삭은 ※**말이집신경**이라고 하며 말이집에 의해 누전이 억제되기 때문에 정보의 전달 방법이 현격히 빨라진다.

말이집(수초, myelin sheath)

축삭을 겹겹이 둘러싸는 피막을 말한다. 미엘린이라는 지질이 주성분이라서 미엘린수초라고도 한다.

말이집신경(유수신경, myelinated nerve)

버팀세포에 의해 말이집이 형성된 신경섬유를 말한다. 이에 반해 말이집이 없는 신경섬유는 민말이집신경(무수신경)이라고 한다.

☑ 뉴런의 기본 구조와 버팀세포

뉴런(neuron)은 정보의 처리나 흥분을 전달하기 위한 신경세포. 뉴런의 대부분은 세포체에서 뻗은 하나의 긴 **축삭**과 다수의 **가지돌기**를 가진다.

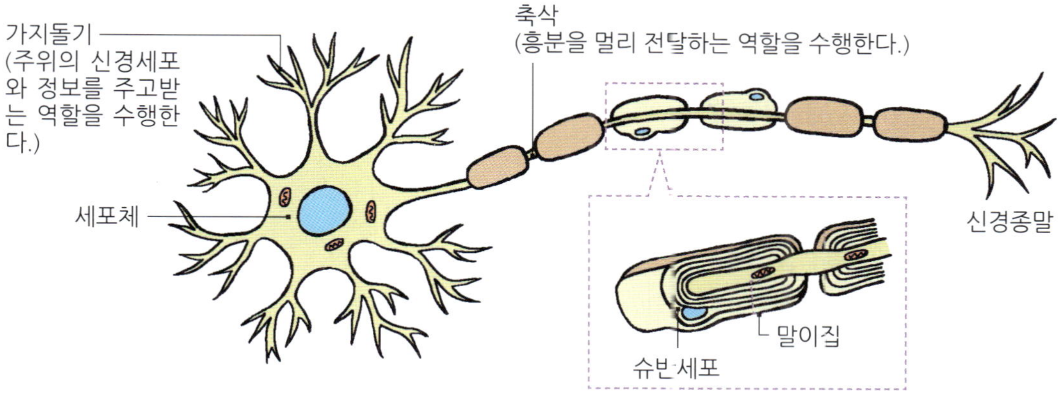

말초신경계의 버팀세포

슈반세포가 대표적. 축삭 주변에 지질로 된 말이집을 만든다. 말이집은 절연체 역할을 하기 때문에 정보 전달이 빠르다.

☑ 중추신경계의 버팀세포

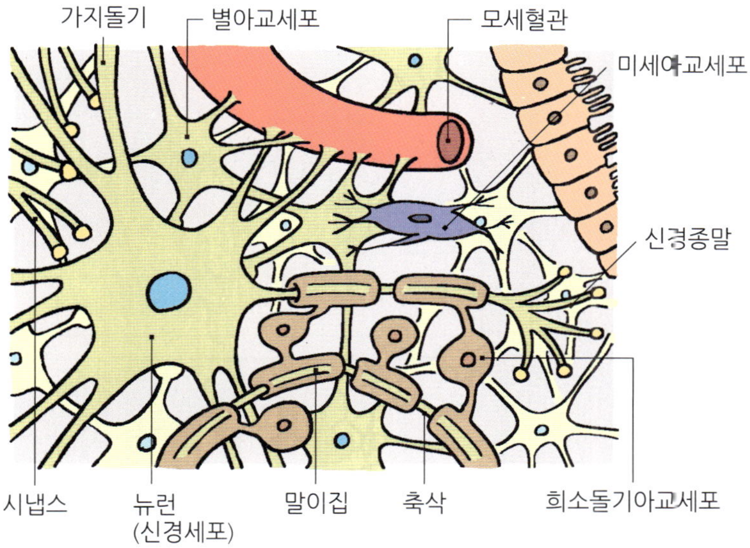

중추신경계의 버팀세포

총칭하여 글리아세포라고 한다.

- **별아교세포**
  … 모세혈관과 뉴런의 물질 교환을 촉진한다.
- **희소돌기아교세포**
  … 축삭 주위에 말이집이라고 하는 절연체를 만든다.
- **미세아교세포**
  … 이물질을 포식한다.

PICK UP!

운동의 명령 등 신속하게 정보를 전달하는 신경섬유는 반드시 말이집을 동반한 말이집신경으로, 그 속도는 빠르면 초속 100m나 된다. 이와는 반대로 내장기관을 조절하고 있는 자율신경은 천천히 전달되어도 지장이 없는 민말이집신경이다.

신경계 2 흥분의 전도

정보는 흥분을 통해 전달된다.

신경세포의 연접 부위를 '시냅스'라고 합니다.

거기에는 화학물질인 '신경전달물질'이 들어간 작은 주머니 '시냅스소포'가 많이 있어요.

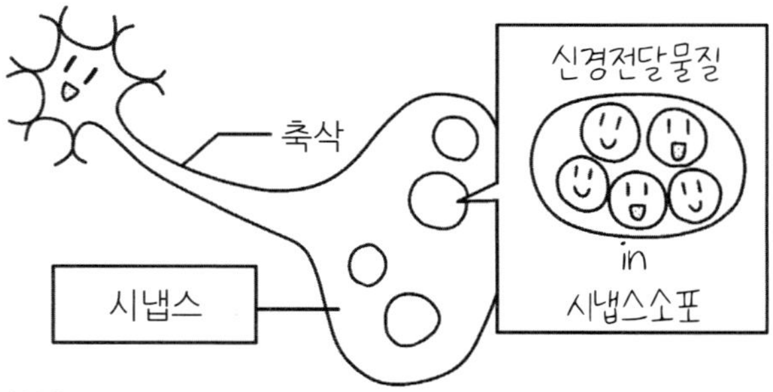

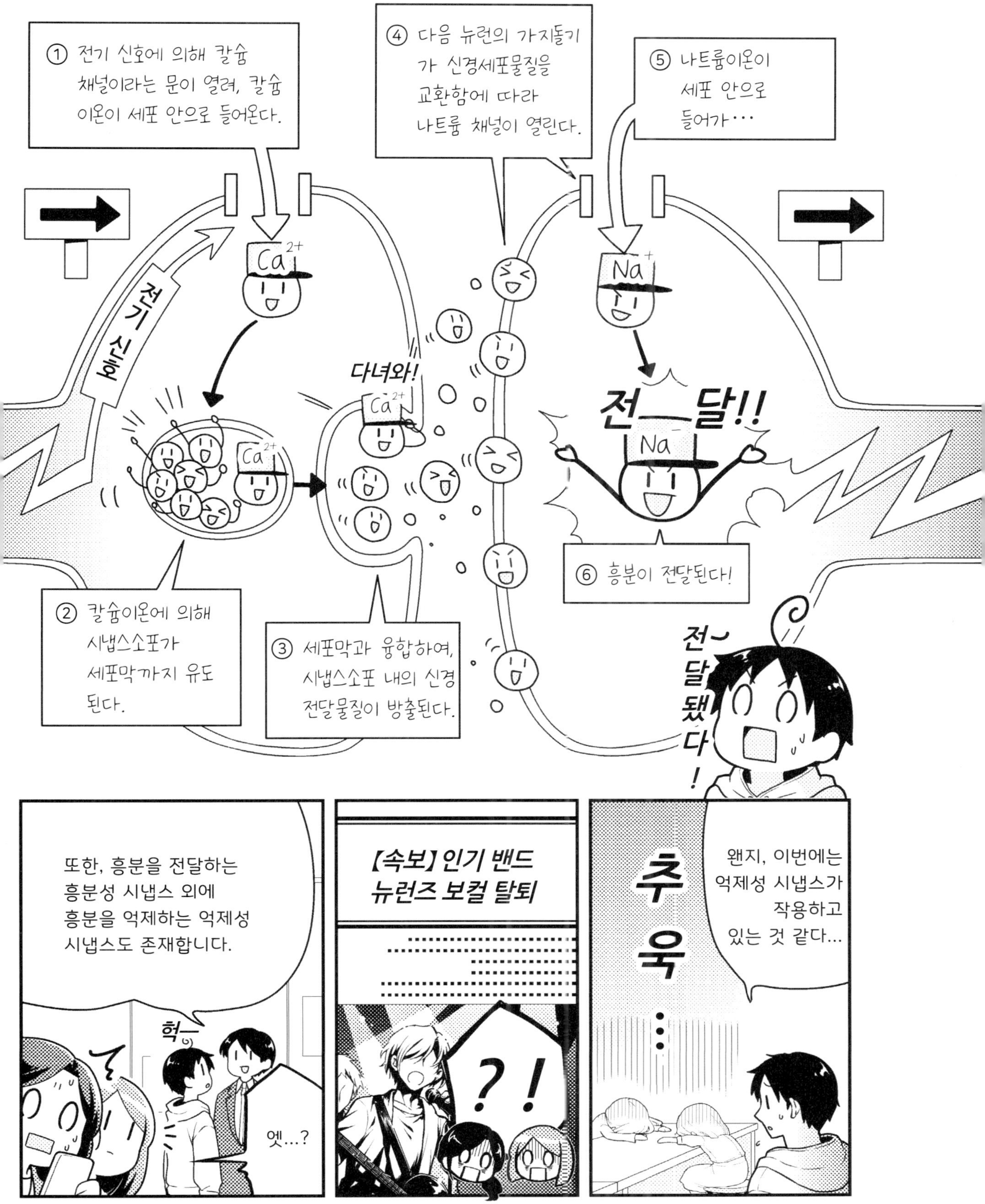
① 전기 신호에 의해 칼슘 채널이라는 문이 열려, 칼슘 이온이 세포 안으로 들어온다.
전기 신호
Ca 2+
② 칼슘이온에 의해 시냅스소포가 세포막까지 유도 된다.
다녀와!
③ 세포막과 융합하여, 시냅스소포 내의 신경 전달물질이 방출된다.
④ 다음 뉴런의 가지돌기가 신경세포물질을 교환함에 따라 나트륨 채널이 열린다.
⑤ 나트륨이온이 세포 안으로 들어가···
Na+
전__달!!
⑥ 흥분이 전달된다!
전~달됐다!
또한, 흥분을 전달하는 흥분성 시냅스 외에 흥분을 억제하는 억제성 시냅스도 존재합니다.
헉-
엣...?
【속보】 인기 밴드 뉴런즈 보컬 탈퇴
?!
추욱...
왠지, 이번에는 억제성 시냅스가 작용하고 있는 것 같다...

2

흥분의 전도

'흥분'은 세포 수준에서 일어나는 활동전위

신경계가 전달하는 정보는 흥분을 통해 전달된다. '흥분이 전달된다'라는 것은 구체적으로 어떤 것을 말하는 걸까?

세포의 안과 밖에는 일정한 **전위차(voltage)**가 있으며, 대개 세포 내는 마이너스, 세포 밖은 플러스가 되는 **정지전위(resting potential)**를 가지고 안정되어 있다. 이 상태를 생성하기 위해 구비되어 있는 장치가 세포막에 있는 ※**나트륨 펌프**와 ※**칼륨 채널**이다.

신경세포의 축삭도 다른 세포와 마찬가지로 세포막에 싸여 있으며, 이와 같은 장치가 갖추어져 있다. 게다가 축삭에는 또 하나의 특수한 **전위 의존성 나트륨**이라고 불리는 수송 채널이 있다.

자극에 의해 세포 내의 전위가 상승해 마이너스가 작아지면**(탈분극)**, **나트륨 채널**이 열리고 세포 밖의 플러스 전위인 나트륨이 전위차와 농도차에 의해 세포 내로 급격히 들어와, 세포 내의 전위는 단번에 플러스로 전환된다**(오버슈트)**.

그 후, 곧바로 원래의 상태로 되돌리려는 작용**(재분극)**이 작동하여, 세포 내는 마이너스로 돌아온다. 자극이 가해진 후 플러스 정점에 도달하여 다시 떨어질 때까지 불과 1~5ms(ms=1/1000초) 안에 일어난다.

이것이 흥분의 정체이며, 이 급격한 탈분극과 재분극에 나타나는 전위의 변화를 **활동전위**라고 한다.

세포막 위의 어떤 장소에서 흥분이 일어나 활동전위가 생기면, 그 전위 변화에 의해서 전류가 발생하고, 그 양옆의 채널을 여는 자극이 된다. 이것이 차례차례 일어나면서 흥분은 축삭 속에서 전도되어 간다.

나트륨 펌프(sodium pump)

ATP를 분해하고, 그 에너지를 사용해 나트륨 이온(Na^+)을 세포 밖으로 운반하여 칼륨 이온(K^+)을 받아들인다.

칼륨 채널(potassium channel)

세포 안팎의 칼륨 이온(K^+) 농도에 차이가 생겨 플러스 전기를 가진 칼륨이 빠져나가면서 세포 내가 마이너스 상태로 안정된다. 정지전위.

시냅스의 구조와 전달

축삭의 말단은 다음 뉴런과의 사이에 **시냅스**(synapse)라는 접합 부분을 만든다.

활동전위(action potential)가 신경종말에 도착하면 **신경전달물질**을 방출하고, 다음 신경세포로 전달한다. 이 과정이 다음 시냅스에서도 반복된다.

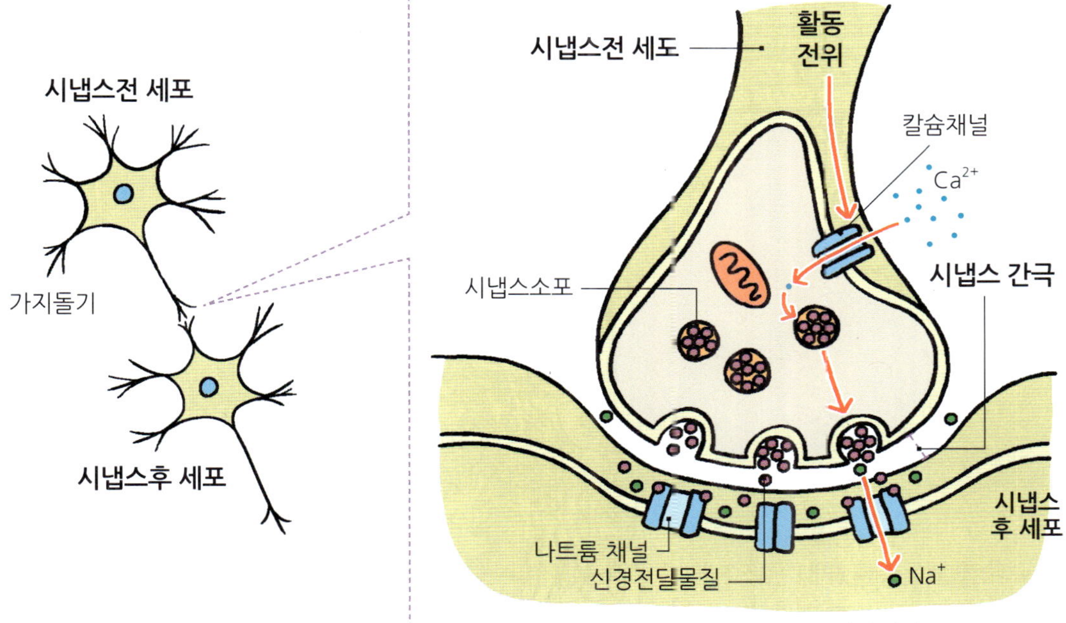

시냅스의 흥분은 한 방향으로 전달된다.

흥분 전도의 구조

흥분이 일어나면, 해당 장소 안팎의 전위가 역전한다(+와 −의 역전). 이에 따라 **국소 전류**가 발생해 양옆으로 차례차례 흥분이 전달된다.

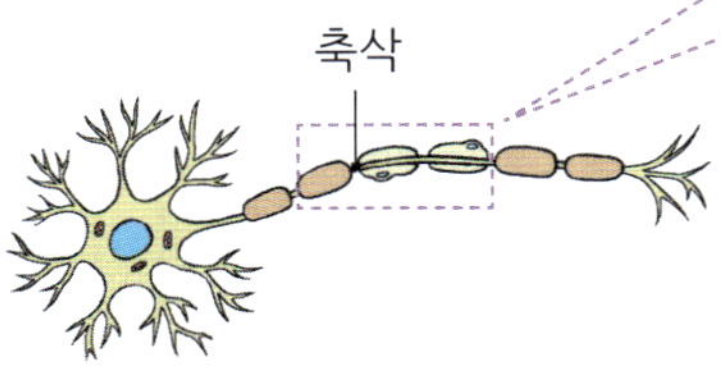

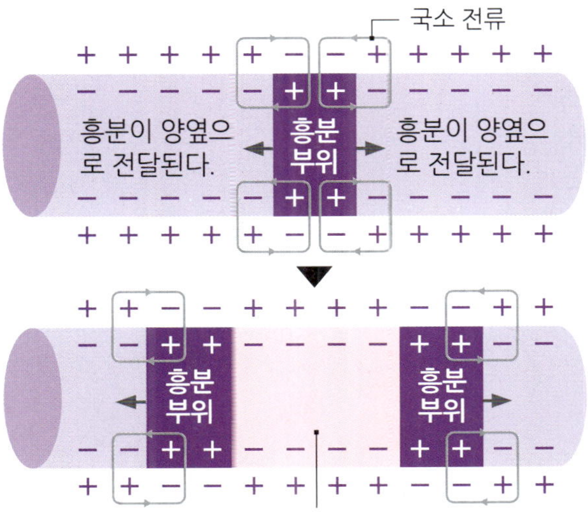

흥분한 부분은 그 후 '불응기'가 되어 흥분이 가라앉는다.

신경계 3 신경계의 구조

사령탑의 중추신경, 정보 전달의 말초신경

더불어 말초신경의 섬유는 몸신경과 자율신경으로 나눌 수 있습니다.
몸신경은 근육이나 피부로 이어져 있어 의식하기 쉬운 신경으로,
이 신경은 운동신경과 감각신경으로 나눌 수 있죠.
중추신경
명령
말초신경
자율신경
몸신경
운동신경
감각신경
※조금 전과는 다른분류
예를 들면, 감각신경은 귀로 들은 감독의 지시를 뇌로 전달하는 역할을 하고,
감각신경
감독이 볼을 차라고 말하고 있다…
볼을 차!
귀
뇌
운동신경은 '볼을 차!'라고, 뇌가 명령한 것을 몸에 전달하는 역할을 담당하는 신경이에요.
볼을 차!
운동신경
몸이 움직인다!
반대로, 자율신경은 내장과 혈관으로 이어지기 때문에 무의식적인 신경으로
자기의 의지대로 조작하기가 어려워요.
몸속 담당이죠
'심장아 더 움직여!'라고 생각해도 박동은 빨라지지 않죠.
무리야!!
골──!
신경도 축구도 각각의 포지션이 있어서 팀워크로 기능해요.
해냈다──!!

3

신경계의 구조

중추는 회색질, 말초는 신경섬유가 주인공

중추신경과 말초신경의 구조에 대해서 알아보자. 중추신경이란 **뇌**와 **척수**를 말하며, 각각 머리와 척추 안에 들어 있다.

뇌의 단면을 살펴보면 두 개의 다른 조직으로 구성되어 있음을 알 수 있다. 하나는 **백색질(white matter)**이라는 신경섬유가 모이는 부분, 다른 하나는 회색빛을 띤 **회색질(gray matter)**이라는 뉴런이 모여 있는 부분으로 뉴런의 세포체가 회색인 이유이다.

대뇌와 소뇌 표층의 주름진 부분은 **겉질(피질, cortex)**이라고 하며, 회색질이 대부분을 차지한다. 그 안쪽은 백색질이 많고, 더 안쪽으로 깊숙이 들어가면 다시 회색질이 많아진다. 거기에는 줄무늬체(꼬리핵 · 조가비핵), 창백핵, 시상밑핵 등의 ※**신경핵**이 모여 있으며, 통틀어 **대뇌 바닥핵(basal nuclei)**이라고도 한다.

덧붙이자면, 척수에서는 표층에 백색질이 많이 있고, 회색질은 깊은 곳에 모여 있다. 또한, 백색질과 회색질이 명확하게 구별되지 않고 섞여 있는 곳도 있다. 그런 곳을 **그물체(reticular formation)**라고 해서 뇌줄기에서 많이 볼 수 있다.

말초신경은 중추에 드나드는 신경으로 **뇌신경**(12쌍)과 **척수신경**(31쌍)이 있다. 말초신경의 뉴런은 **신경절세포(ganglion cell)**라고 불리며 뇌와 척추 밖에 신경절을 만들어 존재한다.

척수신경 섬유에는 중추에서 몸의 각 부위를 향해 정보를 전달하는 원심성 섬유(**운동신경**)와 몸의 각 부위에서 중추를 향해 정보를 전달하는 구심성 섬유(**감각신경**)가 있으며, 나아가 목적지에 따라서도 구분된다. 피부나 근육 등 몸통 벽에 이르는 신경이 **몸신경(somatic nerve)**이고, 내장이나 혈관에 도달하는 신경이 **자율신경(autonomic nerve)**이다.

신경핵(nucleus)

중추신경 내에 있는 신경세포체가 집중되어 있는 곳으로 회색질이라고도 한다. 신경의 분기점이나 중계점으로서 기능한다.

☑ 중추신경의 조직(대뇌의 이마 단면도)

뉴런의 세포체가 모여 있는 곳을 **회색질**, 신경섬유가 모여 있는 곳을 **백색질**이라고 한다.

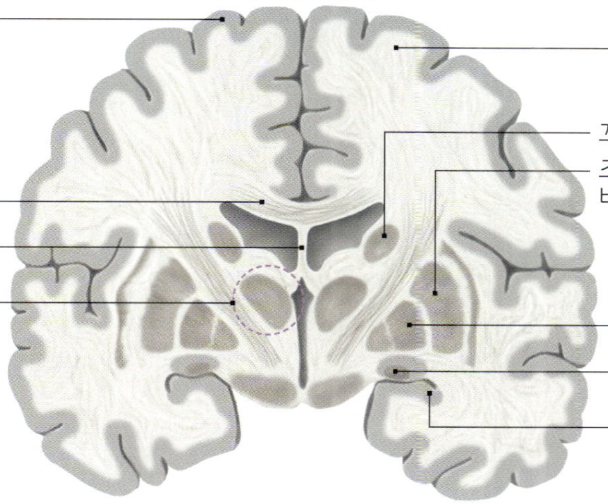

☑ 말초신경의 구조(척수신경의 경우)

척수에 드나드는 말초신경은 총 31쌍이고, 척수의 앞쪽에서 나온 **앞뿌리**와 뒤쪽에서 나온 **뒤뿌리**가 연결되어 척수신경을 구성한다.

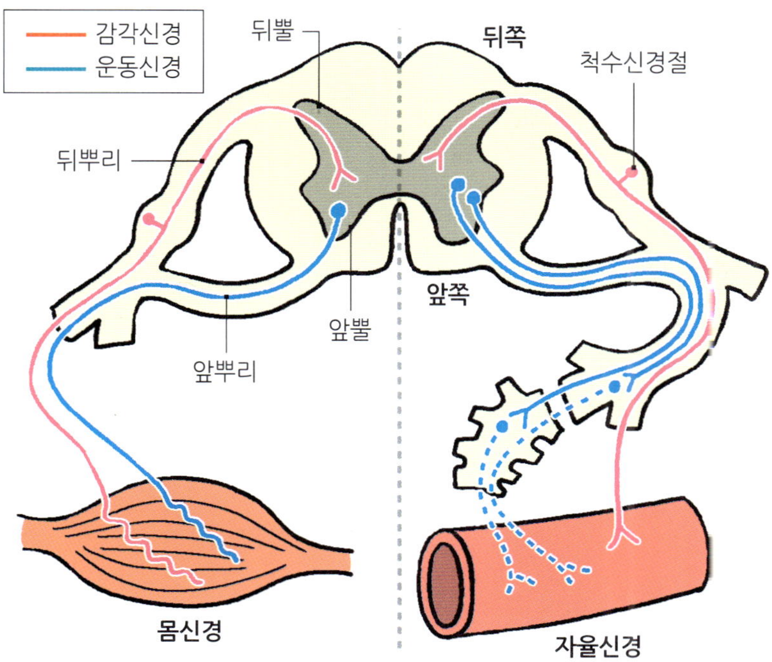

뒤뿌리의 중간에는 신경절이라는 부풀어 오른 곳이 있는데, 이곳에는 감각신경의 세포가 모여 있습니다.

제3장 생명을 활용하는 「동물성 기능」 신경계

신경계 4 중추신경 ① 뇌와 척수의 구조

뇌와 척수는 체액 속에 떠 있다.

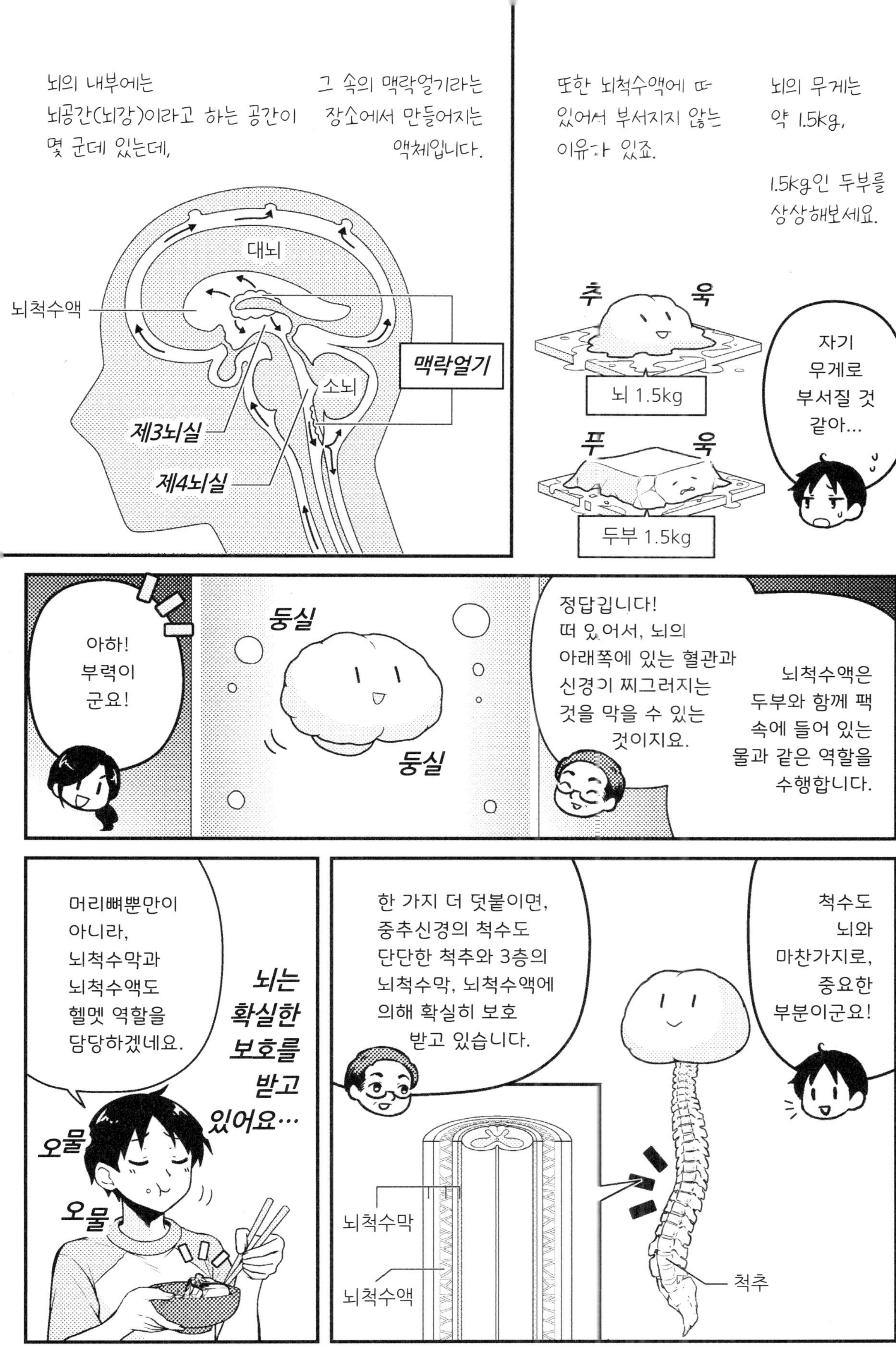
뇌의 내부에는
뇌공간(뇌강)이라고 하는 공간이 몇 군데 있는데,
그 속의 맥락얼기라는 장소에서 만들어지는 액체입니다.
대뇌
뇌척수액
맥락얼기
소뇌
제3뇌실
제4뇌실
또한 뇌척수액에 떠 있어서 부서지지 않는 이유가 있죠.
뇌의 무게는 약 1.5kg,
1.5kg인 두부를 상상해보세요.
추 욱
뇌 1.5kg
푸 욱
두부 1.5kg
자기 무게로 부서질 것 같아…
아하! 부력이 군요!
둥실
둥실
정답입니다! 떠 있어서, 뇌의 아래쪽에 있는 혈관과 신경이 찌그러지는 것을 막을 수 있는 것이지요.
뇌척수액은 두부와 함께 팩 속에 들어 있는 물과 같은 역할을 수행합니다.
머리뼈뿐만이 아니라, 뇌척수막과 뇌척수액도 헬멧 역할을 담당하겠네요.
뇌는 확실한 보호를 받고 있어요…
오물
오물
한 가지 더 덧붙이면, 중추신경의 척수도 단단한 척추와 3층의 뇌척수막, 뇌척수액에 의해 확실히 보호 받고 있습니다.
척수도 뇌와 마찬가지로, 중요한 부분이군요!
뇌척수막
뇌척수액
척추

4 중추신경 ① 뇌와 척수의 구조

살아가기 위해 꼭 필요한 기능의 집합체

뇌는 대부분을 차지하는 **대뇌**와 그 뒤에 매달려 있는 **소뇌**, 중심에 있는 **뇌줄기** 등으로 이루어져 있다.

대뇌는 많은 뉴런이 모여 있는 표층의 **대뇌겉질**과 내부의 **대뇌 둘레계통(변연계)**이라고 불리는 영역으로 구분된다. 그중 대뇌 둘레계통에는 ※**해마**와 ※**띠이랑**, ※**편도체** 등이 있어 기억과 감정을 관장하는 영역으로 기능한다.

소뇌의 구조는 대뇌와 많이 비슷하며, 표층은 겉질에 덮여 운동이나 자세 조절 등에 관여한다.

뇌줄기에는 생명 유지와 관련된 기능, 예를 들어 호흡이나 심장 박동, 혈압 등을 조절하는 중추가 집중되어 있다. 뇌줄기는 **중간뇌(midbrain)**, **다리뇌(pons)**, **숨뇌(medulla oblongata)**로 나뉘며, 그중 숨뇌는 척수와 연락한다.

또한, 뇌줄기의 최상부에는 **시상(thalamus)**과 **시상하부(hypothalamus)**로 나뉘는 사이뇌라는 곳이 있다. 시상은 대뇌겉질로 향하는 신경섬유의 중계소로 거의 모든 감각 정보는 시상을 경유하여 들어온다.

들어온 정보는 시상하부나 대뇌 둘레계통에도 전달되어 시상하부에서는 이러한 정보를 바탕으로 자율신경을 조절한다.

또 하나의 중추신경인 척수는 척추 안에 있다. 중심부의 **회색질** 주위를 **백색질**이 둘러싸고 있는 구조로 이루어져 있다.

백색질에는 뇌와 척수를 연결하는 신경섬유다발(경로)이 있어, 감각뉴런에서 받은 자극은 **오름신경로**를 통해 뇌로 전달되고 뇌로부터 내려온 명령은 **내림신경로**를 통해 운동뉴런까지 전달된다.

해마(hippocampus)

대뇌 둘레계통의 일부. 기억이나 학습 능력에 관여한다.

띠이랑(cingulate gyrus)

대뇌의 안쪽 면에서 뇌들보의 둘레를 앞뒤로 달리는 이랑. 대상겉질이라고도 한다.

편도체(amygdaloid body)

대뇌 둘레계통의 일부. 아몬드 모양의 신경세포 모임. 감정 반응의 처리와 기억에 관여한다.

뇌의 전체 모습

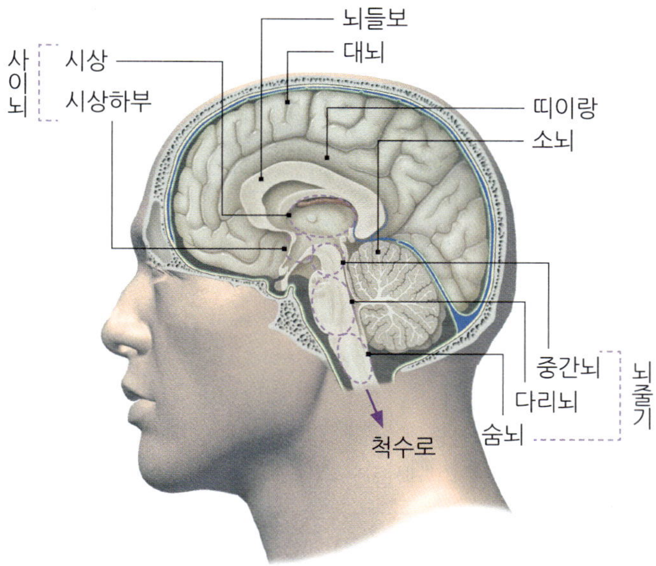

- **대 뇌** …대뇌겉질(고차의 정신 활동을 담당한다).
  …대뇌 둘레계통(자율 기능이나 본능적인 행동을 담당한다). 부위에 대한 세부 내용은 아래를 참조.
- **소 뇌** …운동계의 종합적인 조절에 관계한다.
- **뇌줄기** …호흡 · 순환 · 소화 등 생명 유지 기능을 담당한다.
- **사이뇌** (시상 · 시상하부)…감각계의 신경 경로 중계소. 본능이나 감정을 담당한다.

대뇌 둘레계통의 구조

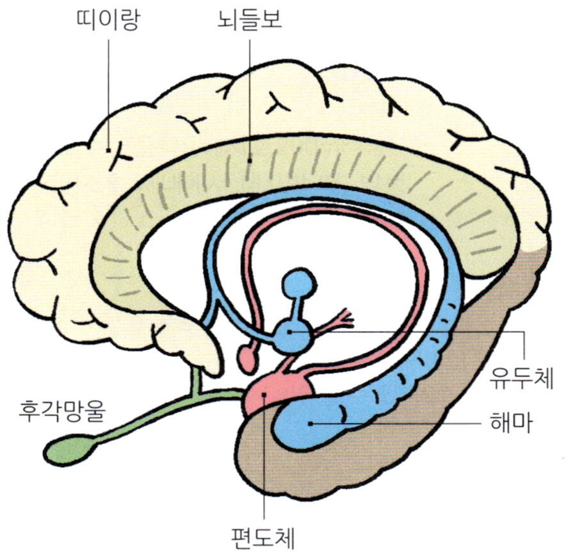

대뇌 둘레계통은 뇌의 내부에 있는 뇌들보를 C자 모양으로 둘러싸고 있는 오래된 겉질을 총칭한다. 기억 형성에 관여하는 **해마**와 감정에 관여하는 **편도체** 등으로 구성된다.

둘레계통의 발달 정도는 다른 포유동물과 큰 차이가 없습니다. 이런 점에서 본능이나, 감정과 같은 동물 공유의 기능에 관여하고 있다고 생각됩니다.

PICK UP!

현재 법률에는 '뇌사=사망'이라고 정의되어 있다. 뇌사는 뇌의 모든 기능이 정지된 상태를 가리킨다. 대부분의 대뇌 기능이 정지되어 있어도, 뇌줄기의 기능이 남아 있는 상태를 식물인간이라고 한다.

신경계 5 중추신경 ② 뇌의 기능 영역

뇌에는 지도가 있고 '난쟁이'도 있다.

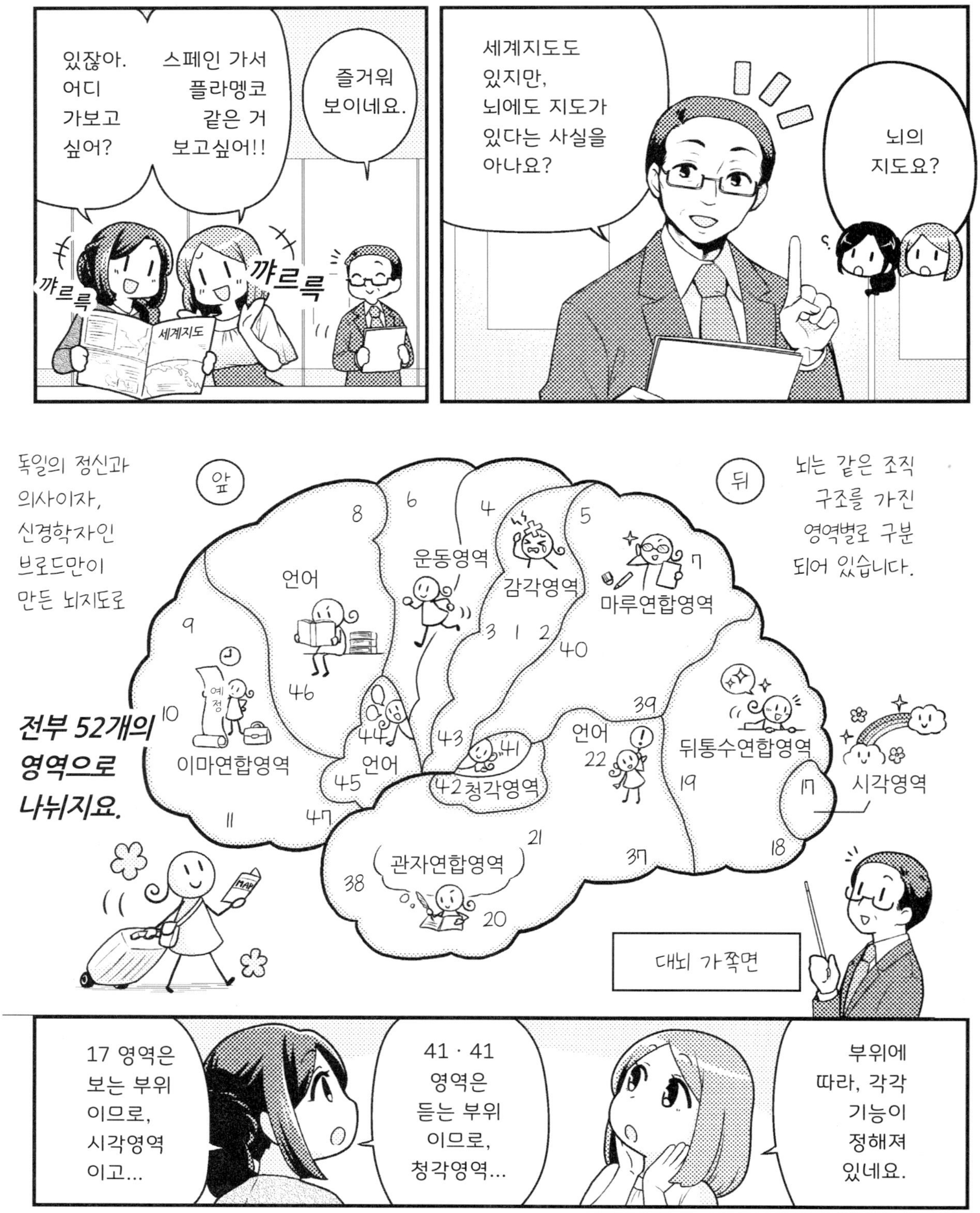

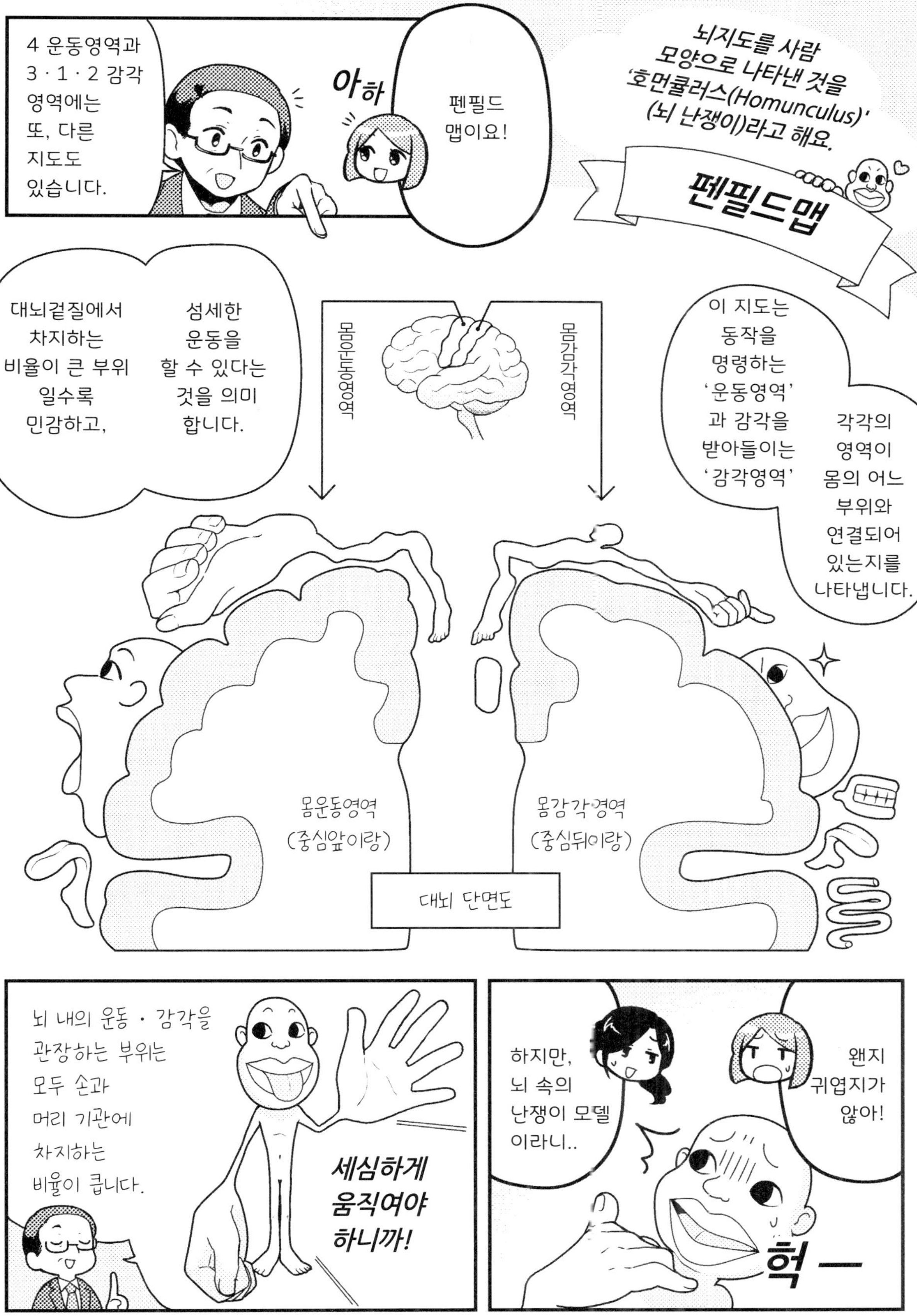
4 운동영역과 3·1·2 감각 영역에는 또, 다른 지도도 있습니다.
아하
펜필드 맵이요!
뇌지도를 사람 모양으로 나타낸 것을 '호먼큘러스(Homunculus)' (뇌 난쟁이)라고 해요.
펜필드맵
대뇌겉질에서 차지하는 비율이 큰 부위일수록 민감하고,
섬세한 운동을 할 수 있다는 것을 의미합니다.
몸운동영역
몸감각영역
이 지도는 동작을 명령하는 '운동영역'과 감각을 받아들이는 '감각영역'
각각의 영역이 몸의 어느 부위와 연결되어 있는지를 나타냅니다.
몸운동영역 (중심앞이랑)
몸감각영역 (중심뒤이랑)
대뇌 단면도
뇌 내의 운동·감각을 관장하는 부위는 모두 손과 머리 기관에 차지하는 비율이 큽니다.
세심하게 움직여야 하니까!
하지만, 뇌 속의 난쟁이 모델이라니..
왠지 귀엽지가 않아!
헉 —

5

중추신경 ② 뇌의 기능 영역

대뇌겉질의 기능은 영역별로 정해져 있다.

대뇌에는 뉴런이 다수 모여 있으며, 그것들이 활발하게 활동함으로써 복잡한 사고와 운동을 가능하게 한다. 표층의 **대뇌겉질(cerebral cortex)**은 **이마엽 · 마루엽 · 뒤통수엽 · 관자엽** 등 크게 4개의 영역으로 나뉜다.

그중에서도 말초신경과 직접 연결되어 각각의 장소에서 다르게 작용하고 있는 곳이 있다. 예를 들어, 이마엽의 **몸운동영역(somatomotor area)**, 마루엽의 **몸감각영역(somatosensory area)**의 뉴런은 모두 몸의 각 부위와 연락하여 운동과 감각을 담당하는 영역으로 기능한다.

몸 부위마다 뇌 영역의 넓이는 정해져 있고, 넓은 곳일수록 민감하거나 섬세한 운동이 가능하다. 그 외에는 관자엽에 있는 청각영역, 뒤통수엽의 시각영역 등도 말초신경과 직접 연결되어 있다.

다만, 대뇌겉질의 많은 장소는 ※**연합영역**이라고 불리며 대뇌겉질 내 뉴런끼리 연결되어 정보를 주고받는다. 그 교환이 기억하고 사고한다거나, 언어를 말하고 이해하는 인간다운 고도의 기능을 수행한다.

또한, 대뇌는 **대뇌세로틈새(대뇌종렬**, P. 185 참조**)**라는 홈에 의해 왼쪽과 오른쪽으로 나뉜다. 오른쪽 대뇌반구는 몸의 왼쪽, 왼쪽 대뇌반구는 몸의 오른쪽 운동과 감각을 지배한다. 그런데 언어적인 기능은 왼쪽 대뇌반구가, 영상적인 기능은 오른쪽 대뇌반구가 우위를 차지하는 등, 고차원적 기능에 대해서는 좌우 차이가 인정되고 있다. 하지만 왼쪽 · 오른쪽 대뇌반구는 신경섬유의 통로인 **뇌들보(corpus callosum)**에 의해 연결되어 있기 때문에 좌우의 분단이나 우열의 차이를 의식하지 않고 정리된 하나의 인격으로 이루어져 있다.

연합영역(association area)

대뇌겉질 내에서 다양한 정보를 주고받은 후 적절한 명령을 내리는 고도의 기능을 담당하는 영역. 반면 일차적인 기능을 담당하는 영역은 일차영역이라고 한다.

대뇌겉질의 4가지 영역과 역할 분담

뇌의 표층 부분(**대뇌겉질**)에는 신경세포가 많이 모여 있어서, 고차의 정신 기능을 담당한다. 그 표층 부분의 면적을 최대한 넓히기 위해 많은 주름이 존재하는데, 그중 두 틈새(**가쪽고랑 · 중심고랑**)에서 크게 4개의 영역으로 나뉜다.

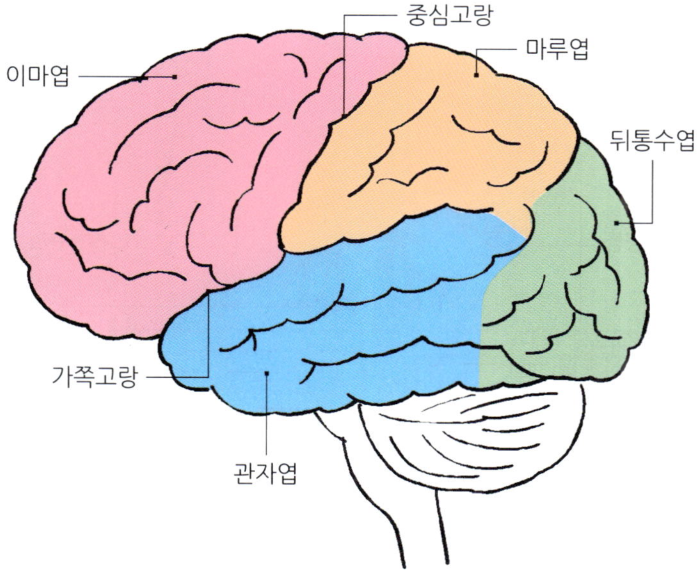

대뇌의 4개 영역

- **이마엽**(frontal lobe)
  운동 기능이나 '지성 · 감정 · 의사' 등, 사람다움에 관여한다.
- **마루엽**(parietal lobe)
  몸감각, 공간의 인지에 관여한다.
- **뒤통수엽**(occipital lobe)
  시각에 관여한다.
- **관자엽**(temporal lobe)
  청각, 의미의 이해에 관여한다.

대뇌에서 특정 역할을 담당하는 주요 장소

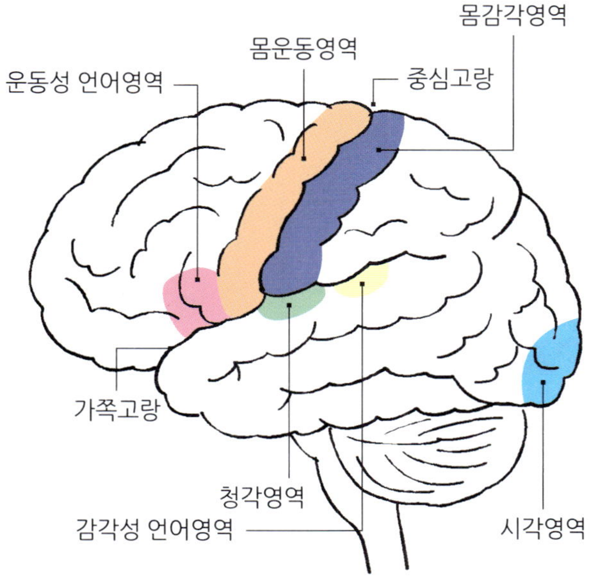

몸운동영역…뇌줄기와 척수의 운동뉴런과 연결되어, 근육의 운동을 담당한다.

몸감각영역…몸 전체의 피부를 통해 감각을 받아들인다.

시각영역…망막으로부터 정보를 받아들이는 시각의 중추

청각영역…속귀로부터 정보를 받아들이는 청각의 중추

신경계 6 말초신경 ① 척수신경

척수 앞에 운동신경, 뒤에 감각신경이 연결되어 있다.

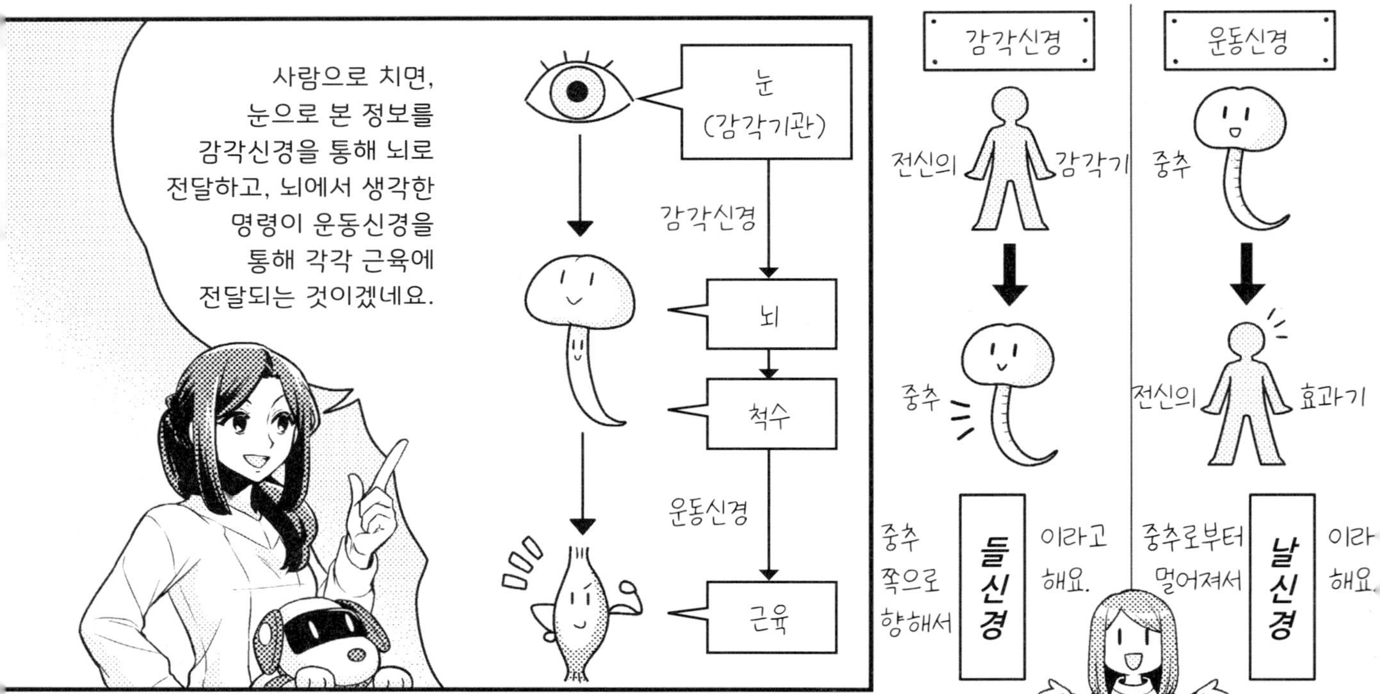

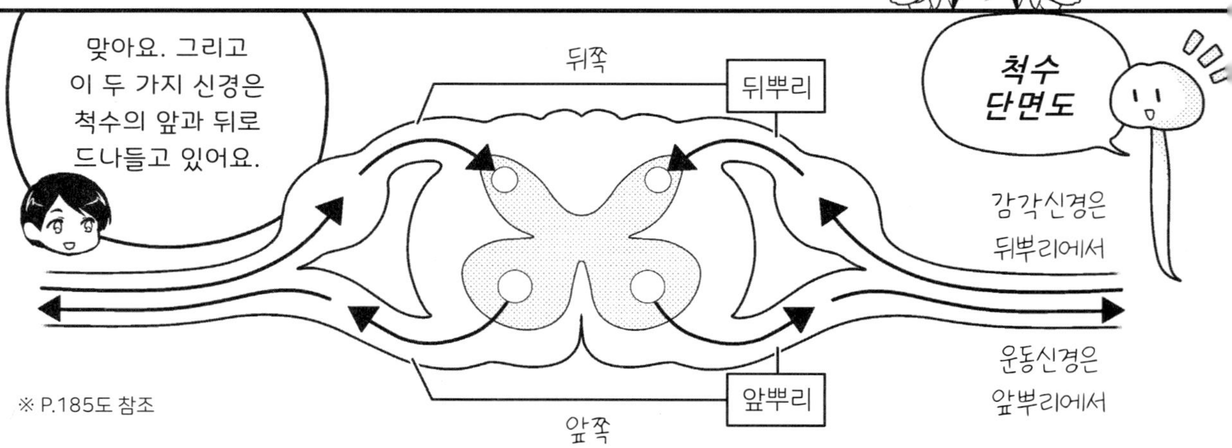

※ P.185도 참조

얘를 보고 있으니, AI가 사람과 동물의 움직임을 완벽히 재현하는 시대도 머지않은 것 같아!
음… 반사의 재현은 어떨까요?
반사?
감각신경을 통과한 정보가 뇌로 가지 않고 척수로 처리되어, 운동신경으로 전달되자마자 움직이는 반응입니다.
지글
위험해! 손 떼!
대뇌의 판단을 기다릴 수 없어!
반사
팟
척수
'반사' 예를 들자면, 뜨거워서 손을 뗄 때, 대뇌가 판단하기 전에 손을 떼서 몸을 보호하려는 현상이 있겠죠.
말초신경
중추신경
뇌
피부 (감각기관)
척수
근육 (운동기관)
척수에서 명령을 바로 되돌린다.
이러한 반응은 AI… 로봇에게는 아직 어려울지도 모르겠네요.
하지만, 연구도 진행되고 있으니 언젠가는 완벽히 재현할 수 있을 거예요.
지금 당장은 어렵겠지만…
미남을 제대로 인식하고, 있다니 감각신경이 우수한 것 같아!
…왠지 우리보다 선생님을 더 따르는 것 같은데?
하하하
그래 그래
AI의 미래가 밝구나

6

말초신경 ① 척수신경

뇌와 전신을 연결하는 신경의 전도로

말초신경(peripheral nerve)은 중추신경과 전신을 연결하는 신경의 경로로 척수에 출입하는 **척수신경(spinal nerve)**과 뇌에 출입하는 **뇌신경(cranial nerve)**이 있다.

척수신경은 모두 **31쌍**이다. 척추의 척추뼈와 척추뼈 사이에 있는 **척추사이공간**이라는 구멍을 통해 출입하며, 각각 척추 사이의 번호를 붙여 부른다. 위부터 **목신경**(8쌍=C1~C8), **가슴신경**(12쌍=T1~T12), **허리신경**(5쌍=L1~L5), **엉치신경**(5쌍=S1~S5), **꼬리신경**(1쌍=C0)의 크게 5가지로 구분된다.

척수신경에는 전신의 근육이나 피부 등의 몸통벽으로 향하는 **몸신경**과 내장이나 혈관으로 향하는 **자율신경**이 있다. 몸신경 중 근육으로 들어가는 가지는 ※**근육가지**, 피부에 분포하는 가지는 ※**피부가지**라고 부른다.

또한, 척수신경은 중추에서 말초 근육을 향해 명령을 보내는 날신경섬유(원심성 신경섬유)인 **운동신경(motor nerve)**과 말초 피부에서 받은 자극을 중추를 향해 보내는 들신경섬유(구심성 신경섬유)인 **감각신경(sensory nerve)**으로 나뉜다. 운동신경과 감각신경은 흥분이 전달되는 방향이 다르기 때문에 경로가 되는 신경섬유도 척수의 앞과 뒤로 나누어 출입하고 있다.

운동뉴런은 세포체가 척수 앞쪽에 있는 **앞뿔**이라고 하는 곳에 있으며, 거기에서 뻗어 나온 신경섬유**(앞뿌리)**를 통해 출입한다. 한편 감각뉴런의 세포체는 척수 밖에 있는 **척수신경절** 안에 있으며, 거기에서 뻗어 나온 신경섬유**(뒤뿌리)**를 통해 출입하고 있다(P. 185 참조).

즉, 앞뿌리를 운동신경이 사용하고, 뒤뿌리를 감각신경이 사용함으로써 경로를 구분하는 것이다.

근육가지(muscular branch)

뼈대근육으로 들어가는 가지. 근육 운동과 근육방추의 감각을 지배한다.

피부가지(cutaneous branch)

피부에 분포하는 가지. 피부 감각이나 땀샘으로부터의 분비를 지배한다.

☑ 척수신경의 명칭과 기능

척수신경(총 31쌍)은 척추사이공간을 나오면, 같은 영역의 몸통벽(근육 · 피부 등)으로 향하는 신경끼리 얽혀 **신경얼기**를 만들고, 거기서 목표 조직으로 향한다. 단, 가슴신경의 영역만은 신경얼기를 만들지 않고, 그대로 갈비사이신경으로 목표 조직을 향한다.

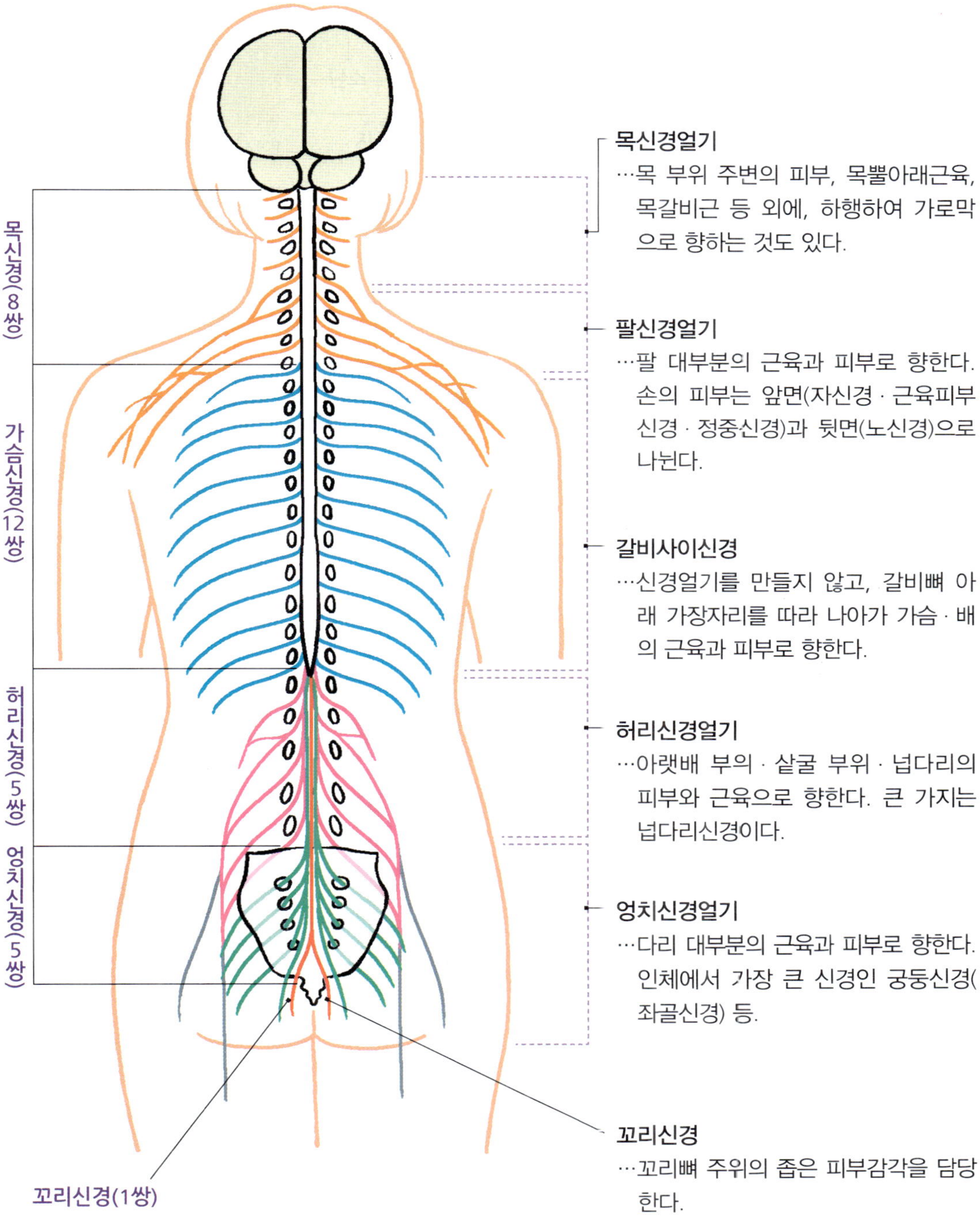

신경계 7 말초신경 ② 뇌신경

아가미의 흔적이 표정을 만든다.

물고기가 호흡하는 곳이요?
아가미
네. 사람의 몸에서는 물고기의 흔적을 볼 수 있습니다.
태아의 모습을 비교해보면, 조금 닮았지요?
진짜다!
사람
물고기
여기를 봐 주세요.
태가기에는 아가미의 흔적인 인두굽이가 선명하게 보이는데, 이 부분이 아가미가 되는 대신 머리 뼈대나 근육, 신경 등 다양한 기관으로 바뀌는 것입니다.
인두굽이
바뀌어 만들어진 것을 인두굽이 기관이라고 합니다.
인두굽이 기관은 주로 인간의 어떤 부분이 될까요?
정리하면, 인두굽이 신경이라고 합니다.
표정을 만드는 근육군을 움직이고 있는 신경이라고도 할 수 있지요.
뼈대 얼굴이나 목 부분의 연골 등.
근육 씹기근, 표정근 등.
신경 삼차신경, 얼굴신경, 혀인두신경, 미주신경 등.
삼차신경 얼굴의 감각을 전달 & 씹기 근육을 지배한다.
얼굴신경 표정근을 지배한다.
혀인두신경 미각을 전달 & 혀와 인두의 근육을 지배한다.
미주신경 & 더부신경 후두의 근육을 주로 지배한다.
친구가 다양한 표정을 짓는 것도 아가미의 흔적 때문이구나!
찡긋

7 말초신경 ② 뇌신경

아가미였던 기관이 인간에게 존재한다.

뇌에 출입하는 **뇌신경**은 모두 12쌍이 있다. 눈 · 귀 · 코 등의 감각기나 얼굴 주위의 근육(표정근), 분비샘 등을 향하는 **말초신경**으로, 각각의 신경은 독립적으로 작용하고 있다.

뇌신경은 그 기능에서 크게 3가지로 나눌 수 있다. 시각 · 청각 · 후각이라는 3가지 특수한 감각기관으로부터의 정보를 뇌에 전달하는 **특수감각신경**, 안구나 혀 등의 운동을 지배하는 **몸운동신경**, 그리고 또 하나가 인두굽이(새궁, 아가미궁)에서 진화했다고 여겨지는 기관(얼굴 주위의 뼈대나 근육 등)과 관련된 신경으로 **인두굽이신경(새궁신경)**이라고 불린다.

몇 가지 뇌신경의 기능을 구체적으로 살펴보자.

예를 들어, 안구를 움직이는 근육 중 가쪽에서 안구를 움직이는 근육(바깥눈근육)은 **눈돌림신경 · 도르래신경 · 갓돌림신경** 중 하나와 연결되어 있어 서로 협력하고 균형을 잡으면서 안구의 운동을 지배하고 있다. 이 세 가지 신경들은 모두 몸운동신경으로 분류된다.

또한, 인두굽이신경으로 분류되는 신경은 근육의 운동을 지배하는 운동성 섬유를 가지고 있어서 얼굴 주위에 있는 근육과 연결되어 있으며, 피부가 수용한 감각을 뇌로 전달하는 감각성 섬유나 침샘 분비를 촉진하는 부교감성 신경섬유도 포함된다.

예를 들어, **삼차신경(trigeminal nerve)**은 눈신경 · 위턱신경 · 아래턱신경의 3개의 가지로 나누어져 있다. 얼굴의 피부가 수용한 감각을 뇌에 전달하는 것 외에도 아래턱신경은 ※**씹기근육**의 운동을 지배하는 작용도 하고 있다.

또한, **얼굴신경(facial nerve)**은 모든 ※**표정근육**을 지배하고 있는 것 외에 침샘 분비를 지배하는 부교감성 작용도 담당하고 있다.

씹기근육(저작근, masticatory muscle)

아래턱뼈를 움직이는 근육을 총칭한다. 관자근, 깨물근, 가쪽날개근, 안쪽날개근의 총 4가지이다.

표정근육(mimic muscles)

얼굴 피부 바로 밑에 있는 근육을 총칭한다. 눈둘레근, 입둘레근, 광대뼈 등이 있다.

뇌신경(12쌍)의 분류와 그 명칭

뇌신경은 12쌍 있으며, 뇌에서 나오는 순서에 따라 로마 숫자 I 부터 XII까지 매겨져 있다.

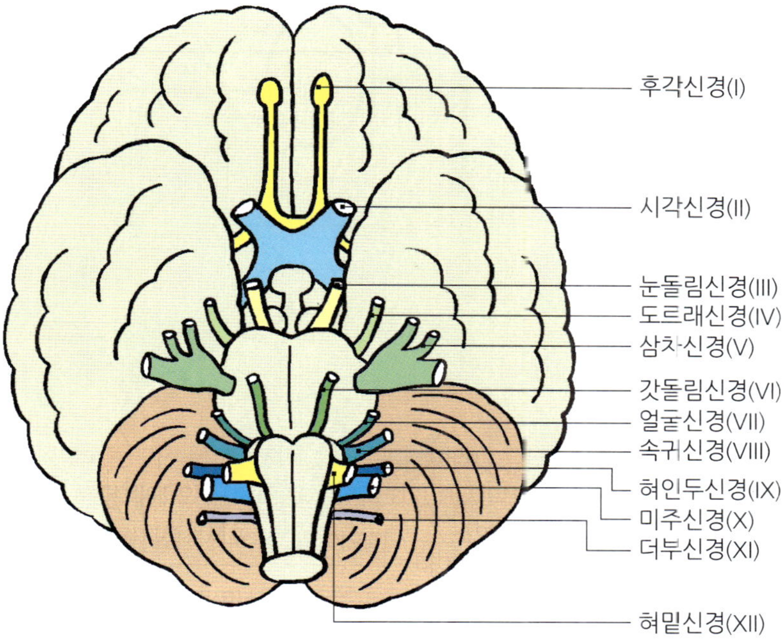

[특수감각신경]

후각신경(I) … 후각을 전달한다.

시각신경(II) … 시각을 전달한다.

속귀신경(VII) … 청각과 평행감각을 지배한다.

[몸운동신경]

눈돌림신경(III) · 도르래신경(IV) · 갓돌림신경(VI)
… 바깥눈근육(외안근)을 지배한다.

혀밑신경(XII) … 혀의 운동을 지배한다.

[인두굽이신경]

삼차신경(V) … 얼굴의 피부 · 점막 · 치아 등에 분포하여 각각의 감각을 담당한다(오른쪽 그림 참조). 또한 씹기근육의 운동을 지배한다.

얼굴신경(VII) … 표정근육을 지배하고, 얼굴 피부의 운동을 수행하며, 침샘 분비도 지배한다.

혀인두신경(IX) … 혀와 인두를 지배한다.

미주신경(X) … 후두의 운동과 감각을 지배한다.
가슴배 부위의 내장에까지 이른다.

더부신경(XI) … 미주신경에 부수된 목빗근과 등세모근이라고 하는 큰 근육을 지배한다.

삼차신경의 분포도

삼차신경은 뇌신경에서 가장 두껍고, 삼차신경절에서 각각 눈신경, 위턱신경, 아래턱신경으로 갈라진다. 이 중 아래턱신경이 씹기근육을 지배한다.

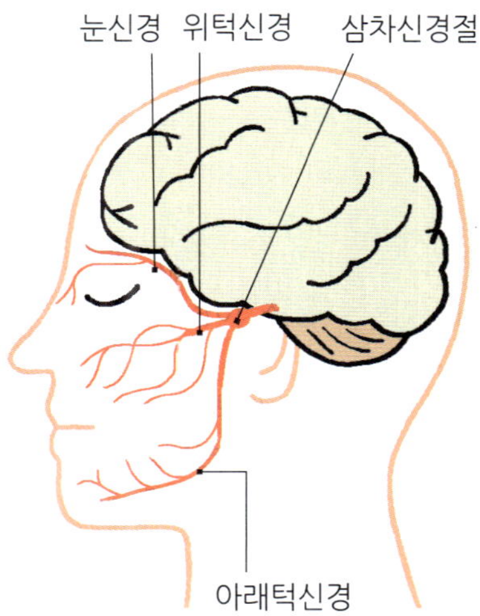

감각기 계통 1 감각기관의 종류

감각은 3종류로 나눌 수 있다.

추울 때는 겉옷을 입어 체내의 열을 놓치지 않는 것도 감각이 제대로 작동하고 있는 덕분이네요.
착
옷 입 자
감각은 그 정보를 받아들이는 수용기의 부위에 따라 크게 3종류로 나눌 수 있습니다.
먼저 수용기가 모두 머리 부위에 있는 것을 '특수감각'이라고 합니다.
시각 · 청각 · 후각 · 미각이 그것입니다.
특수감각!!
뭐가 특수하단 거예요?
예를 들어, 시각 등은 전신의 피부에서는 감지할 수 없고, 정해진 기관에서만 감지할 수 있답니다.
눈에서만!
그렇다면... 오감 중에 촉각만 특수한게 아니구나.
고독...
촉각은 전신에서 느낄 수 있으니까요.
코에서만!
냄새는 코, 맛은 혀에서만 느낄 수 있는 것처럼요.
냄새
혀
에서만!
촉각과 더불어 추위나 더위처럼, 전신의 피부에서 감지되는 감각이 '몸감각'입니다.
온
냉
몸감각!!
마지막으로 배고픔이나 구역질을 느끼는 감각이 '내장감각' 입니다.
기억해 두세요
내장에도 감각이 있다니!
꼬르르르르륵
네?
강태양 한테는 제일 익숙한 감각일지도

1

감각기관의 종류

감각은 오름신경로를 따라 대뇌로

감각기관(sensory organ)이 받아들인 정보는 모두 대뇌로 전달된다. 자극이나 변화를 감지하는 것은 각 위치에 있는 **감각수용기(sensory receptor)**이지만, 느끼고 반응하는 것은 대뇌겉질에 있는 **감각 중추(sensory center)**이다.

감각은 수용기가 있는 부위에 따라 크게 3가지로 나눌 수 있다. 머리에 있는 특수감각기관(눈 · 귀 · 코 · 혀)에 의해 감지되는 **특수감각(special sense)**, 전신의 피부나 근육의 수용기에 의해 감지되는 **몸감각(somatic sense)**, 내장의 수용기에 의해 감지되는 **내장감각(visceral sense)**이다. 또한, 몸감각은 피부가 감지하는 **피부감각**과 근육과 같은 운동기가 감지하는 **심부감각(bathyesthesia)**으로 나눌 수 있다.

피부에는 촉각을 감지하는 ※**마이스너소체**나 피부 변형에서 압각을 감지하는 ※**파치니소체**, 뜨겁고 차가운 것과 같은 온냉각이나 통각을 감지하는 ※**자유신경종말** 등 다양한 종류의 수용기가 분포한다. 한편, 운동기에는 **근육방추(muscle spindle)**라고 불리는 수용기가 있어 근육의 신전 상태에서 움직임이나 위치의 변동을 감지한다.

그리고 이러한 감각 정보가 대뇌까지 전해지는 경로를 **오름신경로(ascending pathways)**라고 한다. 모든 감각은 3가지 신경세포의 축삭을 거쳐 중추로 향한다.

척수신경절 내 일차신경세포에서 시작해 감각의 종류에 따라 3가지 경로로 나뉜다. 미세한 촉각이나 심부감각 정보는 척수의 **뒤섬유단(후삭)**으로 들어가 **안쪽섬유띠(medial lemniscus)**를 상행하는 경로를 통과한다. 그 외 대부분의 촉각은 척수의 **앞섬유단(전삭)**을 통해 들어와서 상행하는경로를 지난다.

또한, 온냉각이나 통각은 척수의 **가쪽섬유단**으로 들어가 상행하는 경로를 각각 지나 대뇌겉질의 **몸감각영역**에 도달한다.

마이스너소체(Meissner's corpuscle)

피부 표면에 가까운 진피에 존재하는 촉각 정보를 처리하는 감각수용기. 순응 속도가 빠르다.

파치니소체(Pacini's corpuscle)

표피의 깊은 곳에 있으며, 순응 속도는 빠르다. 피부가 눌린 감각(압각)을 감지하는 감각수용기이다.

자유신경종말(free nerve terminal)

표피 내에 있으며 자극을 수용하는 특별한 구조를 갖지 않는 신경섬유 말단. 침해 자극에 반응한다.

✔ 수용기에서 뇌까지의 경로

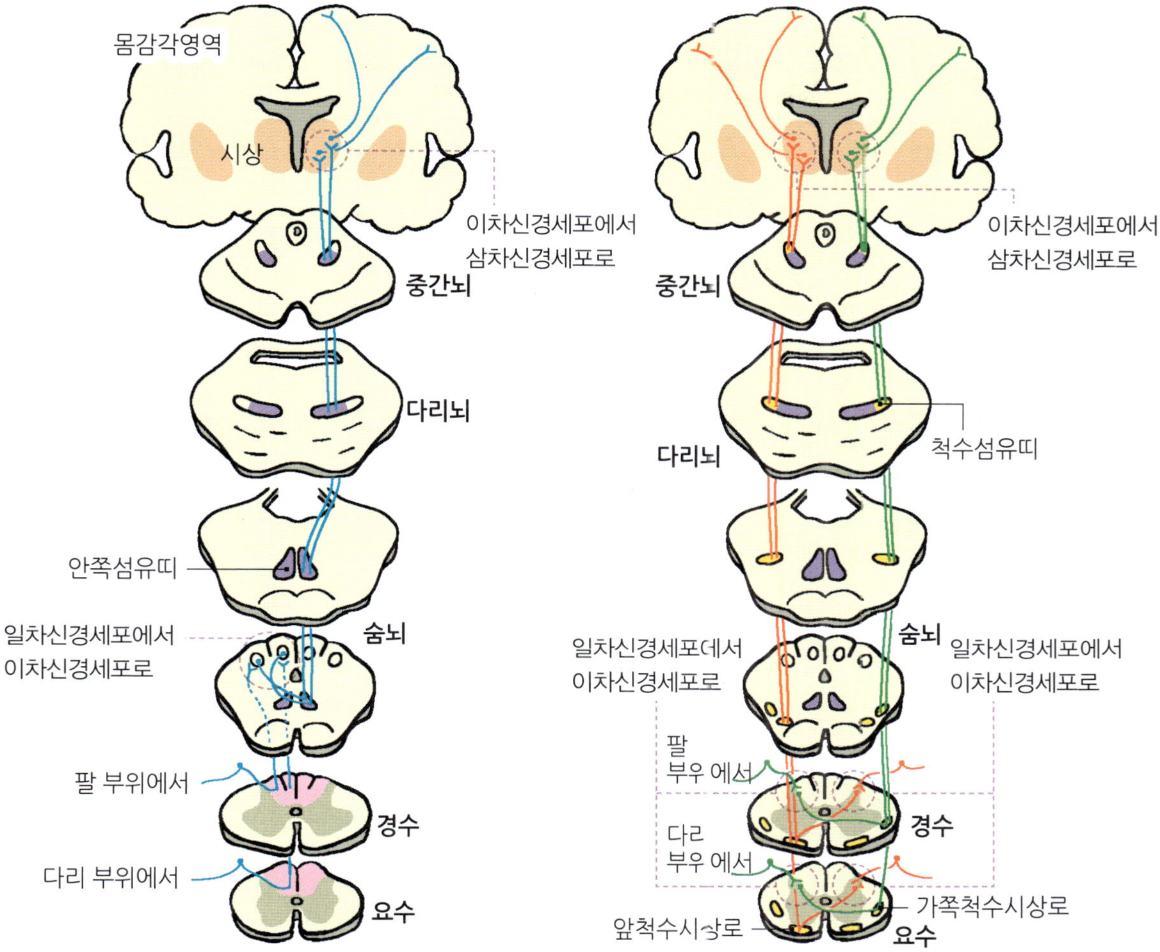

감각신경로(몸감각의 오름신경로)

❶ 정밀한 촉각과 근육의 신장 상태 등(심부감각)을 뇌로 전달하는 경우

경로 뒤섬유단-안쪽섬유띠로 (위 그림 왼쪽에 표시)

- 일차신경세포의 축삭은 척수의 뒤섬유단을 상행하며, 숨뇌의 뒤섬유단핵까지 도달한다.
- 이차신경세포에서 안쪽섬유띠를 상행하여 시상으로 들어가 삼차신경세포에서 대뇌겉질에 도달한다.

❷ 온냉각과 통각을 뇌에 전달하는 경우

경로 가쪽척수시상로 (위 그림 오른쪽에 표시)

- 일차신경세포의 축삭은 척수의 뒤뿔로 들어가 이차신경세포에서 반대쪽 가쪽섬유단을 지나 상행해서 시상으로 들어가고, 삼차신경세포에서 대뇌겉질에 도달한다.

❸ 대략적인 촉각이나 가려움증 등을 뇌에 전달하는 경우

경로 앞척수시상로 (위 그림 오른쪽에 표시)

- 일차신경세포의 축삭은 척수의 뒤뿔로 들어가 이차신경세포에서 반대쪽 앞섬유단을 지나 상행해서 시상으로 들어가고, 삼차신경세포에서 대뇌겉질에 도달한다.

감각기 계통 2 시각

안구는 3층의 벽에 의해 보호된다.

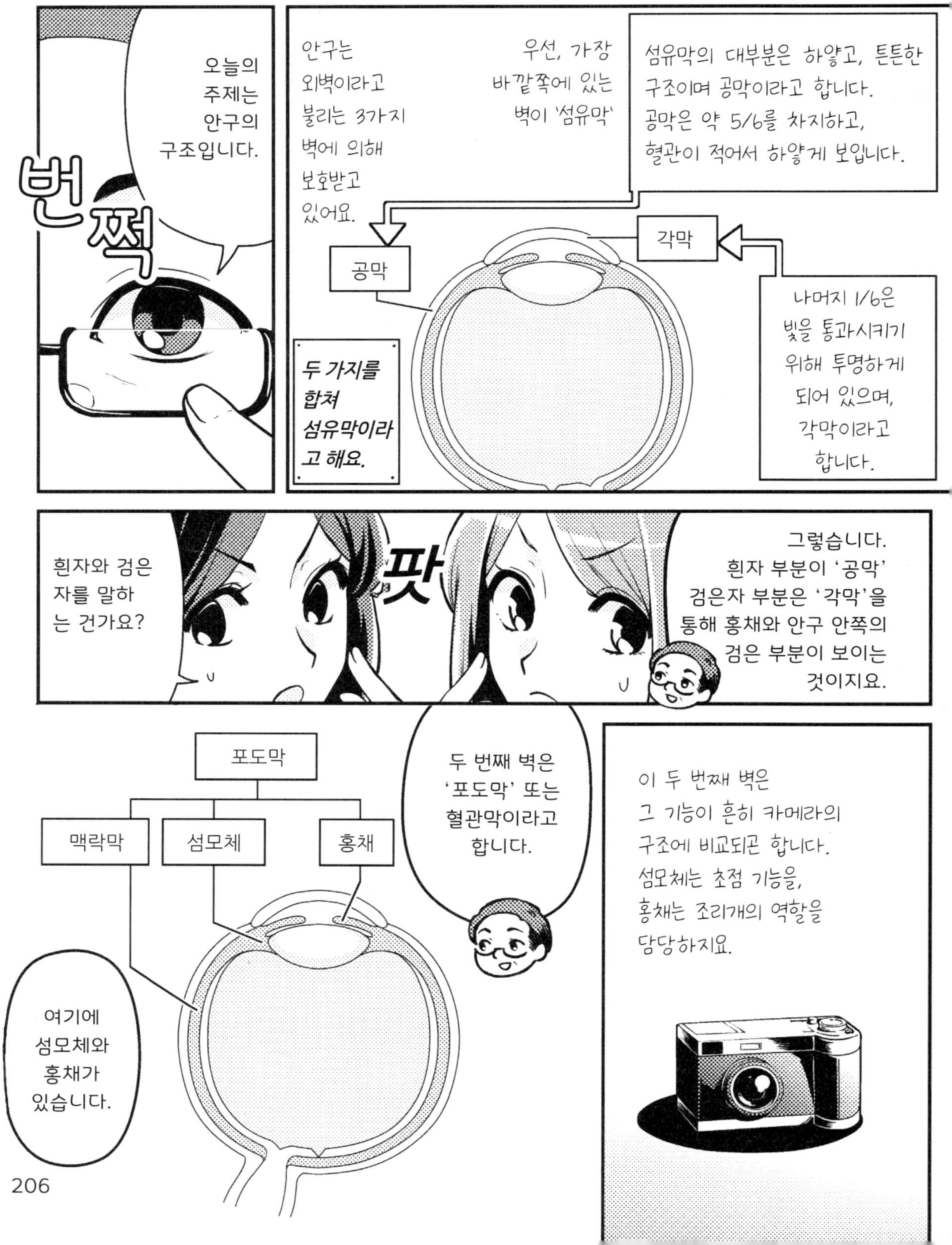

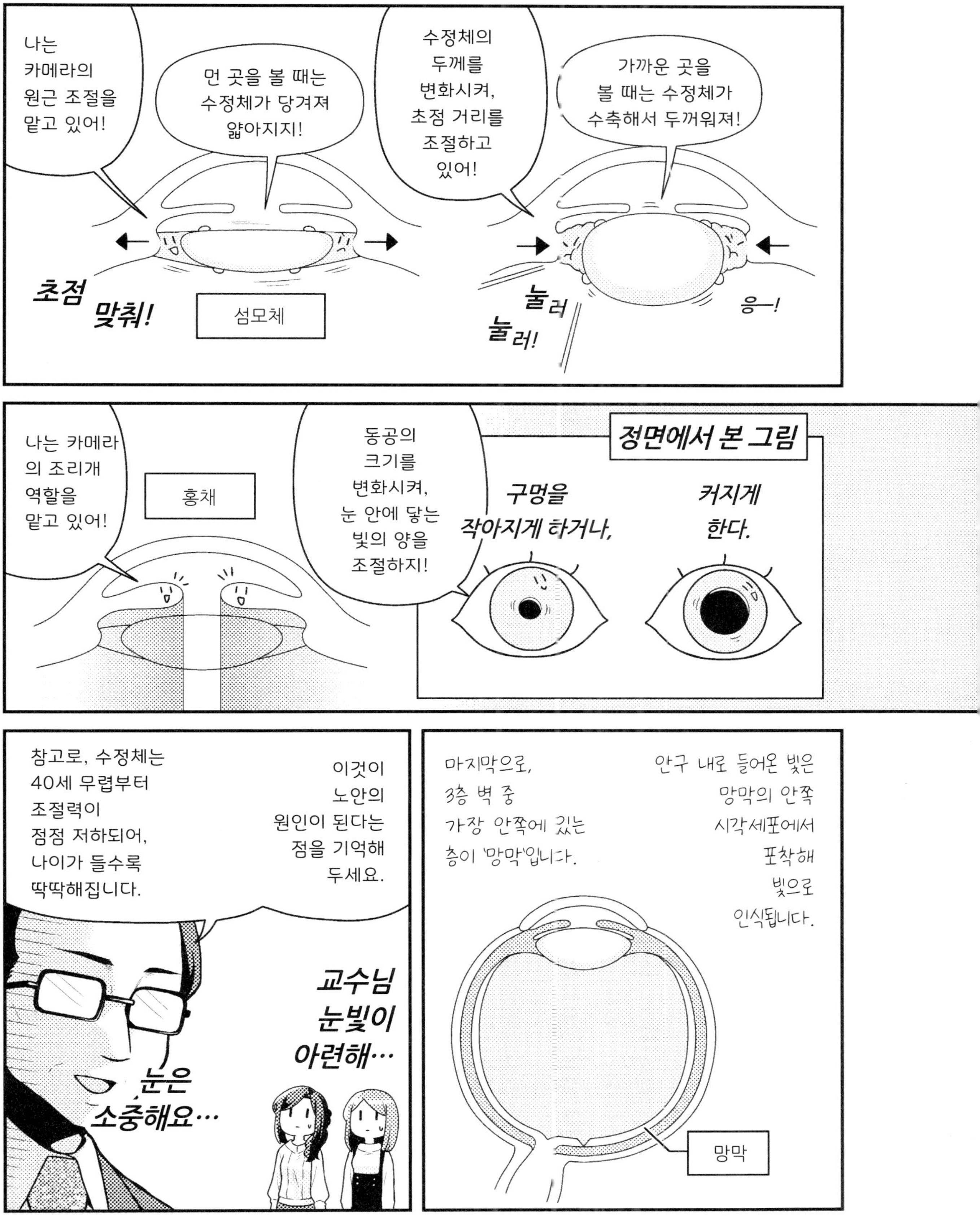
나는
카메라의
원근 조절을
맡고 있어!
먼 곳을 볼 때는
수정체가 당겨져
얇아지지!
초점
맞춰!
섬모체
수정체의
두께를
변화시켜,
초점 거리를
조절하고
있어!
가까운 곳을
볼 때는 수정체가
수축해서 두꺼워져!
눌러
눌러!
응―!
나는 카메라
의 조리개
역할을
맡고 있어!
홍채
동공의
크기를
변화시켜,
눈 안에 닿는
빛의 양을
조절하지!
정면에서 본 그림
구멍을
작아지게 하거나,
커지게
한다.
참고로, 수정체는
40세 무렵부터
조절력이
점점 저하되어,
나이가 들수록
딱딱해집니다.
이것이
노안의
원인이 된다는
점을 기억해
두세요.
교수님
눈빛이
아련해…
눈은
소중해요…
마지막으로,
3층 벽 중
가장 안쪽에 있는
층이 '망막'입니다.
안구 내로 들어온 빛은
망막의 안쪽
시각세포에서
포착해
빛으로
인식됩니다.
망막

2 시각

눈으로 본 정보는 망막에서 뇌로

눈(안구)은 직경 25mm 정도의 크기로 공 모양을 하고 있다. 안구벽은 바깥쪽부터 **섬유막(fibrous membrane)**, **포도막(혈관막, uvea)**, **망막(retina)**의 3층으로 이루어져 있다.

섬유막은 하얗고, 튼튼한 **공막(sclera)**과 투명한 **각막(cornea)**으로 나뉜다. 안구를 밖에서 보면 흰자와 검은자로 나누어져 있는 것을 알 수 있다. 흰자 부분이 공막이고, 검은자 부분이 각막이다. 투명한 각막을 통해 안쪽의 검은 부분이 보이는 것이다. 빛은 각막을 통해 들어온다.

포도막(혈관막)은 혈관과 멜라닌 색소가 풍부한 얇고, 검은 막으로 맥락막이라고도 한다. 그중 앞쪽에서 수정체를 받치고 있는 부분을 ※**섬모체(모양체, ciliary body)**, 수정체 앞면을 향해 튀어나와 있는 부분을 ※**홍채**라고 한다.

섬모체에는 민무늬근육이 포함되어 있어 이완하거나 수축함으로써 렌즈의 기능을 담당하는 수정체의 두께를 바꾸어 초점을 조절한다. 또한, 홍채는 중앙에 뚫린 구멍(**동공**)의 크기를 바꿔 빛이 들어오는 양을 조절한다.

망막에는 여러 종류의 신경세포가 존재하며, 그 가장 안쪽 부분에 빛을 감지하는 **시각세포(visual cell)**가 모여 있다. 시각세포는 색을 느끼는 **원뿔(원추)세포**와 흑백만을 느끼는 **막대(간상)세포**의 2종류로 나뉜다.

시각세포가 포착한 빛의 정보는 **두극세포(bipolar cell)**를 경유하여 표층에 있는 **신경절세포**로 전달된다. 신경절세포에서 나온 축삭이 안구 뒤쪽에서 모여 **시신경(optic nerve)**이 되어 머리 안으로 들어간다.

그 후 **시각교차(optic chiasm)**에서 절반의 시신경이 교차하여 시각로에서 모이고, **가쪽무릎체**를 경유하여 시야의 왼쪽 절반(망막 오른쪽 절반)에 대한 정보는 우뇌의 시각영역에, 오른쪽 절반(망막 왼쪽 절반)부터는 좌뇌의 시각영역에 각각 도달한다.

섬모체(모양체, ciliary body)

섬모체근이라는 민무늬근육을 포함한다. 섬모체띠라는 섬유조직과 연동하여 수정체의 두께를 바꾸어 초점을 조절한다.

홍채(iris)

동공조임근과 동공확대근 등의 민무늬근육으로 이루어진다. 사이의 구멍을 동공(pupil)이라고 하며, 그 크기를 바꿈으로써 빛의 양을 조절한다.

눈의 구조

빛은 **각막**으로 들어가 앞방, 수정체, 유리체를 통과해 망막에 도달한다. **망막**에서 감지한 빛은 시신경을 지나 뇌로 전달된다.

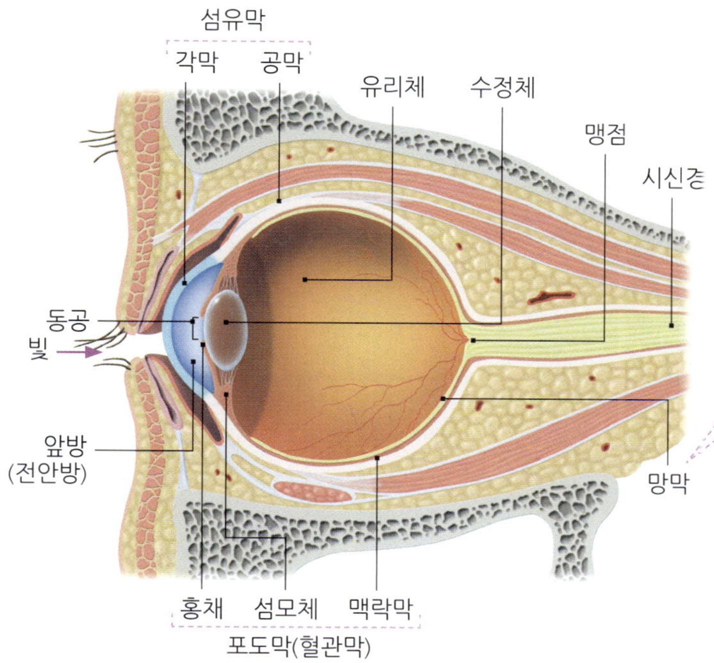

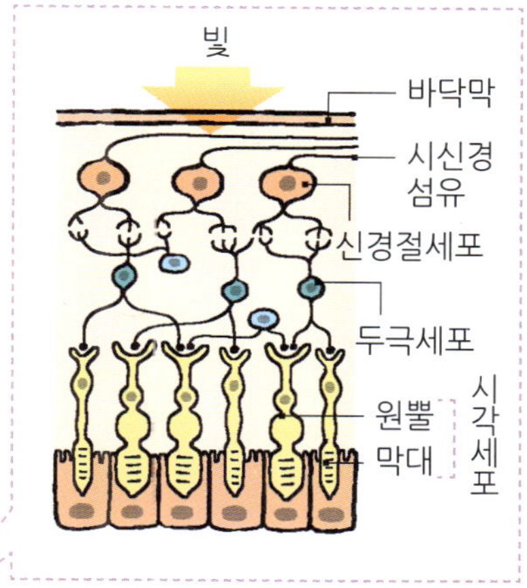

망막에서는 다양한 세포가 규칙적으로 층을 만든다. 시각세포층에는 빛의 감도는 높지만, 흑백만을 느끼는 **막대세포**와 빛의 감도는 낮지만 색을 느끼는 **원뿔세포**가 있다.

시각전도로

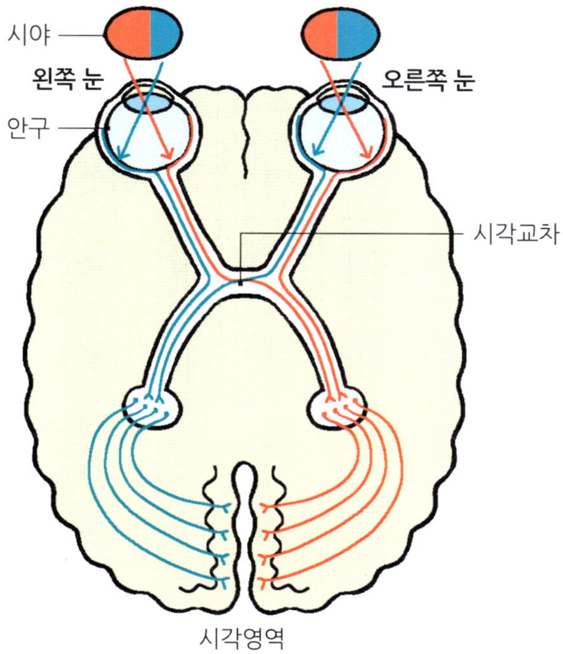

안구 각각 절반의 정보가 머리 안에 들어오면, 바로 **시각교차**를 만든다. 예를 들어, 오른쪽 안구의 왼쪽 절반의 시야 정보와 왼쪽 안구의 왼쪽 절반의 시야 정보가 뇌의 오른쪽 시각영역으로 전달된다.

PICK UP!

수정체…탄력성을 잃으면 '노안', 탁해지면 '백내장'

망막…벗겨지면 '망막박리'

시신경…안압이 높아져 압박되면 '녹내장'

감각기 계통 3 청각

바깥에서 보이는 귀는 전체의 극히 일부이다.

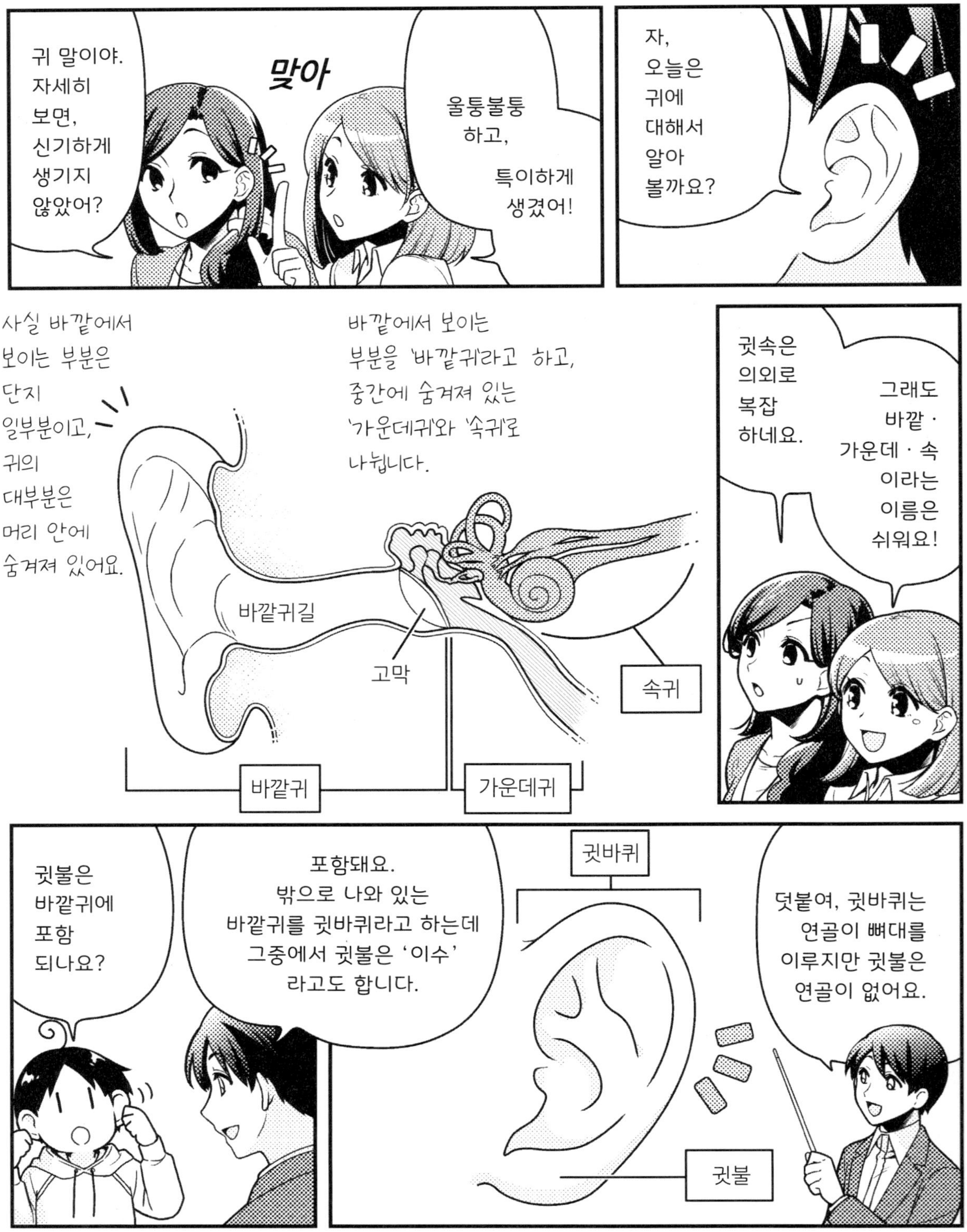

바깥귀길에서 고막을 사이에 둔 안쪽이 가운데귀.
가운데귀는 귓속뼈라는 3개의 작은 뼈에 의해, 고막의 진동을 속귀로 전달한다.
모루뼈
등자뼈
망치뼈
고막
조금 독특한 이름 이네요...
한자로는 槌(망치) 砧(다듬이) 鐙(발걸이)라고 쓰며, 명칭은 각 형태와 비슷한 것에서 유라한다고 여겨집니다.
3가지 귓속뼈의 명칭
망치뼈 모루뼈 등자뼈
꽝
망치는 말 그대로 망치를 의미합니다.
고막에서의 진동을 전달해요!
망치뼈
망치뼈에서 받은 진동을 받아 들여요!
모루뼈는 키누타뼈라고도 하는데, 키누타는 옛날에 사용하던 다다미 중 하나예요.
모루뼈
등자는 승마에서 발을 걸 때 사용하던 것!
진동을 속귀로 전달하는 마지막 역할!
등자뼈
그리고, 속귀는 달팽이 껍데기를 닮은 모양에서 이름 붙여진 '달팽이(와우)'라는 기관이 핵심입니다.
달팽이
나는 특히, 소리의 진동과 평행감각 정보를 감지하는 기관이야!
귀여워—
등자뼈의 이웃

3 청각
공기의 진동 → 물의 진동 → 전기 신호

귀는 소리를 듣기 위한 기관이며 구조는 **바깥귀(external ear)** · **가운데귀(middle ear)** · **속귀(inner ear)**의 세 부위로 나뉜다.

바깥귀는 밖에서 보이는 부분인 **귓바퀴(auricle)**와 **바깥귀길(external auditory meatus)**로 이루어져 있으며, 바깥귀에서 모아진 소리의 진동을 안쪽에 있는 **고막(tympanic membrane)**으로 전달한다. 바깥귀길에는 겨드랑이와 마찬가지로 ※**아포크린샘**이 있다. 이 땀샘에서 나온 분비물이 귀지이다.

가운데귀는 고막과 **고실(tympanic cavity)**로 나뉜다. 고실에는 세 개의 작은 뼈(망치뼈, 모루뼈, 등자뼈)로 이루어진 **귓속뼈(이소골, auditory ossicle)**가 있어 고막의 진동을 크게 하여 속귀로 전달한다.

또한, 고실은 **귀관(auditory tube)**에 의해 인두와 연결되어 있으며, 평소에는 닫혀 있어서 공기의 출입이 없다. 비행기를 탔을 때와 같이 급격한 기압 변화가 있으면 귀가 먹먹하거나 통증을 일으키는 일이 발생하는데, 이럴 때는 침을 삼키면 귀관이 일시적으로 열려 내외 기압의 차이가 사라진다.

속귀는 관자뼈 안에 있으며 **뼈미로(osseous labyrinth)**라는 뼈로 이루어진 미로와 같은 공간과 그 내부에 자리한 **막미로(membranous labyrinth)**라는 자루 모양의 기관으로 이루어져 있다. 그리고 속귀 전체는 **달팽이(cochlea)**, **안뜰(vestibule)**, **반고리관(semicircular duct)**이라는 세 영역으로 나뉜다.

달팽이(와우)는 달팽이 껍데기처럼 소용돌이 치는 구조로, 그 안에는 속림프액으로 채워진 달팽이관이 있다. 그 바닥에 코르티기관이라고 불리는 감각수용기가 있어 림프액에 전달된 진동을 감지하면 전기 신호로 변환하는 작용을 한다. 전기 신호로 변환된 정보는 **속귀신경(vestibulocochlear nerve)**을 통해 관자엽의 **청각영역**에 도달한다. 또 안뜰과 반고리관에서 감지된 평형감각도 소리 정보와 마찬가지로 속귀신경을 통해 뇌로 전달된다.

아포크린샘(apocrine gland)

단백질이나 지방분이 많은 분비물을 내는 땀샘. 이 분비물이 귀지가 되어 쌓인다. 땀샘이 발달한 사람의 귀지는 축축하고, 냄새도 강하다.

귀의 구조와 소리의 전달

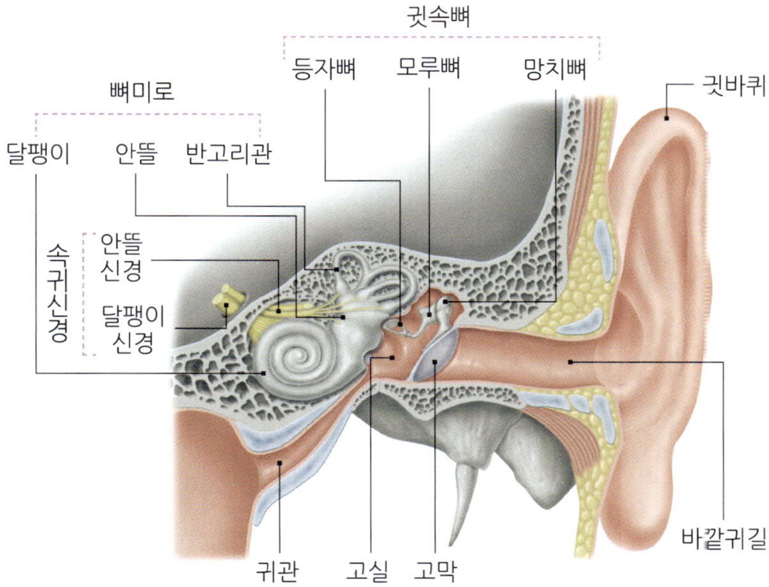

소리의 정보 전달

❶ 음파(공기의 진동)로서 귓속에 들어간다.

▼

❷ 고막과 귓속뼈에 의해 증폭된다.

▼

❸ 달팽이 내의 림프에 전달된다(액체의 진동).

▼

❹ 속귀신경을 통해 뇌의 청각 영역에 이른다.

안뜰과 반고리관의 역할

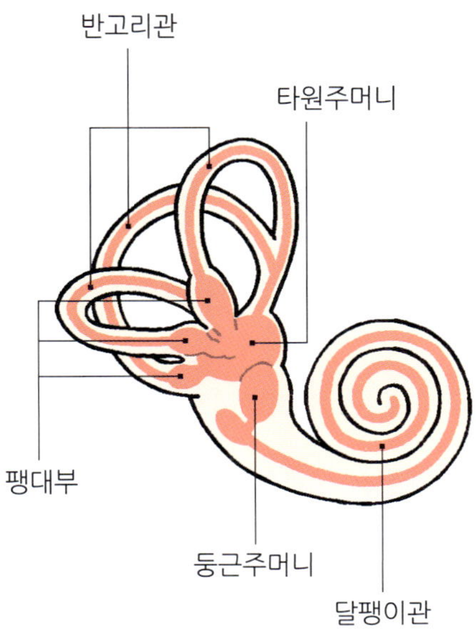

안뜰

안뜰(전정)에는 타원주머니, 둥근주머니라고 불리는 두 개의 자루 모양의 기관이 있고, 그 속 벽에 몸의 기울기를 감지하는 감각세포가 모여 있다.

귀돌(이석)이 어긋나 감각모에 옆으로 힘을 가함으로써 기울기를 감지한다.

반고리관

반고리관은 양쪽 끝 모두 앞뜰과 연결되어 있는데, 그 한쪽에는 팽대부라고 하는 볼록한 부분이 있고, 그 속 벽에 회전운동을 감지하는 감각세포가 모여 있다.

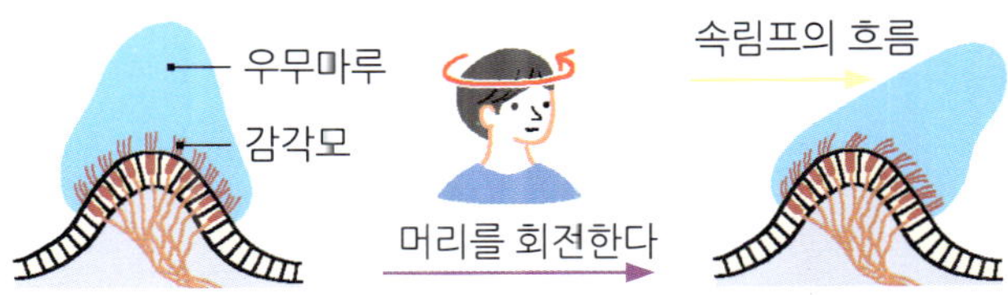

림프가 머리 회전에 의해 흐르면 우무마루(팽대정, cupula)라는 기관이 움직이고, 그 감각모가 자극을 받아 회전을 감지한다.

감각기 계통 4 후각과 미각

'맵다'는 미각에 포함되지 않는다.

매운맛이 통증 이었다니…
흑흑…
매운맛을 입안 점막에서 느낀다면, 오미는 어디서 느끼는 건가요?
혀 표면의 점막에는 유두라는 작은 돌기가 있습니다.
그 유두 일부분에 맛을 느끼는 맛봉오리가 있어요.
맛봉오리
미각세포
미각신경섬유
그리고, 미각에는 몸을 보호하는 센서의 역할이 있습니다.
만약 미각이 없으면, 어떨지 상상해보세요.
음
맛을 알 수 없으면, 무엇을 먹어야 할지 모를 것 같아요…
무엇을 먹어야 하지?
먹는 재미도 없고…
미각이 있어서 적절한 음식을 고를 수 있는 셈이지요.
그리고, '맛있다' '맛없다'라는 판단도 중요 합니다.
'맛없다'라는 감각도 위험 신호로 활약하죠.
극도로 쓴맛이나 고통스러운 맛은 몸에 해로울 수도 있으니까요.
우웩 이 빵
너무 탔잖아…
'맛없다'라는 감각이 이런 음식을 입에 넣지 못하도록 하는 거구나!

4 후각과 미각
맛과 냄새를 감지하는 부위에 관하여

맛을 감지하는 혀는 입안에 붙어 있는 뼈대근육의 덩어리이다. 혀의 표면은 단단한 결합조직과 점막으로 덮여있으며, 점막에는 ※**유두**라고 불리는 작은 돌기가 다수 존재한다.

맛봉오리(미뢰, taste bud)라는 감각수용기는 일부 유두의 안에 있으며, 이곳에서 다양한 맛을 감지한다.

맛봉오리가 감지한 정보는 신경을 통해 대뇌겉질의 **미각영역**으로 전달된다. 뇌로 통하는 신경은 혀의 위치에 따라 달라진다. 혀의 앞 2/3 지점부터는 **삼차신경**과 **얼굴신경**이, 뒤 1/3 지점부터는 **혀인두신경**이 뻗어 있다.

그렇다면 냄새를 감지하는 코는 어떤 구조일까? 냄새의 정체는 공기 중을 부유하는 화학물질로, 그것들은 **냄새 분자**라고 한다. 냄새 분자는 코안(비강)으로 들어가면 천장을 덮는 ※**후각상피** 점막에 흡수된다. 후각상피에 다수 존재하는 **후각세포**가 뻗어 나온 **후각모(olfactory hair)**로 포착해 받아들인 정보는 **후각신경(olfactory nerve)**을 통해 뇌로 전달된다. 후각신경은 후각세포에서 하나씩 뻗어 나온 **축삭**이 모여 이루어진 신경섬유다발로 ※**후각로고랑(후구)**, **후각로(후삭)**를 지나 **후각겉질**(대뇌)에 도달한다.

또한, 냄새의 종류는 수십만 종이라고 알려져 있지만, 하나의 후각세포는 하나의 냄새 분자에만 반응하기 때문에 몇몇의 후각세포가 협력하여 냄새를 맡는다.

그리고 후각과 미각은 **순응**이 빠르고, 같은 자극을 계속 받으면 느낌이 약해진다는 특징이 있다. 이러한 현상은 **선택적 피로(olfactory fatigue)**라고 하며 특정 맛이나 냄새에 대해서만 느끼기 어렵게 된다고 한다. 반대로 말하면 그럴 때도 다른 맛과 냄새는 명확히 느낄 수 있다.

유두(papilla)

혀에 있는 유두는 버섯유두, 잎새유두, 성곽유두 등이 있으며, 각각 분포하는 장소가 다르다. 이 중 맛봉오리가 있는 것은 잎새유두와 성곽유두이다.

후각상피(olfactory epithelium)

코안의 윗부분에 해당하는 부분으로 전체가 점막으로 덮여 있으며, 후각세포가 있다.

후각로고랑(후구, olfactory sulcus)

후각세포에서 후각 정보를 받는 뇌의 영역. 여기서 대뇌겉질의 후각겉질로 출력된다.

✔ 미각기관의 구조

맛에는 여러 가지가 있는데, 짠맛 · 신맛 · 단맛 · 쓴맛 · 감칠맛이 기본이다.

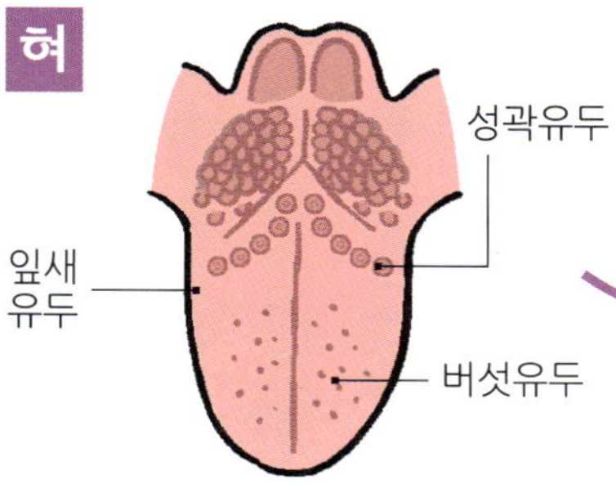

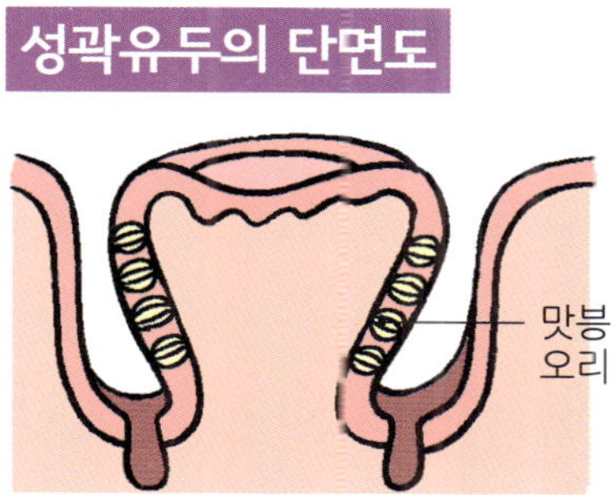

맛을 느끼는 과정

혀의 표면에 있는 유두라는 돌기 안에 맛봉오리라는 감각수용기가 있다. 미각 정보를 포착한다.

↓

신경을 통해 대뇌겉질의 미각영역으로 전달된다.

↓

'달다! 짜다! 시다! 쓰다! 감칠맛이다!'를 느낀다.

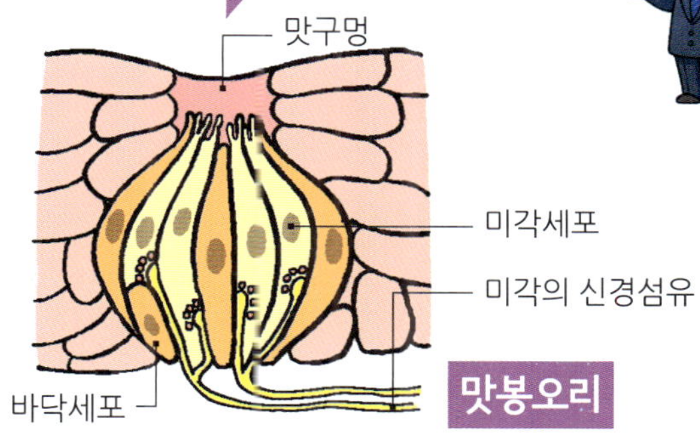

✔ 후각기관의 구조

후각상피에는 보우만샘이 있으며, 표면을 덮는 점액은 여기서 분비되고 있다. 냄새 분자를 감지하는 **후각세포**는 후각상피에 다수 있다.

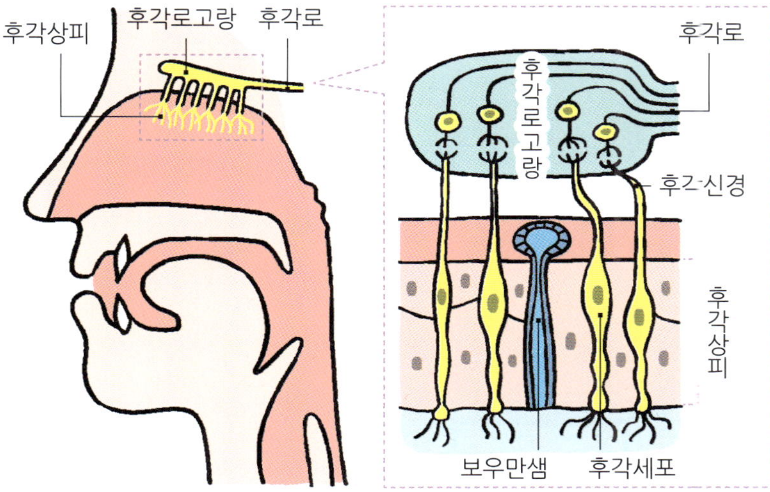

냄새를 맡는 과정

후각세포의 후각모가 냄새 분자를 파악한다.

↓

후각신경을 통해 후각로고랑(뇌의 영역)으로 전달된다.

↓

대뇌겉질의 후각 영역으로

↓

냄새를 느낀다!

감각기 계통 5 촉각과 통증

통증은 발생 부위 등에 따라 분류된다.

피부 표면에서 느끼는 날카로운 통증이 표재통이고,
찌릿 찌릿
피부 아래에서 느끼는 무딘 통증이 심부통일 것 같아요.
욱신 욱신
으음
맞아요.
표재통은 피부나 점막의 통증
심부통은 뼈막이나 관절, 근육의 통증 이른바 근육통이나, 관절통이죠.
둘 다, 자유신경종말인 통점이 자극되어 발생합니다.
표재통
피부, 점막
심부통
결합조직 근육, 뼈, 관절
자유신경종말이란
신경섬유 말단에서 통각이나, 온도를 감지하는 수용기를 말합니다.
피부나 점막 외에 뼈막과 내장 등, 피부밑에 다수 분포해요.
나무처럼
표재통이란, 어디가 아픈지 알기 쉬워 처치도 쉽지만,
심부통은 부위를 알기 어려운 데다, 통증이 대부분 순응하지 않기 때문에 오래 지속됩니다.
통증이 어디서 생기는 거야…
덧붙여, 내장통은 이름 그대로 내장에서 유래한 통증을 말합니다.
장기 자체가 통증을 느끼기 때문에 장기 내의 압력 상승이나, 표면에 있는 피막 등의 과신전 혹은 이상 수축으로 통증을 감지합니다.
<예 1>
쓸개즙을 내보내는 중에 담석이 막혀, 내부 압력 상승!
<예 2>
출혈! 피가 고여서, 피막이 늘어난다.
?
쓸개
쓸개
간
하지만, 간은 눈치채지 못한다!!

5

촉각과 통증

통증이 발생하는 부위와 통증을 느끼는 구조

통증은 몸에 닥친 위기 상황을 빠르게 감지하여, 피하거나 제거하는 행동으로 옮기기 위해 반드시 필요한 감각이다. 예를 들어, 뜨거운 것을 만져도 통증을 느끼지 못하면 화상을 입게 된다.

통증은 통증이 발생하는 부위에 따라 크게 **체성통(human somatic pain)**과 **내장통(visceral pain)**으로 나눌 수 있다. 체성통은 피부에 있는 **자유신경종말(free nerve terminal)**에 의해 감지되는 **표재통(superficial pain, 피부감각)**과 뼈막이나 관절 · 근육 등에 의해 감지되는 **심부통(deep pain, 심부감각)**으로 나뉜다. 내장통이란 장기 벽이 급격히 늘어나면서 생기는 통증 등을 말한다.

표재통은 어디가 아픈지 알기 쉽고, 대처도 쉬운 것이 특징이다. 그런데 심부통이나 내장통은 통증의 위치를 알기 어렵고 대부분 ※**순응**하지 않기 때문에 통증이 오래 지속된다.

또한, 내장통은 부위에 따라 피부에 통증이 발생할 수 있다. 이것을 **연관통(referred pain)**이라고 하며, 장기마다 그 부위가 정해져 있다. 예를 들어, 심근경색 등 심장 통증은 왼쪽 어깨에서 왼쪽 팔(안쪽)에 걸쳐 통증이 발생하고, 충수염의 경우는 상복부에 통증이 발생하는 것으로 알려져 있다. 통증은 피부나 점막, 뼈막, 내장 등 피하에 많이 분포하는 자유신경종말이 자극을 받아 일어난다. 자유신경종말은 통증을 느끼는 수용기를 말하며(P. 149 참조), **침해수용기(nocieleptor)**라고도 한다.

수용기가 감지한 통증 정보는 **척수신경 뒤뿌리**로 들어가 척수를 상행하고 **숨뇌**, **시상**을 거쳐 대뇌겉질의 몸감각영역에 이르러 그곳에서 통증을 자각한다.

순응(adaptation)

일정 이상의 자극을 받으면 점차 감수성이 감소하는 현상을 말한다. 후각 · 미각은 순응하기 쉽고, 통각에서는 가벼운 통증 이외에는 순응하기 어렵다.

☑ 통증의 근원이 되는 물질

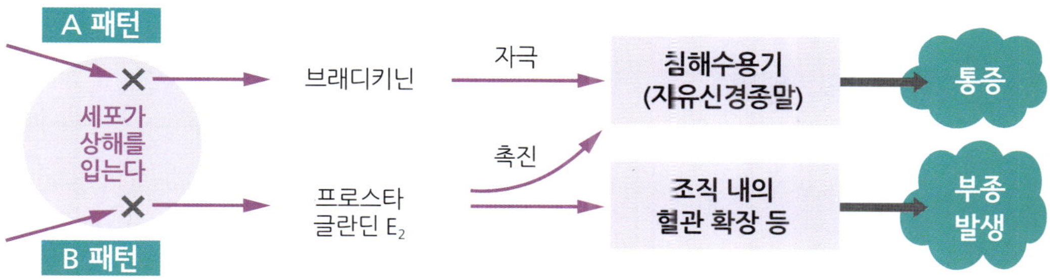

A 패턴

조직이 상해를 입으면, 브래디키닌(bradykinin)이라는 생리활성물질이 생성된다.

↓

이 물질에 의한 자극을 자유신경종말이 감지한다.

↓

통증이 발생한다.

B 패턴

상해는 세포막의 구성 성분에도 작용해, 프로스타글란딘 E_2(p-ostaglandin E_2)라는 물질을 생성한다.

↓

브래디키닌의 감수성을 강화하고, 통증을 증강하는 동시에 조직 내 혈관 확장 등을 일으킨다.

↓

부종이나 발적이 발생한다.

☑ 통각의 과정

침해수용기(자유신경종말)에서 받은 통각은 C섬유와 Aδ섬유에 의해 척수로 전달되며, 이후 섬유를 바꾸면서 시상, 대뇌겉질로 전달된다.

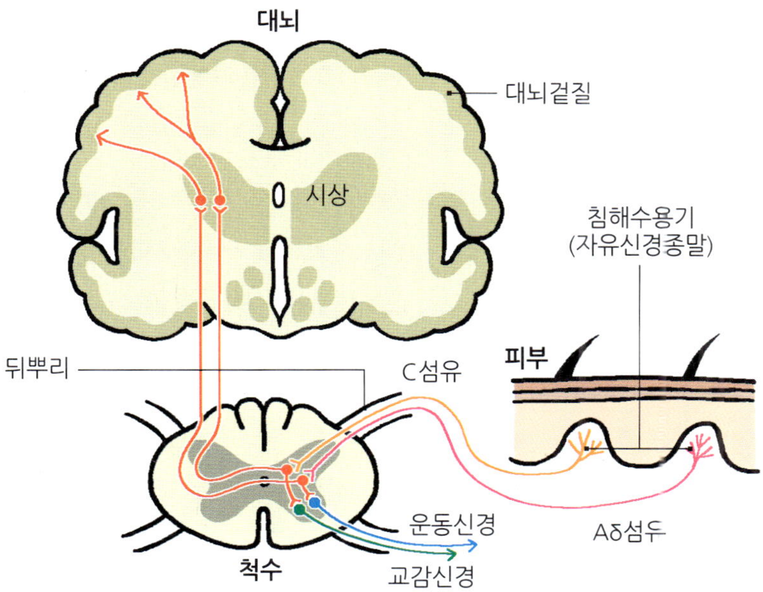

통각이 전달되는 도중 척수에서 교감신경이나, 감각신경 등과 시냅스를 만드는 것은 불쾌감 등의 정신적 변화를 초래한다.

뼈대 계통과 근육 1 뼈대의 구조

인간과 인형의 형태는 다르다.

이러한 부위는 상자처럼 되어 있어서 중요한 것들을 담고 있습니다.

다시 말해, 인체는 중요한 것이 보호되는 형태로 되어 있는 셈이지요.

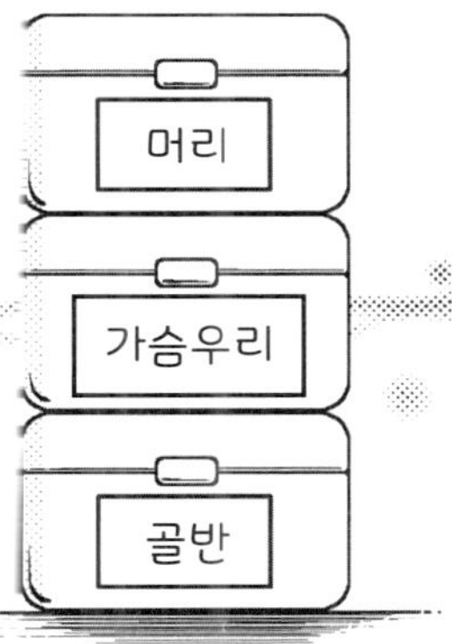

1

뼈대의 구조

뼈대는 3가지 소재로 구성되어 있다.

인체의 형태를 만드는 **뼈대**는 크고 작은 200개 이상의 **뼈**에 **연골**과 **결합조직**이 더해져 만들어졌다. 3종류의 소재가 조합되어 단단하고 튼튼한 받침대 역할을 하며 전신을 지탱하는 기능을 하고 있다.

뼈의 단단한 부분은 밀도 높은 **치밀질**과 미세한 ※**뼈잔기둥**에 의해 형성된 스펀지 형태의 **해면질**로 나뉜다.

치밀질은 원기둥 모양의 구조**(뼈 단위)**가 여러 개 쌓여 있다. 세로로 주행하는 **하버스관(haversian canal)**이라는 혈관을 통과하는 관을 중심으로 **뼈층판**이 동심원 모양으로 둘러싸고 있어 매우 견고한 구조를 갖추고 있다.

또한, 뼈의 표면은 **뼈막(periosteum)**이라고 불리는 막 형태의 결합조직으로 덮여 있다. 여기에는 혈관과 신경이 풍부하게 분포되어 있기 때문에 통증 등의 자극에 대해 민감한 반응을 보인다.

뼈를 보강하고 있는 연골과 결합조직의 구조도 기억해 두도록 한다.

연골은 뼈보다 수분을 많이 함유해 탄력성이 풍부한 조직이다. 혈관이 없기 때문에 크게 성장하지는 않지만 뼈와 뼈가 접촉하는 면(관절) 등 움직임이 있는 곳에 사용되고 있어 충격을 완화시키는 작용을 한다.

결합조직은 그 구조나 붙어 있는 위치에 따라 명칭이 다르다. 다발을 만들어 뼈와 뼈를 연결하는 작용을 하는 결합조직은 **인대(ligament)**, 부드러운 근육의 표면을 덮어 보호하고 있는 막 형태의 결합조직은 근막(fascia)이라고 한다.

또, 근육과 뼈를 연결하는 섬유성 결합조직은 **힘줄(건, tendon)**이라고 하며, 힘줄이 막 모양으로 펴져 있는 것을 **힘줄막(건막)**이라고 한다.

뼈잔기둥(골소주, bony trabecula)

스펀지 모양 해면질의 그물망 구조를 형성하고 있는 뼈를 말한다. 뼈 말단부의 해면질에서 많이 나타난다. 이 구조 덕분에 밀도가 낮으면서도 상당한 강도를 유지한다.

뼈의 조직 구조

뼈조직은 원기둥 모양의 뼈 단위가 여러 개가 쌓이는 **치밀질**과 스펀지 모양의 **해면질**로 구성되어 있다.

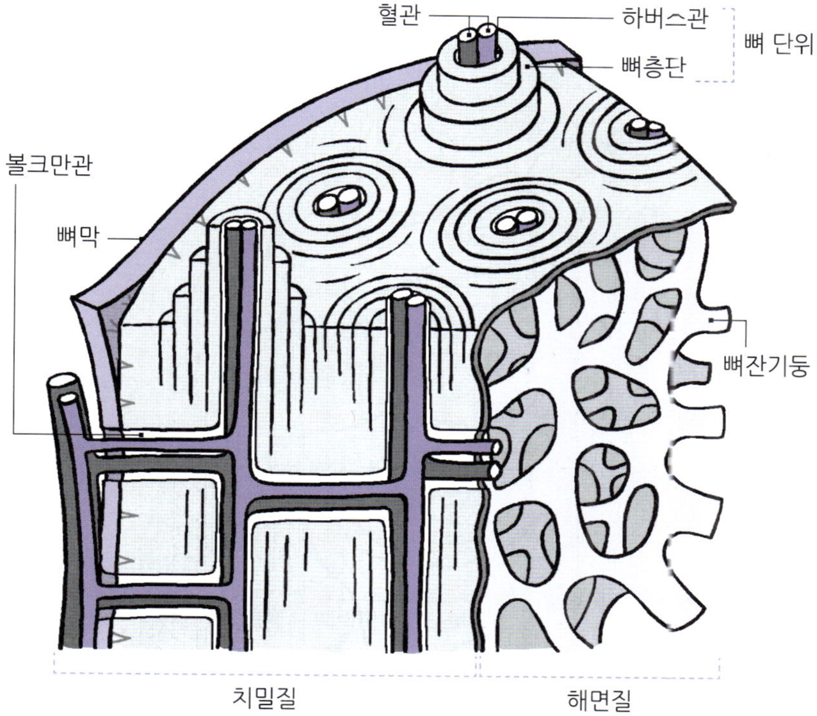

골격을 만드는 3종류의 구성 물질과 주요 특징

뼈조직

- 체중을 지지한다.
- 내장을 보호한다.
- 조혈이 이루어진다.
- 칼슘을 저장한다.

연골

- **관절연골**…뼈의 관절면을 덮는다.
- **연골성 결합**…뼈와 뼈를 연골이 연결하는 부동성 연결(두덩뼈 결합 등)
- **얼굴의 연골**…코, 귀의 골격을 만든다.
- **기도의 연골**…인두, 기관, 기관지를 만든다.

결합조직

- 틈을 보강한다.
- **인대**…뼈와 뼈를 연결해 관절을 보강한다.
- **근막**…원래 약한 조직인 근육의 표면을 덮어 보호한다.
- **힘줄**…근육의 끝을 뼈대에 연결한다.

뼈대 계통과 근육 2 뼈의 기능과 대사

뼈는 힘이 가해지면 강해진다.

그렇다고, 비관하진 마세요.
이어서 뼈를 만드는 과정에 대해서 이야기해 볼까요?
뼈 개축에 관여하는 것은 '뼈막'입니다.
뼈막의 기능은 정말 대단해요.
뼈 단면도
뼈막
뼈막이 자극을 받으면, 뼈를 두껍게 성장시킵니다.
혈관
그뿐만이 아니에요.
뼈는 부러져도 저절로 붙는다는 이야기를 들어본 적 있나요?
있어요
그것과 마찬가지로 예를 들어, 암으로 뼈를 잘라내더라도 뼈막만 남아 있으면 뼈가 회복됩니다.
진짜, 대단하네요!
우수한 뼈막의 기능!
뼈의 구조
사실 뼈는 늘 새로 교체되고 있어요.
낡은 부분을 녹이고, 다시 새로 만들어서 굳히기를 반복하죠.
뼈막에는 뼈를 재생시키는 골아세포라는 것이 존재하고, 운동 등으로 뼈의 혈류를 좋게 하면 기능이 활발해집니다.
반대로 부하가 없으면, 뼈를 녹이는 기능 쪽이 우세해져 뼈가 약해지고 맙니다.
분해 분해
재생 재생

2

뼈의 기능과 대사

새로운 뼈뿐만 아니라 혈액도 생성한다.

뼈에는 체내 칼슘양의 99%가 저장되어 있다.

칼슘은 근육과 신경이 작용하기 위한 필수 영양소이다. 따라서 혈액 속 칼슘양이 부족하고 그 농도가 떨어지면 혈액세포에서 분화된 **뼈파괴세포(파골세포)**가 뼈에 쌓인 칼슘을 녹여내 혈액 속으로 끌어들인다. 이러한 작용을 **뼈흡수(bone resorption)**라고 한다.

그와 동시에 뼈막 바로 아래에 있는 **골아세포(osteoblast)**는 콜라겐 섬유로 이루어진 그물망 모양의 틀을 만들어내고 거기에 ※**인산칼슘**의 결정**(뼈바탕질)**을 침착시켜 새로운 뼈를 형성한다.

뼈에서는 이 흡수**(뼈파괴)**와 형성**(뼈발생)**이 반복된다. 성장기뿐만 아니라 성인이 되어서도 끊임없이 새로운 뼈로의 재조립이 이루어지고 있으며, 이를 통해 뼈의 강도와 기능을 유지하고 있는 것이다.

또한, 뼈에는 혈액을 만드는 또 다른 기능도 있다.

뼈 내부에는 **뼈속질공간(골수강)**이라고 불리는 공간이 있고, 그 틈새를 **골수**가 채우고 있다. 골수에는 **적색골수**와 **황색골수** 2종류가 있으며, 이 중 혈액은 혈구의 근원이 되는 조혈줄기세포를 포함한 적색골수에서 만들어진다. 그리고 조혈 기능이 상실되고 지방화하면 황색골수가 된다.

아이는 전신의 많은 뼈에 적색골수가 존재해 조혈이 활발히 이루어지지만, 성장하면서 황색골수가 증가하고, 적색골수는 줄어들게 된다.

적색골수는 성인에서는 체온이 높은 부위의 뼈(복장뼈, 골반, 척추뼈, 갈비뼈 등)에만 남아 있다.

인산칼슘(calcium phosphate)

뼈의 단단한 부분을 구성하고 있는 물질로 하이드록시아파타이트(hydroxyapatite)라고도 한다. 칼슘이온(+)과 인산이온(-)이 결합한 것으로 산을 넣으면 녹는 성질이 있다.

뼈의 리모델링

뼈는 끊임없이 **뼈파괴**(뼈흡수)와 **뼈발생**(뼈형성)을 반복하여 새로운 조직을 생성한다.

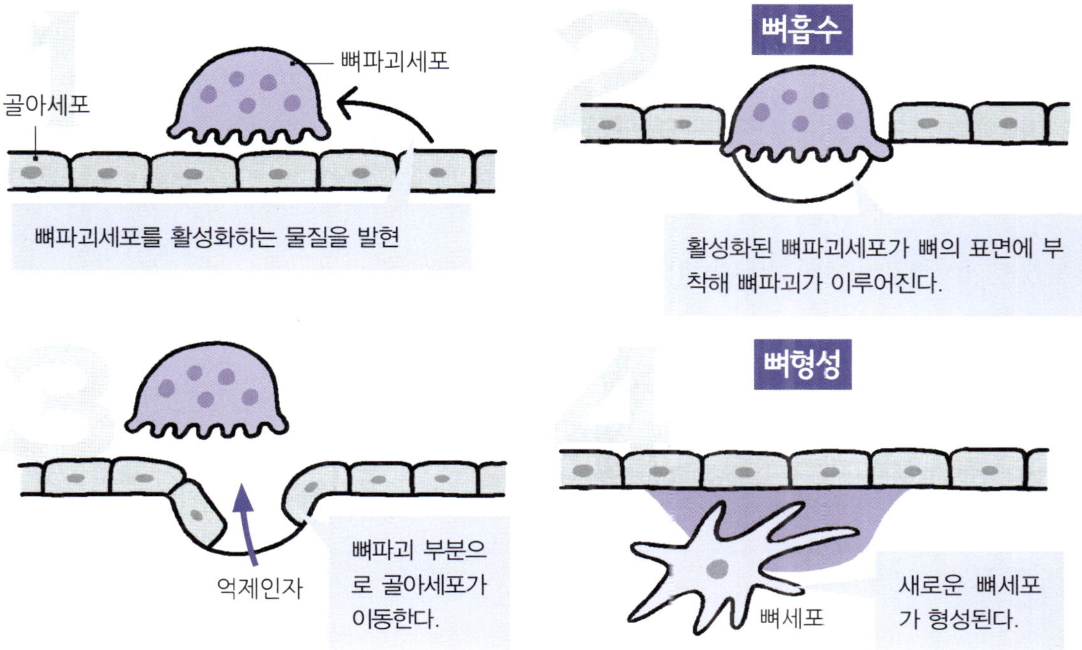

뼈의 내부 구조

넙다리뼈(대퇴골)나 위팔뼈와 같은 긴뼈는 여러 방향에서 부하가 가해지기 때문에 특유의 구조로 이루어져 있다. 다른 뼈와 맞닿아 있는 양 끝을 **뼈끝**, 중앙의 관상부를 **뼈몸통**이라 부른다.

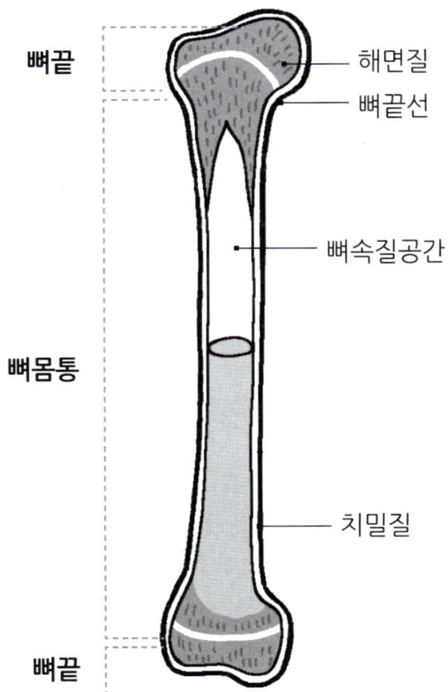

뼈끝

- 치밀질은 표층뿐이고, 내부는 대부분 해면질
- 해면질 중 뼈잔기둥이 조금 막혀 있는 부분이 있는데 뼈끝선(골단선)이라고 한다.

뼈몸통

- 치밀질이 두꺼운 벽을 만들고 내부는 공간=뼈속질공간
- 뼈속질공간 속은 수액으로 채워져 있다.

그림에 보이는 뼈끝선은 뼈의 성장에 중요한 역할을 해 온 뼈끝연골의 흔적입니다.

뼈대 계통과 근육 3 연결 부위의 구조

관절이 움직이는 방향은 관절면에 의해 결정된다.

예를 들어, 다축성인 어깨관절은 앞뒤 · 위아래 · 회전 등 모든 방향으로 움직입니다.
맞아요! 어깨는 앞으로도 뒤로도 옆으로도 움직여요.
휙
휙
휙
이축성인 손목관절은 구부렸다 폈다 좌우로 흔드는 두 가지 방향으로 움직입니다.
그리고, 일축성인 팔꿈치관절은 굽히거나 펴는 한 방향으로밖에 움직일 수 없지요.
휙
휙
야구 선수는 팔꿈치가 유연하죠. 어렸을 때, 따라 했다가 팔꿈치를 다친 적이 있어요.
방금, 이야기했듯이 관절은 그 구조에 따라 제약을 받습니다.
그러니, 무리해서 움직이면, 손상을 입을 수 있어요.
염좌나 탈구가 있겠죠.
아얏!

3 연결 부위의 구조

뼈의 연결 양식—부동 결합과 가동 결합

하나하나의 뼈는 다양한 모양을 하고 있다. **위팔뼈**나 **넙다리뼈**처럼 기다란 통 모양의 **긴뼈**, 마루뼈나 어깨뼈와 같은 납작한 형태의 **납작뼈**, ※**손목뼈**나 ※**발목뼈**와 같이 입체적인 형상의 **짧은뼈**, 척추뼈과 같이 불규칙한 형태의 **불규칙뼈** 등이 있다.

뼈와 뼈를 연결하는 연결 양식에는 고정되어 움직이지 않는 **부동 결합(synarthrosis)**과 다양한 방향으로 움직이는 **가동 결합(diarthrosis)**이 있다.

부동 결합에는 머리뼈처럼 뼈와 뼈가 결합조직의 섬유로 연결된 **섬유성 결합**, 척추사이원반이나 두덩뼈 결합과 같이 연골에 의해 연결된 **연골성 결합**, 볼기뼈처럼 뼈끼리 골화되어 있는 **골결합**이 있다.

가동 결합이란 **관절(articulation)**을 말한다. 뼈와 뼈의 접합부는 전체가 **관절주머니**라고 불리는 자루 모양의 결합조직으로 싸여 있고, 그 안(관절공간)은 안쪽 **윤활막(활막)**에서 분비되는 **윤활액**으로 채워져 있다. 윤활액과 뼈의 접촉면을 덮는 **관절연골(articular cartilage)**에 의해서 뼈끼리의 마찰을 줄이고 부드럽게 움직일 수 있게 된다.

또한, 관절에는 부위에 따라 다양한 보조 장치가 마련되어 있다. 예를 들어, 무릎관절 내부에 있는 **관절 반월(반월판)**은 안쪽과 바깥쪽에 2개가 있으며, 관절면의 부하를 분산시켜 충격을 줄이거나 무릎을 안정시킨다. 턱관절에 붙어 있는 **관절원판**은 관절의 움직임에 맞춰 적당히 어긋남으로써 뼈끼리 밀착되어 매끄럽게 움직일 수 있도록 한다. 뼈끼리의 접합이 얕은 어깨관절이나 엉덩관절에서는 관절오목 가장자리에 **관절테두리**가 붙어 있어 그 깊이를 보완하고 안정성을 확보한다.

손목뼈

손목 부근에 늘어선 주사위 모양의 작은 8개의 뼈. 손허리뼈(5개), 손가락뼈(14개)와 함께 손의 뼈를 구성한다.

발목뼈

발목 부위에 위치한 불규칙한 모양의 7개의 뼈. 발허리뼈(5개), 발가락뼈(14개)와 함께 발의 뼈를 구성한다.

☑ 뼈의 연결 양식…부동 결합의 경우

섬유성 결합

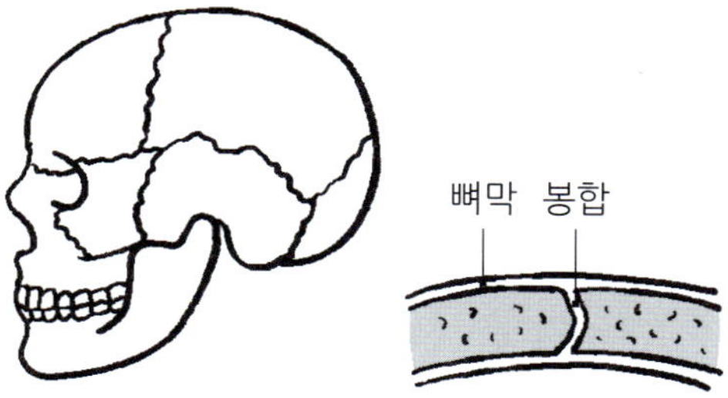

뼈와 뼈가 결합조직의 섬유로 연결된 상태. 머리뼈 봉합이 대표적이다.

연골성 결합

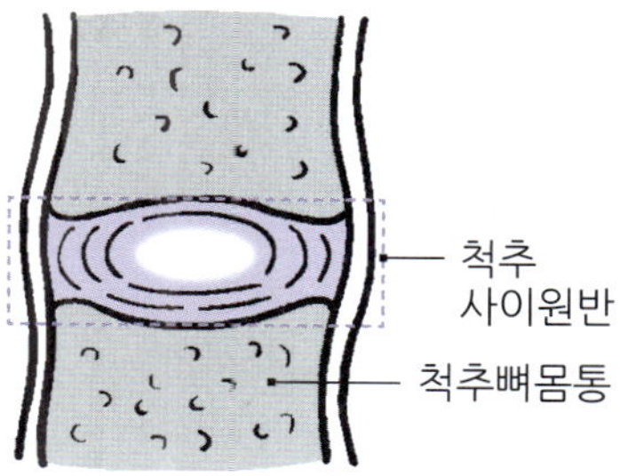

뼈와 뼈가 연골로 연결된 상태. 골반의 두덩뼈 결합, 척추사이원반이 대표적이다.

골결합

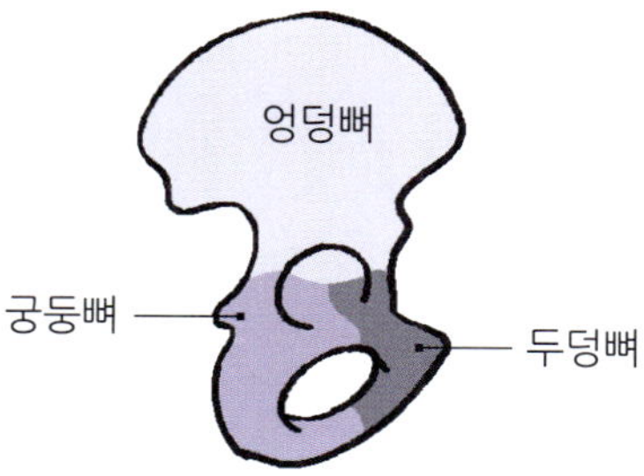

연골을 통해 결합하던 뼈의 연골 부분이 점차 뼈로 대체되어, 하나의 뼈처럼 된 것. 볼기뼈를 형성하고 있는 엉덩뼈 · 궁둥뼈 · 두덩뼈가 대표적이다.

뼈끼리의 연결이라고 하면 바로 관절에 의한 연결을 상상하지만, 이 3가지처럼 움즈이지 않는 연결도 있습니다.

☑ 뼈의 연결 양식…가동 결합(관절)의 경우

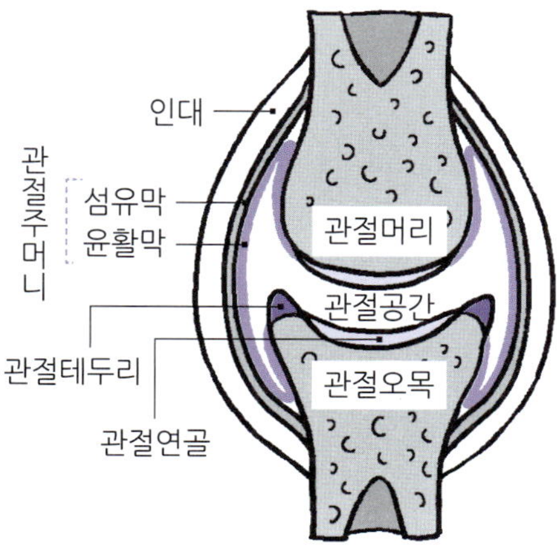

관절의 주요 기본 구조

- **관절머리 · 관절오목**…관절연골로 덮여 있다.
- **관절공간**…윤활액으로 채워져 있다.
  → 윤활액은 윤활막에서 분비된다.
- **관절주머니**…섬유막과 뼈막의 2층

관절의 주요 보조 구조

- **인대**…관절을 이루는 뼈와 뼈 사이를 연결하는 콜라겐 섬유다발
- **관절테두리**…관절머리에 비해 관절오목이 작아 불안정한 경우에 관절오목의 가장자리에서 돌출하여 보조한다.

뼈대 계통과 근육 4 뼈대근육의 구조

자신의 의지대로 움직이는 근육은 뼈대근육뿐이다.

이것은 3가지 근육을 현미경으로 관찰한 모습입니다.
민무늬근육
심장근육
뼈대근육
가로줄무늬
민무늬근육은 가로줄무늬가 없고, 배열도 불규칙적입니다.
뼈대근육과 심장근육은 규칙적으로 가로줄무늬가 있어서 가로무늬근육이라고 합니다.
가로무늬근육에서는 필라멘트가 규칙적으로 줄지어 가로줄무늬를 만들어요.
착 착
필라멘트가 규칙적으로 줄지어 있으면 빠르고 강하게 수축할 수 있습니다.
그럼, 불규칙적이면 그 반대인가요?
맞아요. 불규칙적으로 배열된 민무늬근은 수축하는 힘이 약하고, 속도도 느립니다.
하지만, 내장이나 혈관의 움직임을 늘 유지하는 지구력이 있는 근육이지요.
근육은 이와 같은 분류 외에도 자신의 의지대로 움직일 수 있는지 없는지에 따라서도 분류할 수 있습니다.
심장이나 내장은 자신의 의지로는 움직일 수 없죠.
움직여-
풀썩
싫어
그렇습니다. 그래서, 이렇게 분류할 수 있지요.
수의근
자신의 의지대로 움직일 수 있는 근육-뼈대근육
불수의근
자신의 의지대로 움직일 수 없는 근육-심장근육 · 민무늬근육

4

뼈대근육의 구조

뼈대근육의 명칭에서 그 기능을 알 수 있다.

사람의 몸에는 크고 작은 400여 개의 근육이 있으며, 각 부위에서 협조하면서 다양한 운동을 하고 있다. 그중에서도 뼈대를 움직여 운동하는 근육을 **뼈대근육(skeletal muscle)**이라고 하며 체중의 약 40%를 차지하고 있다.

뼈대근육은 관절을 사이에 둔 뼈와 뼈를 연결하는 근육으로 **근막**이라는 결합조직으로 덮여 있다. 양쪽 끝의 뼈와 붙어 있는 부분은 **힘줄(tendon)**이라고 한다.

근육의 양쪽 끝 중 몸의 중심에 가깝고 움직임이 적은 쪽의 끝을 **이는곳(기시, origin)**, 멀고 움직임이 큰 쪽을 **닿는곳(정지, insertion)**이라고 한다. 예를 들어, 종아리에 있는 장딴지근의 경우, 넙다리뼈 쪽이 이는곳이고 발뒤꿈치 쪽이 닿는곳이다. 그리고 이는곳에 가까운 쪽을 **근육머리(근두)**, 그 반대쪽을 **근육꼬리(근미)**, 그리고 중간 부위를 **힘살(근복)**이라고 한다.

근육은 수축할 때 힘을 발휘하여 운동을 일으킨다. 운동을 표현하는 용어(**굽힘 · 폄**, **모음 · 벌림**, **안쪽돌림 · 가쪽돌림**, **엎침 · 뒤침**)에 대해서는 20p에서 설명했지만, 이러한 움직임과 관련된 대표적인 근육이 각각 ※**굽힘근 · 폄근**, **모음근 · 벌림근**, **엎침근 · 뒤침근** 등이다.

또한, 소화관 등을 밖에서 조이는 작용을 지닌 근육은 **조임근**, 넓히는 것은 **확대근**, 또 끌어올리는 작용이 있는 것은 **올림근**, 끌어내리는 것은 **내림근** 등 각각의 기능이 명칭에 포함된 근육도 많다.

그리고 근육의 구조가 이름에 반영된 것도 있다. 근육머리가 2개로 나누어져 있는 것을 두갈래근(이두근), 3개면 세갈래근(삼두근), 4개면 네갈래근(사두근)이 된다. 위팔두갈래근, 위팔세갈래근, 넙다리네갈래근 등이 있다. 마찬가지로 힘살이 힘줄에 따라 둘로 나뉘어 있는 근육이 있는데, 목 부위에 있는 두힘살근 등이 그 예이다.

굽힘근 · 폄근

같은 관절의 운동에 대해 반대 방향으로 작용하는 길항근. 모음근 · 벌림근, 엎침근 · 뒤침근도 마찬가지이다.

☑ 다리 근육 (왼쪽 뒷면)

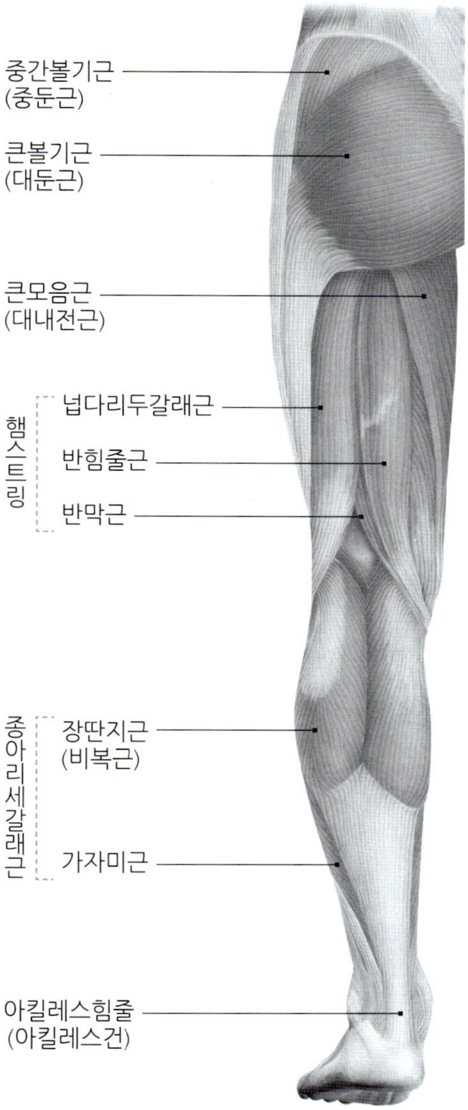

☑ 팔 근육 (왼팔)

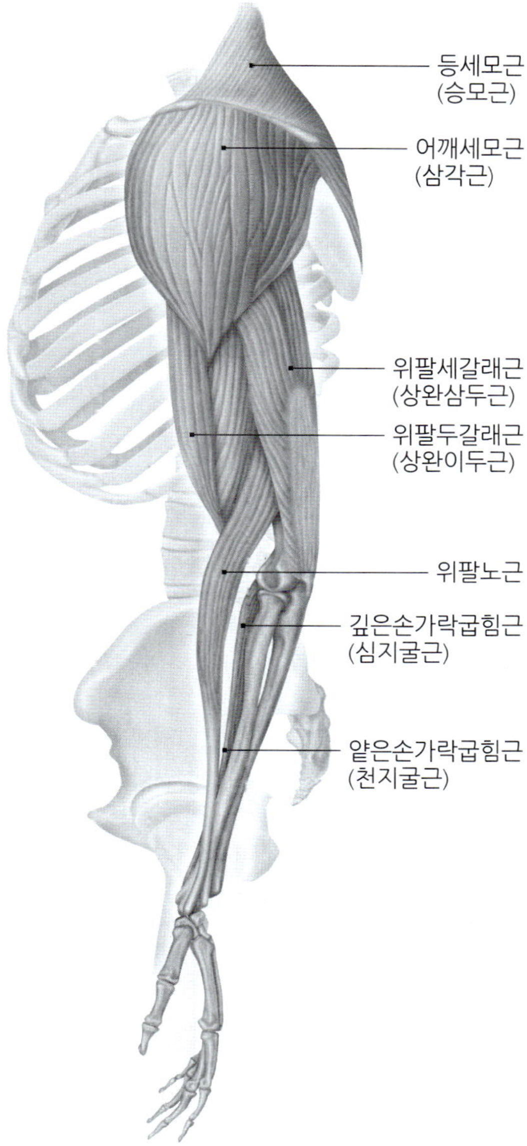

- 엉덩이에 부착하는 근육은 **큰볼기근**, **중간볼기근**, 그 안쪽에 **작은볼기근**으로 이족보행에 중요한 역할을 한다.
- **넙다리 후면**에 부착하는 3개 근육의 총칭은 햄스트링이다. 이 근육들은 무릎을 구부릴 때 활약하며, 그 표면에 위치한 **넙다리네갈래근**은 무릎을 펼 때 활약한다.

- 어깨 부분에 있는 큰 근육을 **어깨세모근**이라고 하며, 위팔을 벌리는 동작에 크게 관여한다.
- 팔꿈치를 구부리면 솟아오르는 일명 '알통'은 **위팔두갈래근**을 가리킨다. 그 뒤쪽에 있는 근육은 **위팔세갈래근**이라고 하며, 위팔두갈래근과 세트로 작용한다

뼈대 계통과 근육 5 근수축

근육은 어떻게 수축할까?

등장성 수축 중 근육이 수축하는 움직임이 '단축성 수축' 입니다.
자, 그럼 천천히 아래로 내려보세요!
으윽…
네. 그만!
부들부들
수축한다.
그리고, 등장성 수축 중 근육이 늘어나는 움직임이 '신장성 수축'입니다.
늘어난다.
좋아요. 강태양 학생!
이번에는 그 상태를 잠시 유지하세요!
욱
이 상태가 또 다른 수축인 '등척성 수축' 입니다.
근육이 같은 길이로 힘을 쓰고 있는 상태죠.
헛…?!
유지!
부들 부들
…이건 어디를 봐야 하나요?
언뜻 보기에 관절과 덤벨은 움직이지 않지만 근육은 단단해진 상태입니다.
즉, 관절을 움직이지 않고, 근육이 수축하고 있는거죠.
그래서 이 근육이…
서 선생… 님 이제 그만 해도 …!…
이러쿵 저러쿵

5

근수축

근육섬유는 1개의 긴 세포이다.

근육은 **근육섬유(muscle fiber)**가 여러 가닥 모여 묶인 **근육다발**이 더 뭉쳐서 구성된다. 근육섬유란 근육세포 자체를 말하며, 근육세포가 가늘고 길어서 붙여진 이름이다.

모든 근육섬유가 수축하면 근육 전체의 수축이 일어나 힘을 발휘하게 된다. 그럼 근육섬유의 수축은 어떻게 일어날까?

근육섬유 안에는 굵은 ※**마이오신필라멘트**와 가는 ※**액틴필라멘트**라는 두 종류의 **근육 필라멘트**가 교대로 조금씩 어긋나게 배열됨으로써 근육섬유라는 다발을 만든다.

근육 필라멘트가 만드는 **근육원섬유** 중 ※**Z대**에서 구분된 영역을 **근육섬유분절(근절, sarcomere)**이라고 하며, 이것이 근수축의 최소 단위가 된다.

마이오신필라멘트와 액틴필라멘트가 서로 맞물리도록 옆으로 미끄러짐으로써 각 필라멘트 길이의 변화 없이 근육섬유분절이 단축되고, 그 결과 근육 전체가 수축된다. 이러한 수축 메커니즘을 **활주설(sliding theory)**이라고 한다.

근수축의 양식은 관절운동에 따라 근육의 길이를 변화시키며 힘을 발휘하는 **등장성 수축**과 관절운동을 동반하지 않고 힘을 발휘하는 **등척성 수축**의 크게 두 가지로 나눌 수 있다.

등장성 수축에는 팔꿈치를 구부려 덤벨을 들어 올릴 때처럼 힘을 발휘하는 **구심성(단축성) 수축**과 덤벨을 든 상태에서 팔꿈치를 내릴 때처럼 힘을 발휘하는 **원심성(신장성) 수축**이 있다.

마이오신필라멘트(myosin filament)

가늘고 긴 2개의 섬유 형태 단백질이 결합한 마이오신 분자가 다수 모여 형성된 굵은 필라멘트

액틴필라멘트(actin filament)

액틴 분자에 트로포닌(troponin), 트로포마이오신(tropomyosin)이라는 두 종류의 단백질이 결합해 만들어진 가는 필라멘트

Z대(z bands)

액틴필라멘트의 한쪽 끝이 고정되어 있는 부분

뼈대근육의 구조

뼈대근육 → **근육다발** → **근육섬유(근육세포)** → **근육원섬유**와 근육의 구조가 아래에 자세히 그려져 있다.

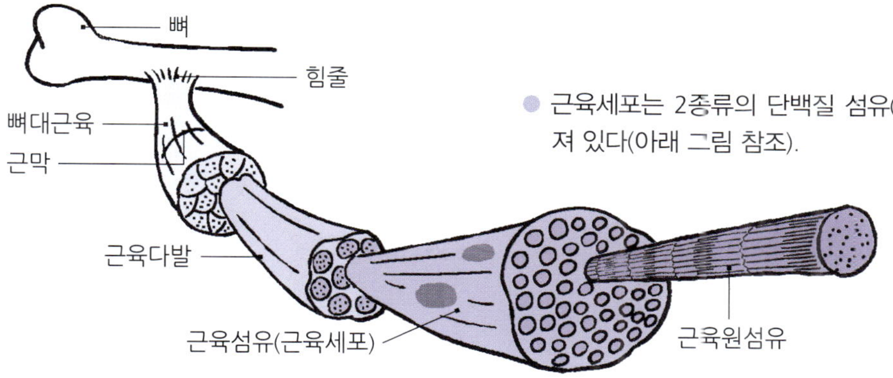

- 근육세포는 2종류의 단백질 섬유(근육원섬유)로 이루어져 있다(아래 그림 참조).

PICK UP!

가장 긴 근육섬유는 넙다리 앞면에 있는 넙다리빗근이라는 근육으로, 엉덩이 부위에 위치한 볼기뼈의 중간(위앞엉덩뼈가시) 부근에서 무릎관절의 위쪽 끝(정강이뼈) 부근까지 약 50cm 길이에 이른다.

근수축의 메커니즘(근육원섬유)

근육원섬유는 굵은 **마이오신필라멘트**와 가는 **액틴필라멘트**로 이루어져 있으며, 모두 규칙적으로 배열되어 있다.

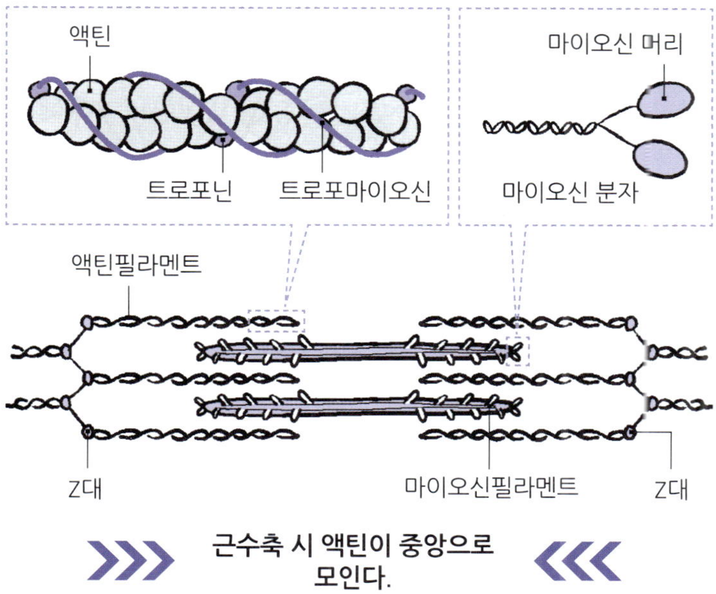

근육세포에서 방출된 Ca^{2+}와 트로포닌(단백질)이 결합한다.

▼

분자 구조에 변화가 일어나 마이오신 머리 부위와 액틴이 결합한다.

▼

마이오신 머리 부위가 회전운동을 함으로써 액틴필라멘트가 중앙으로 파고든다=근수축이 일어난다.

뼈대 계통과 근육 6 운동 구조

근육의 운동은 감각 정보도 반사적으로!

운동의 명령이란, 뇌가 관장하는 의식적인 부분뿐만 아니라 척수 등에 의한 감각의 정보에 따라서도 조절됩니다.
반사적인 행동이란, 머리로 생각하기 전에 몸이 먼저 움직이는 거네요.
사실, 반사는 몸의 균형을 유지하는 데도 도움이 됩니다.
예를 들어, 서 있는 상태에서 균형이 무너지는 이유는
근육에 불필요한 당기는 힘이 가해지기 때문입니다.
여기서, 반사가 활약합니다.
삐익
당겨진 근육에 반사적으로 수축 명령을 내리면,
삐익
넘어지지 않고, 자세를 유지할 수 있지요.
파
앗
넘어질 것 같을 때, 균형을 다시 잡을 수 있는 건 다 반사 덕분이군요.

6

운동의 구조

운동신경은 위에서 아래로 명령이 전달된다.

뼈대근육은 자신의 의지대로 움직일 수 있는 수의근이다. 운동 명령은 대뇌겉질의 **운동영역**에서 중추신경 내의 ※**피라밋로(추체로)**라고 불리는 전도로를 통해 **척수**로 들어가 **운동신경(motor nerve)**을 통해 근육까지 전달된다. 피라밋로는 **숨뇌** 아래 부위에서 교차하며 왼쪽 운동영역에서 들어온 정보는 오른쪽 신체, 오른쪽 운동영역에서 들어온 정보는 왼쪽 신체의 운동을 통제한다. 이를 **피라밋교차(pyramidal decussation)**라고 한다.

운동뉴런의 세포체는 골수의 **앞뿔(전각)**에 있으며 그곳에서 나온 운동신경의 축삭이 근육섬유 속 **운동종판(신경근접합부)**이라고 하는 부분에 이른다. 이것은 시냅스의 일종으로, 여기서 신경의 흥분이 근육으로 전달되어 근수축을 일으킨다.

1개의 운동뉴런은 분지되어 여러 개의 근육섬유에 도달한다. 같은 운동뉴런의 지배를 받는 근육섬유 그룹을 **운동 단위(motor unit)**라고 한다. 운동 단위는 근육의 종류에 따라 그 크기가 다르다. 예를 들어, 손가락처럼 섬세한 움직임을 보이는 곳에는 많은 운동뉴런이 관여하기 때문에 개별 운동 단위는 작다.

또한, 근육은 **감각신경(sensory nerve)**과도 연결되어 있다. 근육에는 **근육방추(muscle spindle)**라는 감각수용기가 존재하고 있으며, 근육이 당겨진 것을 감지하면 흥분하게 되고 그 정보가 감각신경으로 전달된다.

뼈대근육의 수의운동은 뇌에서 온 운동의 명령에 의해서만 이루어지는 것이 아니라 척수로 들어온 감각 정보에 의해서도 마음대로 조절된다. 척수에 들어온 감각 정보에 대해서는 반사적으로 반응하여 감각을 감지한 것과 같은 근수축 지시를 내린다. 이렇게 일어나는 운동을 **반사(척수반사)**라고 한다.

피라밋로(pyramidal tract)

숨뇌의 피라밋(추체)이라는 곳에서 대뇌의 운동영역에서 척수를 거쳐, 뼈대근육에 이르는 운동을 관장하는 신경의 전도로. 겉질척수로(corticospinal tract)라고도 한다.

☑ 수의운동의 내림신경로(예 : 대뇌에서 척수로)

대뇌겉질의 운동영역에서 출력된 명령을 척수에 전달하는 경로를 **피라밋로**(추체로, 겉질척수로)라고 하며, 이것은 뇌내 최대의 내림로가 되고 있다.

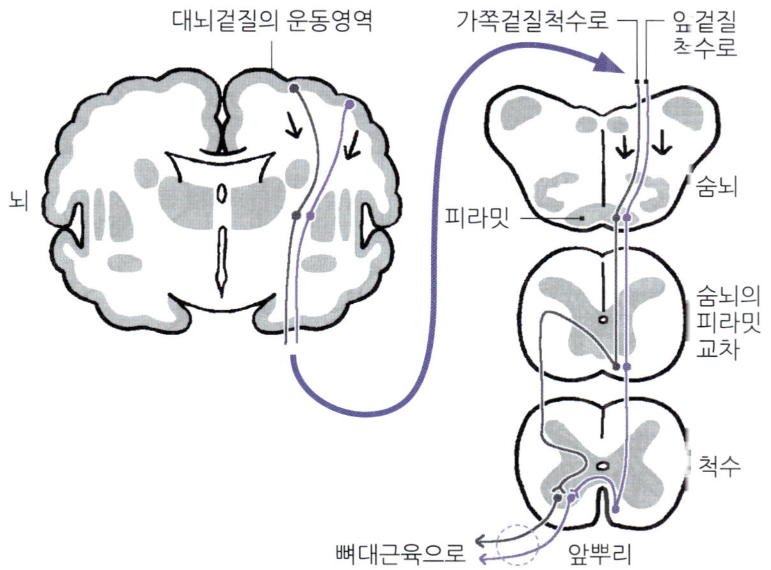

가쪽겉질철수로

숨뇌의 피라밋교차라는 부위에서 좌우의 명령이 교차하고, 왼쪽 운동영역의 정보가 오른쪽 신체로 전달되는 경로

앞겉질척수로

숨뇌에서는 교차하지 않고, 그대로 하행하여 척수의 아래 부위에서 교차하는 경로

☑ 척수반사의 예

척수는 대뇌와 연락하지 않고 직접 지배하는 운동뉴런이 존재한다. 근육이나 피부 등의 감각 입력이 척수 내로 들어가, 거기서 정형적 운동을 일으키는 명령이 나오는 경우가 있다.

예 1 ▶ 신장반사

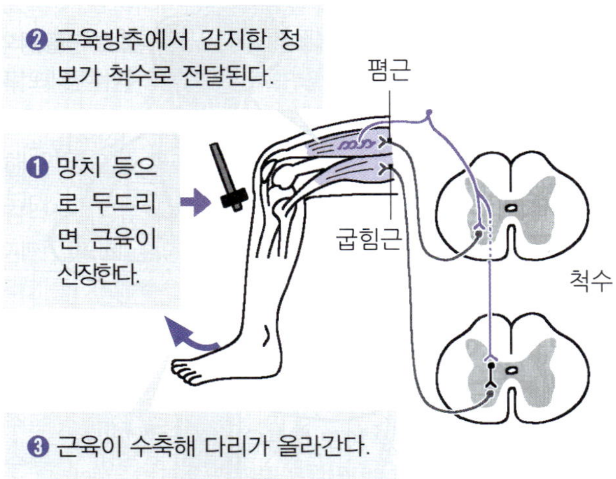

- 늘어난 근육이 수축하는 반사. 망치 등으로 무릎을 두드렸을 때 일어나는 반사가 대표적이다.
- 근육과 관절이 과도하게 늘어남에 따른 손상을 막기 위해 작용한다.

예 2 ▶ 굴곡반사

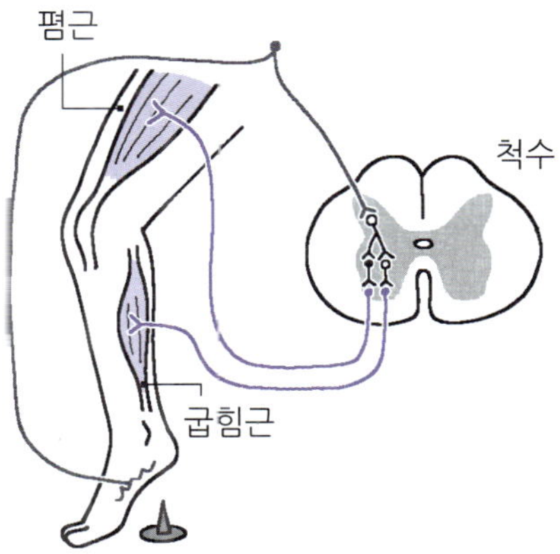

- 발바닥에 압정 등이 닿으면, 발을 움츠리려는 반사가 대표적이다.
- 피부에 과도한 자극이 가해졌을 때, 그 자극을 피하려는 움직임이다.

사람의 몸을 이해하는 것은 생명을 아는 일!

신속하게 반응하는 척수 같은 물리치료사요.
전신을 지지하는 뼈와 근육 같은 간호사요.
눈에 띄지 않아도 말단 부위까지 신경 쓰는 림프관 같은 보건인요.
…
여러분의 열기가 단번에 느껴지네요.
교수님?
주르륵
인체는 아직 수수께끼가 많은 분야 입니다.
해부 생리학 공부에 끝이란 없어요.
지금 마음을 잊지 말고,
훌륭한 전문가가 되시길 바랍니다.
네!

찾 아 보 기

한 글

ㄹ · ㅁ

ㅂ

ㅅ

ㅇ

ㅈ · ㅊ

ㅋ · ㅌ · ㅍ

영 문

C

D · E · F · G

H · I · K · L

M · N

O · P

R · S

T · U

V · W · Z · U

기 타

※ 참고문헌

『人体の正常構造と機能[改訂第2版]』坂井建雄 河原克雄 総編集(日本医事新報社)
『マンガでわかる 人体のしくみ』坂井建雄 監修(池田書店)
『東大講義録　医療職をめざす人の解剖学　はじめの一歩』坂井建雄 著(日本医事新報社)
『系統看護学講座 専門基礎分野 解剖生理学　人体の構造と機能①』坂井建雄 著者代表(医学書院)
『なんでやねん！ 根拠がわかる 解剖学・生理学 要点50』川畑龍史・濱路政嗣 著(メディカ出版)
『イラストで学ぶ 解剖学 第3版』松村讓兒 著(医学書院)
『のほほん解剖生理学』玉先生 著　大和田潔 監修(永岡書店)
『超カンタン！ 解剖生理』炭谷貴博 著　玉川進 監修(東京法令出版)
『多彩なイラストで初心者にもわかりやすい 美しい人体図鑑』梶原哲郎 監修(笠倉出版社)
『まんがサイエンスXIII』あさりよしとお 著(学研プラス)

◈ 사카이 다쓰오(坂井建雄)

준텐도대학 보건의료학부 특임교수, 1953년 오사카부 출생. 오사카부립 텐노지고등학교 졸업, 1978년 도쿄대학 의학부 졸업. 도쿄대학 의학부 해부학교실 조교를 거쳐 1984~86년 독일 하이델베르크대학에서 유학, 1986년 도쿄대학 의학부 해부학교실 조교수, 1990년 준텐도대학 의학부 해부학 제1강좌(이후 해부학 · 생체구조과학) 교수, 2019년부터 보건의료학부의 교수를 맡아 의학부(해부학 · 생체구조과학, 의사학)를 겸임하고 있다.

해부학 학습에 필수적인 해부학 교과서와 도보를 다수 집필했으며, 『프로메테우스 해부학 아틀라스 전3권-의학서원』, 『컬러도해 인체의 정상 구조와 기능 제3판, 총감수-일본의사신보사』, 『해부실습 컬러 텍스트-의학서원』, 『표준해부학-의학서원』, 『컬러도해 인체세포생물학-일본의사신보사』 등 다수의 저서가 있으며. 명쾌하고 알기 쉬운 해부학 서적으로 높은 인기를 얻고 있다. 의사학에도 조예가 깊어 『몸의 자연지-도쿄대학출판회』, 『인체관의 역사-이와나미서점』, 『도설 의학의 역사-의학서원』, 『의학전사-치쿠마쇼보』 등을 저술했으며, 일본의사학회 이사장을 맡고 있다. 감수서로 『만화로 알 수 있는 인체의 구조-이케다서점』, 『만화로 알 수 있는 세포의 작용-이케디서점』 등이 있다.

◈ 장 하 나(옮긴이)

대학에서 법학과 물리치료학을 전공하고, 현재 엔터스코리아에서 일본어 번역에 힘쓰고 있다.

역서로는 『불로장수 절대원칙 82』 『바른자세 홈필라테스 92』 『말초혈관을 단련하면 혈압이 쑥 내려간다』 『과자 중독에서 벗어나는 방법』 『강한 근육 일러스트 테크닉』 『만화 스토리 & 캐릭터 창작 테크닉』 『인간 실격』 『사양』 『달려라 메로스』 『세계사를 뒤바꾼 가짜뉴스』 『타고난 운을 바꿔드립니다』 『진짜 기본 강아지 육아 304』 『만화 스토리 & 캐릭터 창작 테크닉』 『타고난 운을 바꿔드립니다』 『태양빛을 먹고 사는 지구에서 살아남으려고 눈을 진화시켰습니다』 등이 있다.

만화로 쉽게 이해하는

해부생리학

발 행 2023년 12월 22일
지 은 이 사카이 다쓰오(坂井建雄)
감 수 백 형 진(가천대학교 운동치료학과 교수)
김 성 언(세종대학교 스포츠산업학과 교수)
옮 긴 이 장 하 나
발 행 인 홍 성 혁
발 행 처 **신흥메드싸이언스**
기 획 이 영 열
디 자 인 박 은 경
주 소 경기도 고양시 덕양구 청초로 66 A동 808호, 809호
(덕은동, 덕은리버워크)
전 화 02-6956-8670
팩 스 02-6956-8671
홈페이지 www.shmed.co.kr
I S B N 978-89-6498-084-2 17510
정 가 28,000원